"十四五"职业教育国家规划教材

三维动画设计软件应用

（3ds Max 2016）

赖福生　朱文娟　主编

张智晶　沈　香　参编

電子工業出版社

Publishing House of Electronics Industry

北京·BEIJING

内 容 简 介

本书根据教育部颁发的《中等职业学校专业教学标准（试行）信息技术类（第一辑）》中的相关教学内容和要求编写。本书的编写从满足经济发展对高素质劳动者和技能型人才的需求出发，在课程结构、教学内容、教学方法等方面进行新的探索与改革创新，有利于学生对本课程的内容及理论知识的掌握和实际操作技能的提高。

本书以岗位工作过程来确定学习任务和目标，综合提升学生的专业能力、过程能力和职位差异能力，以具体的工作任务引领教学内容。本书由 9 个项目构成，每个项目由项目描述、学习目标、项目分析、实现步骤、相关知识和实战演练组成。本书的主要目的在于让学生熟练掌握三维动画绘制知识与创作技巧，能够从事三维动画制作、设计、创意、编辑等工作。

本书是数字媒体技术应用专业的核心课程教材，既可以作为 3ds Max 培训班的教材，也可以供数字媒体技术的应用人员参考学习。本书还配有教学指南、电子教案和案例素材，详见前言。

图书在版编目（CIP）数据

三维动画设计软件应用：3ds Max 2016 / 赖福生，朱文娟主编. —北京：电子工业出版社，2019.11

ISBN 978-7-121-38051-8

Ⅰ. ①三… Ⅱ. ①赖… ②朱… Ⅲ. ①三维动画软件—中等专业学校—教材 Ⅳ. ①TP391.414

中国版本图书馆 CIP 数据核字（2019）第 271598 号

责任编辑：关雅莉　　文字编辑：徐　萍
印　　刷：天津千鹤文化传播有限公司
装　　订：天津千鹤文化传播有限公司
出版发行：电子工业出版社
　　　　　北京市海淀区万寿路 173 信箱　邮编　100036
开　　本：787×1 092　1/16　印张：13.75　字数：352 千字
版　　次：2019 年 11 月第 1 版
印　　次：2024 年 12 月第 13 次印刷
定　　价：48.00 元

凡所购买电子工业出版社图书有缺损问题，请向购买书店调换。若书店售缺，请与本社发行部联系，联系及邮购电话：（010）88254888，88258888。

质量投诉请发邮件至 zlts@phei.com.cn，盗版侵权举报请发邮件至 dbqq@phei.com.cn。

本书咨询联系方式：（010）88254617，luomn@phei.com.cn。

前言 | PREFACE

党的二十大报告提出："统筹职业教育、高等教育、继续教育协同创新，推进职普融通、产教融合、科教融汇，优化职业教育类型定位。"

为建立健全教育质量保障体系，提高职业教育质量，教育部于 2014 年颁布了中等职业学校专业教学标准（以下简称专业教学标准）。专业教学标准是指导和管理中等职业学校教学工作的主要依据，是保证教育教学质量和人才培养规格的纲领性教学文件。在"教育部办公厅关于公布首批《中等职业学校专业教学标准（试行）》目录的通知"（教职成厅[2014]11 号文）中，强调"专业教学标准是开展专业教学的基本文件，是明确培养目标和规格、组织实施教学、规范教学管理、加强专业建设、开发教材和学习资源的基本依据，是评估教育教学质量的主要标尺，同时也是社会用人单位选用中等职业学校毕业生的重要参考"。

本书特色

本书根据教育部颁发的《中等职业学校专业教学标准（试行）信息技术类（第一辑）》中的相关教学内容和要求进行编写。

本书的编写以岗位职业能力分析和职业技能考证为指导，以具体项目为引领，以实际工作案例为载体，强调理论与实践相结合，体系安排遵循学生的认知规律，注重深入浅出的讲解，在将三维制作技术的最新发展成果纳入教材的同时，力争使教材具有趣味性和启发性。本书由 9 个项目构成，每个项目由项目描述、学习目标、项目分析、实现步骤、相关知识及实战演练组成。本书的主要目的在于让学生熟练掌握三维动画绘制知识与创作技巧，能够从事三维动画制作、设计、创意、编辑等工作。

本书是数字媒体技术应用专业的核心课程教材，既可以作为 3ds Max 培训班的教材，也可以供数字媒体技术的应用人员参考学习。

课时分配

本书参考课时为 128 学时，具体安排见本书配套的电子教案。

本书作者

本书由赖福生、朱文娟主编，张智晶、沈香参编；其中项目 1～项目 3 由朱文娟编写，项目 4、项目 5、项目 8、项目 9 由赖福生编写，项目 6、项目 7 由张智晶、沈香编写，全书由赖福生统稿。

教学资源

为了提高学习效率和教学效果，方便教师教学，编者为本书配备了电子教案、教学指南、素材文件、微课及习题参考答案等教学资源。请有此需要的读者登录华信教育资源网免费注册后进行下载，若有问题请及时在网站留言板上留言或与电子工业出版社联系（E-mail：hxedu@phei.com.cn）。

编　者

CONTENTS | 目录

项目 1 客厅的制作

项目描述

3ds Max 是当今世界上应用领域最广、使用人数最多的三维动画制作软件。本项目通过对一个简洁的客厅的制作来介绍 3ds Max 2016 的基本操作。本例使用简单的几何体堆砌的方法来制作客厅中的沙发和茶几。在此只介绍建模的部分，材质的设置在后面的内容做详细的介绍，大家可用简单的色块填充来替代材质。本项目的最终效果如图 1-0-1 所示。

图 1-0-1　客厅效果图

学习目标

- 能使用标准基本体制作茶几。
- 能使用扩展基本体制作沙发。
- 能使用 FFD 工具制作靠枕。
- 能使用【挤出】修改器修改对象的形状。

项目分析

在本项目的制作中，客厅的墙体使用画线挤出的方式来制作，茶几使用标准基本体来搭建，沙发则使用扩展基本体来制作，靠枕需使用 FFD 工具来制作。本项目主要需要完成以下四个环节。

（1）客厅墙体的制作。

（2）沙发的制作。

（3）靠垫的制作。

（4）茶几的制作。

实现步骤

1.1 客厅墙体的制作

1 启动 3ds Max 2016，执行【自定义】→【单位设置】命令，如图 1-1-1 所示。

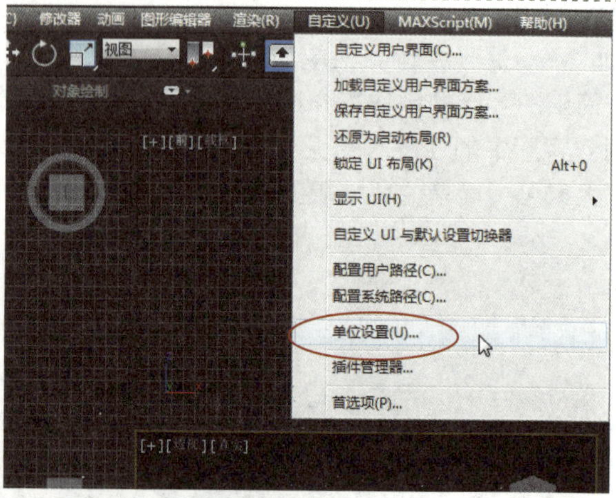

图 1-1-1 单位设置

2 在弹出的【单位设置】对话框中选中【公制】单选按钮，并在其下拉列表中选择【毫米】选项。

3 单击【系统单位设置】按钮，在弹出的【系统单位设置】对话框中选择【毫米】，其他保持默认设置。单击【确定】按钮，完成系统单位的设置，如图 1-1-2 所示。

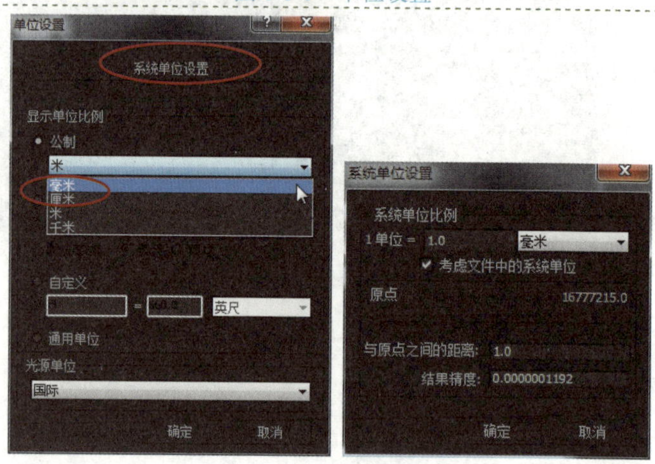

图 1-1-2 系统单位的设置

4 单击屏幕右侧的【创建】→【几何体】→ 面板，在【对象类型】卷展栏中单击【平面】按钮，在顶视图中，按住鼠标左键拖动出一个平面，设置【长度】为 5200.0mm、【宽度】为 4000.0mm、【长度分段】为 1、【宽度分段】为 1，命名为“地面”，如图 1-1-3 所示。

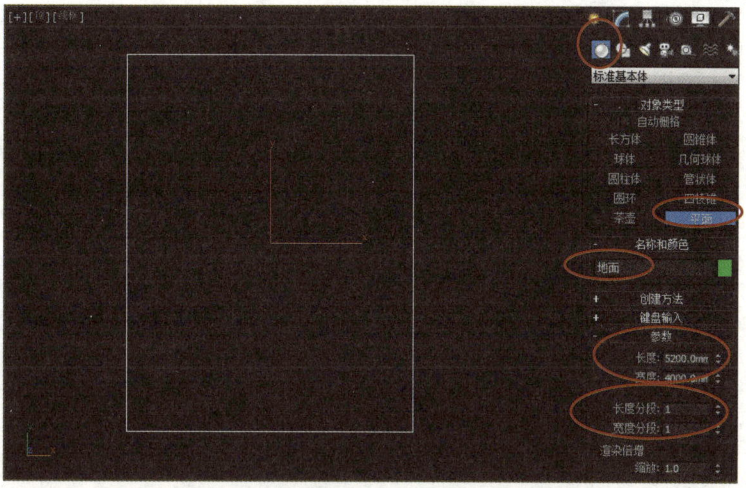

图 1-1-3 创建地面

5 单击【创建】→【图形】→ 面板，在【对象类型】卷展栏中单击【矩形】按钮，在顶视图中，按住鼠标左键拖动出一个矩形，设置矩形的【长度】为 5000.0mm、【宽度】为 3800.0mm，命名为“墙体”，如图 1-1-4 所示。

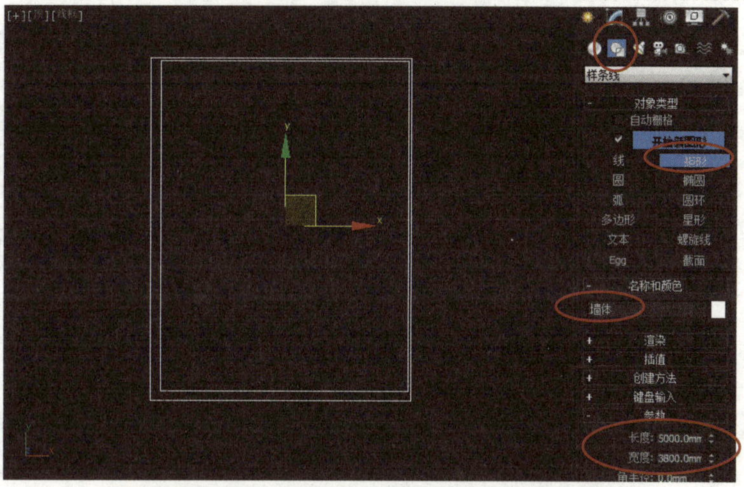

图 1-1-4 创建墙体

6 选中“墙体”对象并右击，在弹出的快捷菜单中执行【转换为】→【转换为可编辑样条线】命令，如图 1-1-5 所示。

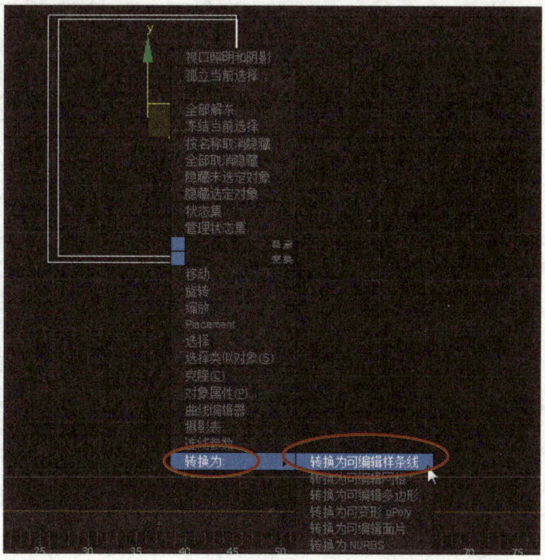

图 1-1-5 转换为可编辑样条线

7 进入【修改】面板，单击【可编辑样条线】左侧的符号，在堆栈中选中【线段】子对象，在按住键盘上 Ctrl 键的同时单击如图 1-1-6 所示的两条线段，按 Delete 键将这两条线段删除。

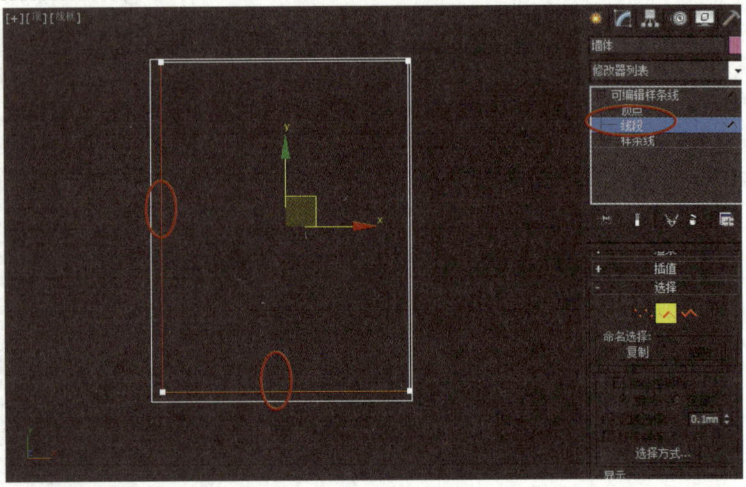

图 1-1-6 删除多余的线段

8 选中【可编辑样条线】堆栈中的【样条线】子对象，进入【样条线】子对象层次，在【几何体】卷展栏的【轮廓】右侧的文本框中输入 200.0mm，按 Enter 键确定，如图 1-1-7 所示。

9 选中【可编辑样条线】堆栈中的【样条线】，关闭该对象层次。

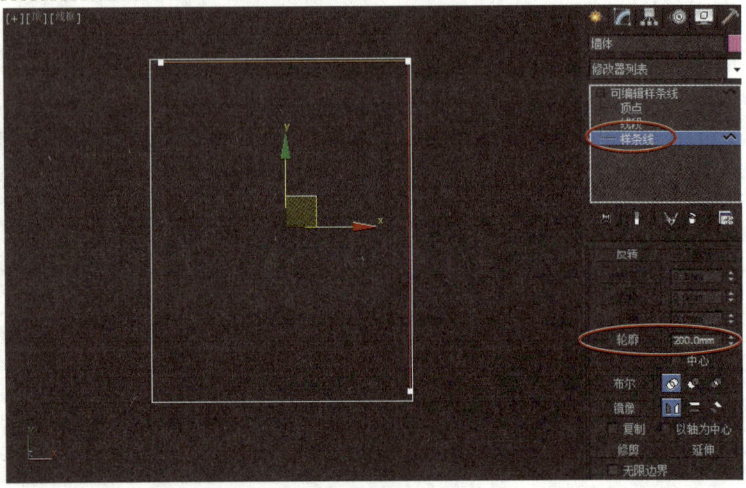

图 1-1-7 设置轮廓参数

10 选中【墙体】对象，单击修改器列表框右侧的下拉按钮▾，从中选择【挤出】修改器，如图 1-1-8 所示。

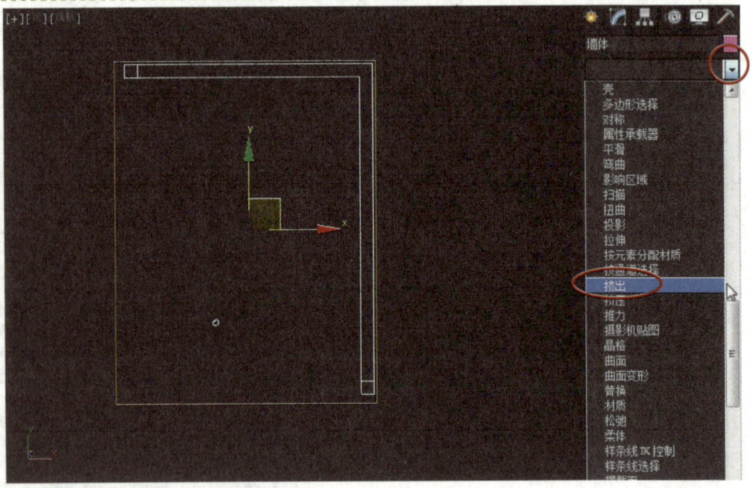

图 1-1-8 选择【挤出】修改器

11 在【参数】卷展栏中设置【数量】为 2800.0mm，如图 1-1-9 所示。

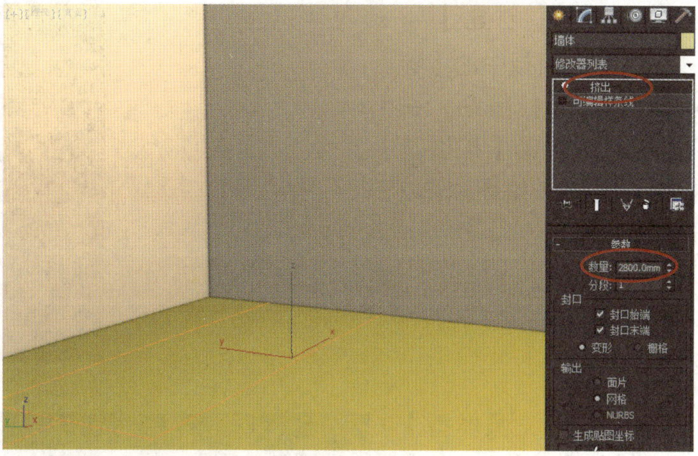

图 1-1-9 绘制平面

1.2 沙发的制作

1 单击【图形】按钮，在【对象类型】卷展栏中单击【矩形】按钮，在顶视图中绘制一个矩形，设置矩形的【长度】为 3800.0mm、【宽度】为 1100.0mm，命名为“沙发框架”，如图 1-2-1 所示。

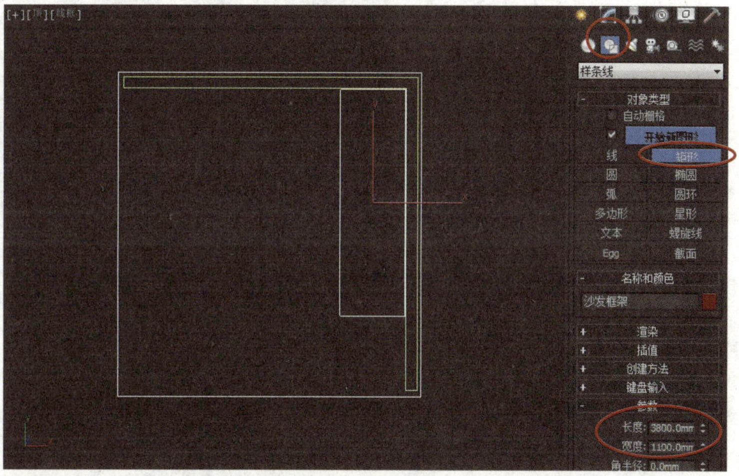

图 1-2-1 绘制矩形

2 按照制作墙体的方法，将【沙发框架】对象转换为可编辑样条线后，选择【线段】子对象，删除一条长线段，然后选中【样条线】，设置轮廓为 100，再添加【挤出】工具，将【数量】设置为 900.0mm，如图 1-2-2 所示。

图 1-2-2 创建沙发框架

3 单击【创建】→【几何体】面板中的【标准基本体】下拉按钮，在下拉列表中选择【扩展基本体】选项，如图 1-2-3 所示。

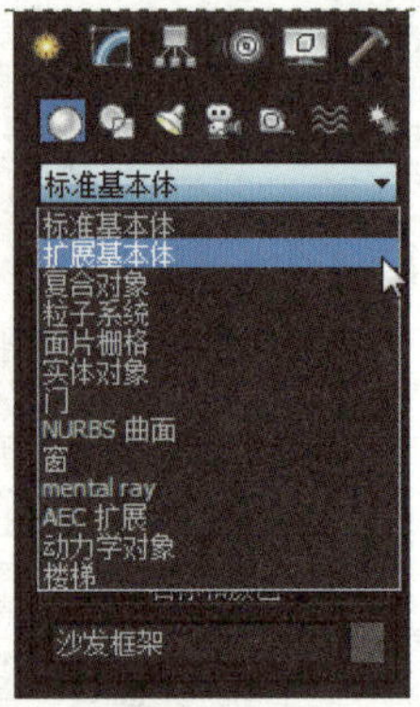

图 1-2-3　扩展基本体

4 单击【对象类型】卷展栏中的【切角长方体】按钮，在顶视图中创建一个切角长方体，并将其命名为“贵妃榻底座”；在【参数】卷展栏中设置【长度】为 1000.0mm、【宽度】为 1800.0mm、【高度】为 300.0mm、【圆角】为 50.0mm，如图 1-2-4 所示。

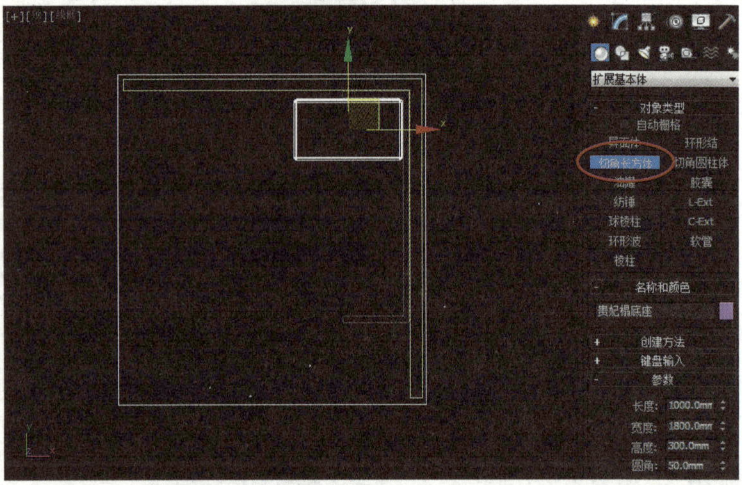

图 1-2-4　创建贵妃榻底座

5 使用同样的方法，在如图 1-2-5 所示的位置创建横向的沙发底座。设置【长度】为 2600.0mm、【宽度】为 1000.0mm、【高度】为 300.0mm、【圆角】为 50mm，如图 1-2-5 所示。

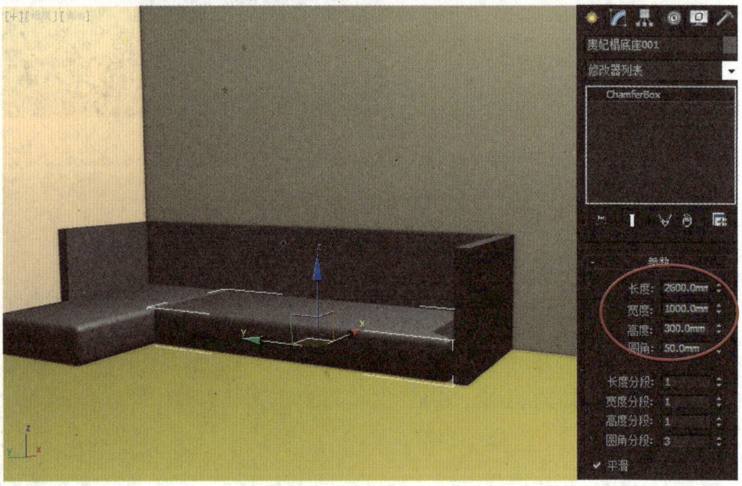

图 1-2-5　创建沙发底座

6 单击【创建】面板，单击【扩展基本体】卷展栏中的【切角长方体】按钮，在如图 1-2-6 所示位置创建贵妃榻的垫子，设置【长度】为 1000.0mm、【宽度】为 1800.0mm、【高度】为 200.0mm、【圆角】为 50.0mm。

图 1-2-6 创建贵妃榻垫子

7 在主工具栏中单击【选择并移动】按钮，按住 Shift 键，选中贵妃榻的垫子后水平移动适当距离，松开鼠标后会弹出【克隆选项】对话框，在【对象】选项组中选中【复制】单选按钮，再单击【确定】按钮，如图 1-2-7 所示。

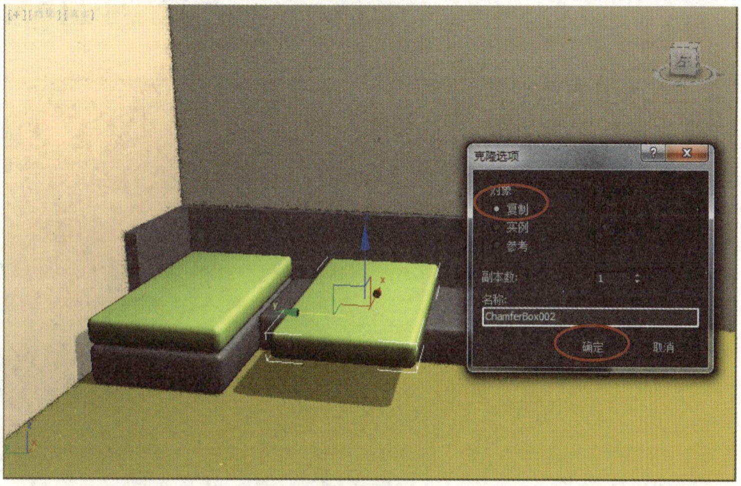

图 1-2-7 复制垫子

8 选中复制后的对象，进入【修改】面板，设置【长度】为 900.0mm、【宽度】为 1000.0mm、【高度】为 200.0mm、【圆角】为 50.0mm，并将修改后的对象复制、粘贴两次，如图 1-2-8 所示。

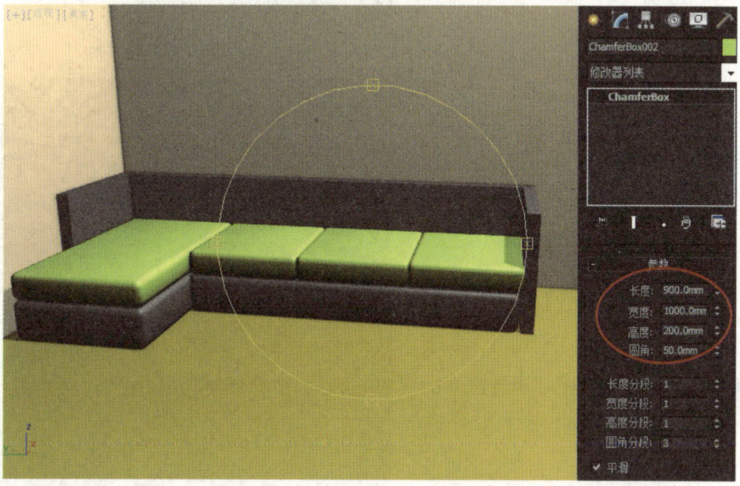

图 1-2-8 修改并复制垫子

1.3 靠垫的制作

1 单击【创建】面板，单击【扩展基本体】卷展栏的【切角长方体】按钮，在如图 1-3-1 所示位置创建一个靠垫，设置【长度】为 900.0mm、【宽度】为 900.0mm、【高度】为 150.0mm、【圆角】为 100.0mm、【长度分段】为 10、【宽度分段】为 10、【高度分段】为 3、【圆角分段】为 3。

图 1-3-1 创建扩展长方体

2 选中靠垫对象，单击修改器列表框右侧的下拉按钮，从下拉列表中选择【FFD（长方体）】修改器，如图 1-3-2 所示。

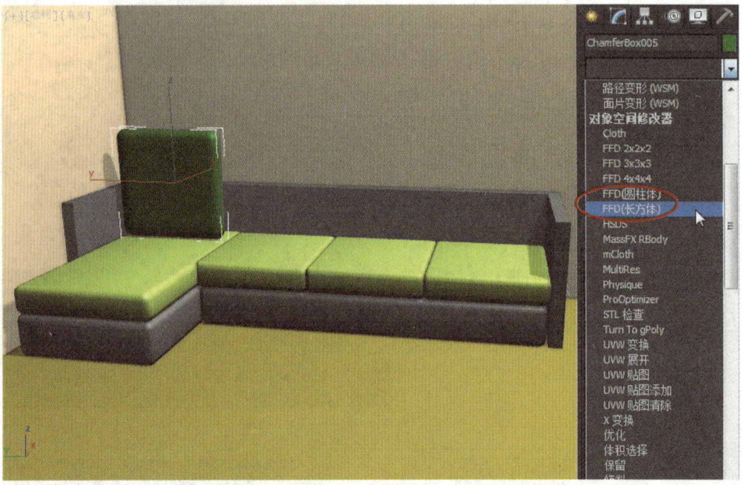

图 1-3-2 添加【FFD（长方体）】修改器

3 单击【FFD（长方体）】左侧的符号，在堆栈中单击【控制点】按钮，进入【控制点】子对象层次，如图 1-3-3 所示。

4 单击主工具栏中的【选择并均匀缩放】按钮，在左视图中，按住 Ctrl 键的同时框选如图 1-3-3 所示的四处控制点，对其进行缩放操作。

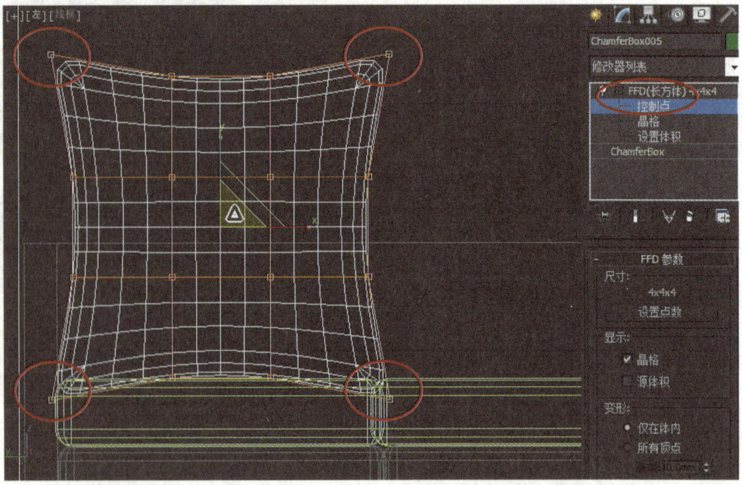

图 1-3-3 调整控制点

5 单击【选择并均匀缩放】按钮，在左视图中框选如图 1-3-4 所示的中间控制点，切换至前视图中，并沿 X 轴向外拖动鼠标至合适位置。

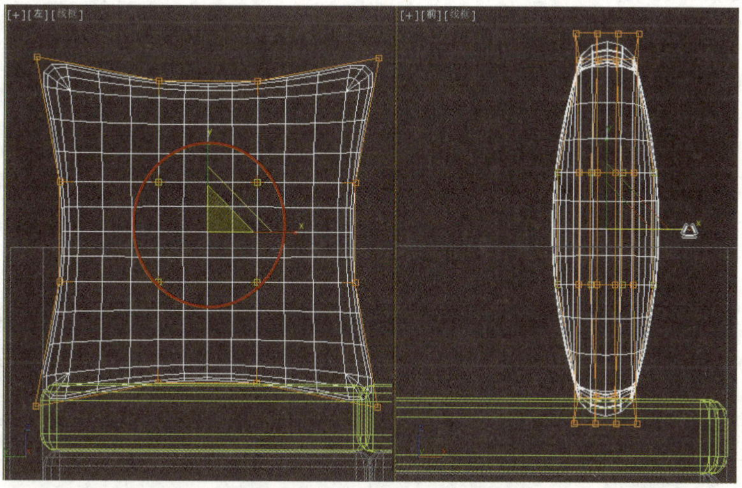

图 1-3-4 调整控制点设置

6 单击主工具栏中的【选择并旋转】按钮，在前视图中，沿最外圈的 Y 轴旋转 25°，如图 1-3-5 所示。

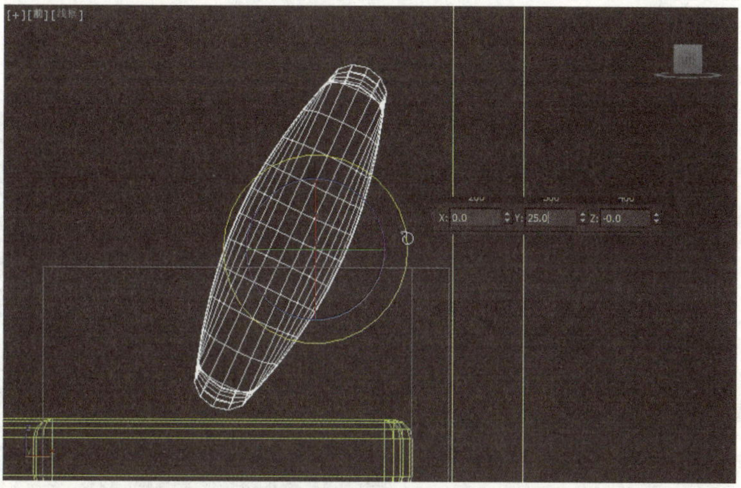

图 1-3-5 旋转角度

7 在主工具栏中单击【选择并移动】按钮，按住 Shift 键，选中靠枕后水平移动适当距离，松开鼠标后会弹出【克隆选项】对话框，在【对象】选项组中选中【实例】单选按钮，将【副本数】设置为 3，再单击【确定】按钮，如图 1-3-6 所示。

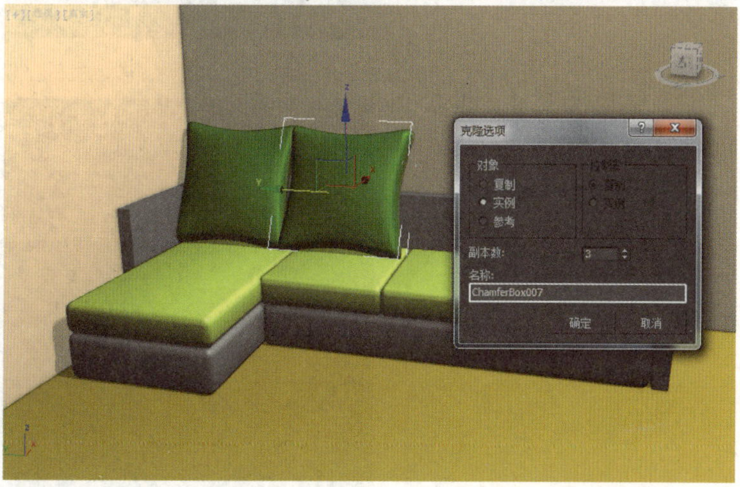

图 1-3-6 复制靠垫

8 用同样的方法可以再复制一个靠垫，调整其大小，复制后的效果如图 1-3-7 所示。

图 1-3-7　复制后的效果

1.4　茶几的制作

1 单击【创建】面板，单击【标准基本体】卷展栏中的【长方体】按钮，在顶视图中，在如图 1-4-1 所示位置创建一个长方体，设置【长度】为 1200.0mm、【宽度】为 700.0mm、【高度】为 100.0mm。

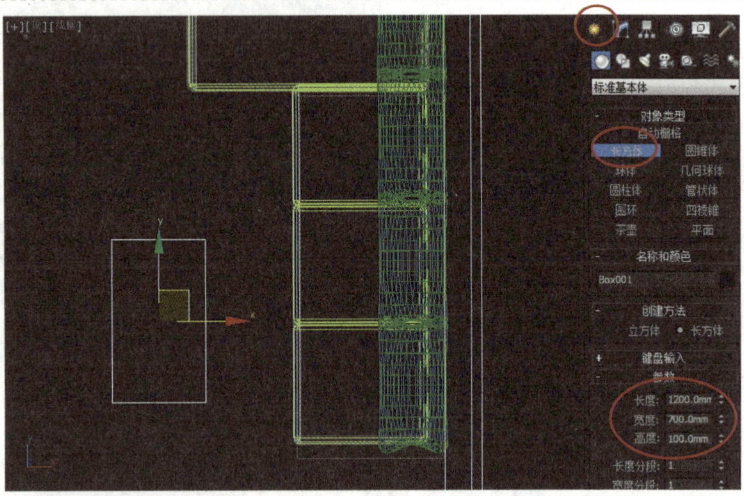

图 1-4-1　创建长方体

2 在顶视图中，再次创建一个长方体，设置【长度】为 950.0mm、【宽度】为 700.0mm、【高度】为 250.0mm，如图 1-4-2 所示。

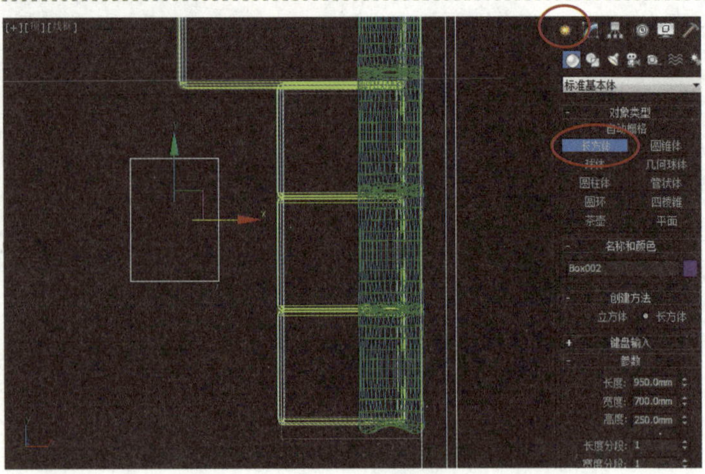

图 1-4-2　再次创建长方体

3 在透视图中，调整两个长方体的位置，如图 1-4-3 所示。

图 1-4-3 调整位置

4 在主工具栏中单击【选择并移动】按钮，按住 Shift 键，在透视图中选中底部的黑色长方体垂直向上移动适当距离，松开鼠标后会弹出【克隆选项】对话框，在【对象】选项组中选中【实例】单选按钮，再单击【确定】按钮，如图 1-4-4 所示。

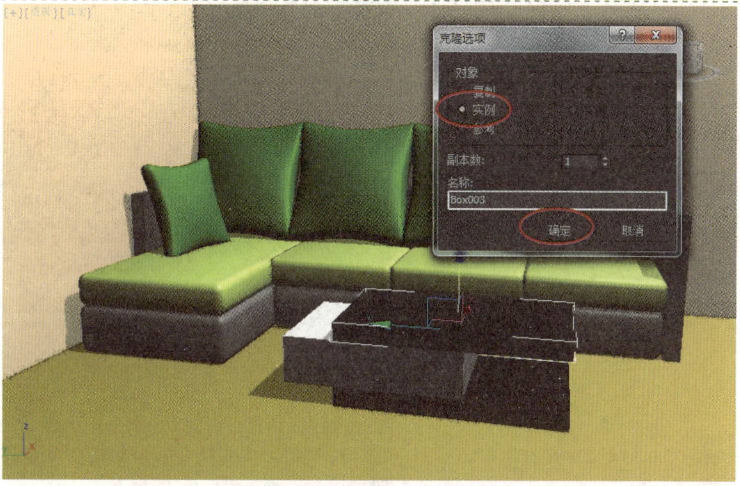

图 1-4-4 移动长方体

5 单击【创建】面板，单击【标准基本体】卷展栏中的【圆柱体】按钮，在透视图中，在如图 1-4-5 所示位置创建一个圆柱体，设置【半径】为 30.0mm、【高度】为 250.0mm、【高度分段】为 1，如图 1-4-5 所示。

图 1-4-5 创建圆柱体

6 用同样的方法再创建一个圆柱体，其【半径】的值设为 30.0mm、【高度】的值设为 100.0mm，如图 1-4-6 所示。

图 1-4-6 再次创建圆柱体

7 单击【选择并移动】按钮，在前视图中，按住 Ctrl 键选中两个圆柱体，再按住 Shift 键将其移动至合适位置，弹出【克隆选项】对话框，在【对象】选项组中选中【实例】单选按钮，再单击【确定】按钮，如图 1-4-7 所示。

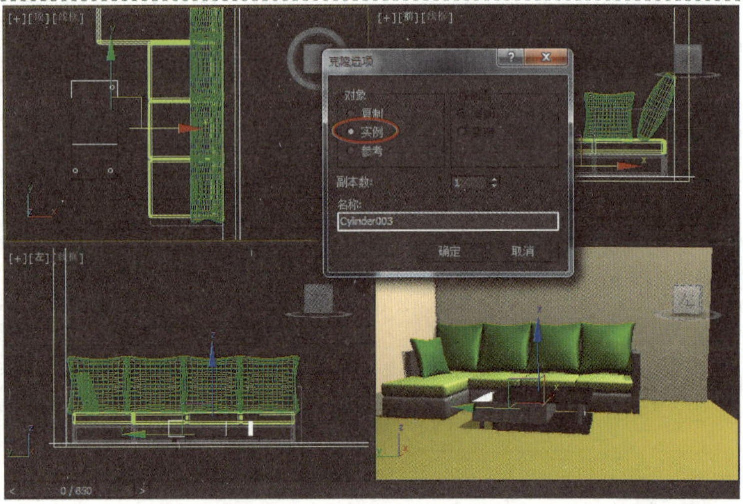

图 1-4-7 复制

8 单击【创建】面板，单击【标准基本体】卷展栏中的【长方体】按钮，设置【长度】为 700.0mm、【宽度】为 1500.0mm、【高度】为 20.0mm，调整物体位置如图 1-4-8 所示。至此，完成模型的制作。

图 1-4-8 调整物体位置

1.5 相关知识

1. 界面介绍

3ds Max 2016 的主界面如图 1-5-1 所示。

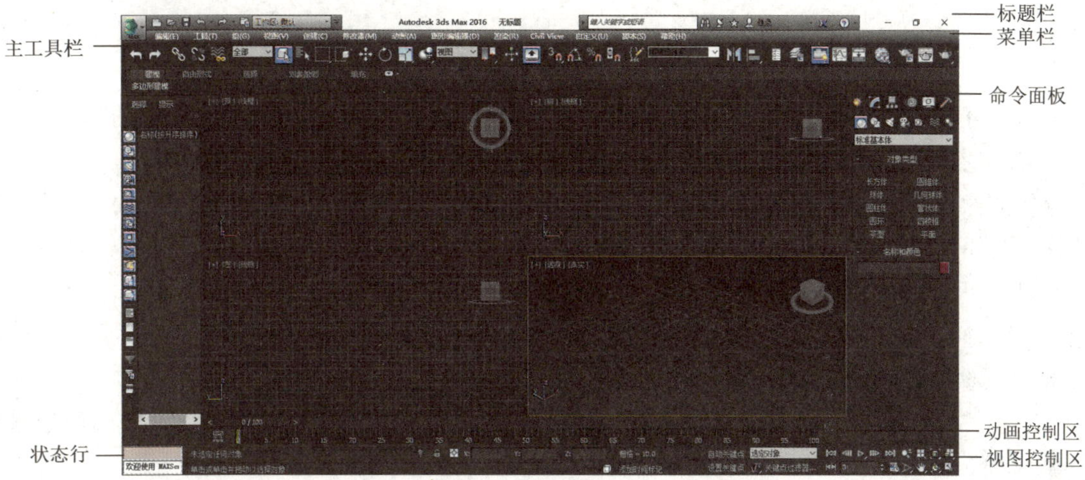

图 1-5-1 3ds Max 2016 主界面

标题栏：处于整个界面的最上方，左侧显示的是软件图标和快速访问工具栏，中间显示的是软件名称及当前打开的场景文件的名称，右侧是搜索与帮助工具栏以及【最小化】、【还原】/【最大化】和【关闭】按钮。

菜单栏：处于标题栏的下方，共有 15 个菜单，提供了 3ds Max 的主要功能选项。

主工具栏：处于菜单栏的下方，放置了一些常用的快捷工具按钮，其位置可以根据用户需要而改变。

状态行：用来显示场景和当前命令提示以及状态信息。

动画控制区：用来控制动画的播放。

视图控制区：对视图显示进行控制。

命令面板：由六个面板组成，使用这些面板可以访问大多数建模、动画命令以及一些显示方式和其他工具。默认位于屏幕的最右侧，其位置可以根据用户需要而改变。

2. 主工具栏介绍

3ds Max 2016 的主工具栏如图 1-5-2 所示。

图 1-5-2 3ds Max 2016 主工具栏

【选择对象】按钮：单击该按钮可以在视图中选中一个或者多个对象并进行操作。当对象被选中时，该对象以高亮的方式显示。

【按名称选择】按钮：单击该按钮可以按对象的名称选中它们。当场景中有很多对象，甚至场景中的对象相互重叠时，如果直接在视图中使用【选择对象】工具单击对象，则很难选中特定的对象，而通过使用【按名称选择】按钮却很容易。

【矩形选择区域】按钮：单击该按钮并在视图中拖动，会拖动出矩形选择框，用来选中对象。

【窗口/交叉】按钮：单击该按钮后，该按钮变为样式，在视图中单击并拖动，用来选中对象时，只有完全包含在选择框内的对象才会被选中，只有部分在选择框内的对象不会被选中。

【选择并移动】按钮：单击该按钮之后，再单击场景中的对象，可将这个对象选中。拖动鼠标，可以按照坐标轴的方向移动选中的对象，移动时将会受到选择的坐标轴的限制。

【选择并旋转】按钮：单击该按钮，在场景中选中对象可以对其进行旋转。此工具是一个球形的操作轴。单击并拖动单个轴向，可以进行单方向旋转，三视图中的红、绿、蓝三种颜色的圆环分别代表了 X、Y、Z 轴，选中的轴将会以黄色显示。选中某个轴进行旋转时，会显示扇形和角度值。按住 Shift 键旋转时，会复制当前操作的对象。

【选择并均匀缩放】按钮：单击该按钮，可以在三个坐标轴上对所选中的对象进行等比例缩放，只改变对象的体积，不改变对象的形状。

【选择并非均匀缩放】按钮：单击该按钮，可以在指定的坐标轴上对所选中的对象进行不等比例缩放，对象的体积和形状都会发生改变。

【选择并挤压】按钮：单击该按钮，可以在指定的坐标轴上对所选中的对象进行挤压变形操作。其只改变对象的形状，不改变对象的体积。

【捕捉开关（三维）】按钮：单击该按钮，可以直接在三维空间内捕捉任何所需的对象或者对象类型，如顶点、边、面等。

【捕捉开关（二点五维）】按钮：单击该按钮，可以将三维空间内特殊类型的对象捕捉到二维表面上。

【捕捉开关（二维）】按钮：单击该按钮，可以将二维空间内的点、曲线、无厚度的表面捕捉到，但该按钮不能用于捕捉三维对象，只能用于捕捉二维图形。

【角度捕捉切换】按钮：单击该按钮，可以设置进行旋转操作时的角度间隔。默认的角度捕捉间隔是 5°。

【镜像】按钮：选中场景中的对象后，单击该按钮，弹出【镜像：屏幕】对话框，如图 1-5-3 所示，该对话框中的主要选项作用如下。

（1）【镜像轴】选项组，该组中的选项用来控制镜像的方向，默认为 X 轴。

（2）【偏移】文本框，用来控制镜像后的对象偏离原对象的距离。

（3）【克隆当前选择】选项组，该组中的选项用来控制以什么方式复制对象。

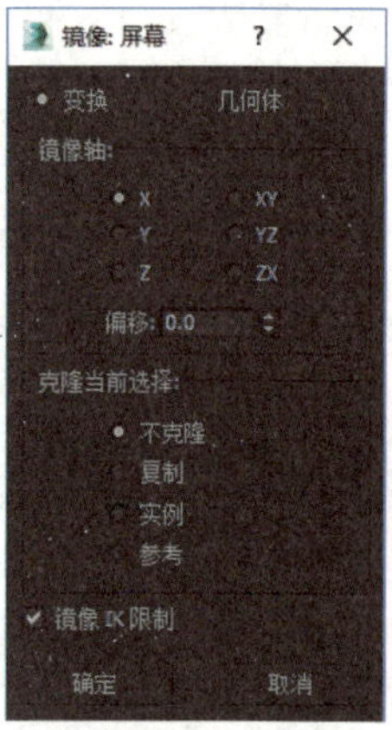

图 1-5-3 【镜像：屏幕】对话框

【对齐】工具：将选中的对象与目标对象对齐，可以自由选择对齐的位置和方向。选中要对齐的对象后，单击该按钮，再在视图中选中目标对象，弹出【对齐当前选择】对话框，如图 1-5-4 所示。

【材质编辑器】按钮：单击该按钮会弹出【材质编辑器】对话框，可以为所选的对象赋予相应的材质。

【渲染设置】按钮：单击该按钮会弹出【渲染设置】对话框，可以对场景的渲染进行设置。

【渲染产品】按钮：单击该按钮会根据【渲染设置】对话框中的设置对场景进行产品级的渲染。

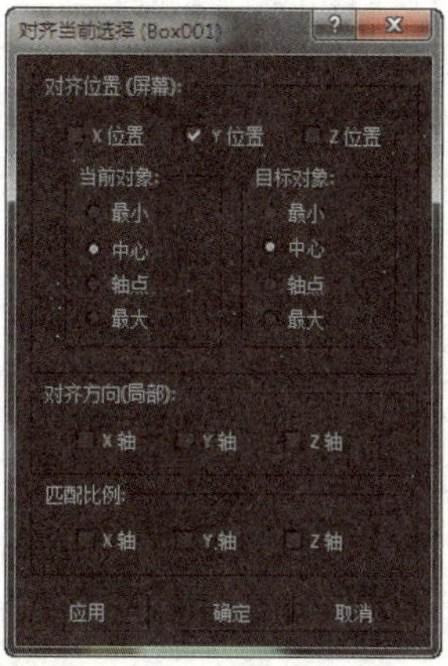

图 1-5-4　【对齐当前选择】对话框

3. 视图控制区

在屏幕的右下角有一个区域，提供了许多改变视图设置的选项，如图 1-5-5 所示。

【缩放】按钮：用于把一个视图缩小或放大。单击该按钮后，在任意一个视图中单击并向上拖动鼠标，可以把该视图放大；单击并向下拖动鼠标，可以把该视图缩小。

【缩放所有视图】按钮：单击该按钮后，在任意一个视图中单击并向上拖动鼠标，可以把所有视图放大；单击并向下拖动鼠标，可以把所有视图缩小。

图 1-5-5　视图控制区

【最大化显示选定对象】按钮：用于对当前视图进行放大，使选定的对象最大化显示。

【所有视图最大化显示】按钮：用于对所有视图进行放大，使选定对象所在区域的所有视图最大化显示。

【缩放区域】按钮：单击该按钮，在一个视图中用鼠标拖动出一块矩形的区域，可对这块区域进行放大显示。

【平移视图】按钮：单击该按钮，在某个视图中单击并拖动鼠标，可以使视图上下左右移动。

【弧形旋转】按钮：单击该按钮后，在视图内出现一个圆。在圆内单击并拖动鼠标，可以上下左右地旋转视图。如果仅仅单击圆的上方、下方、左侧或右侧的方形控制柄，则可以向该方向旋转视图。

【最大化视图切换】按钮：单击该按钮，可以在全屏显示一个视图和同时显示四个视图这两种状态之间进行切换。

1.6　实战演练

在 3ds Max 中，通过简单几何体的堆砌可以创建简单的模型。在本实战演练中，我们带着对童年美好的回忆去追寻童年的足迹，一起来制作如图 1-6-1 所示的可爱玩偶。在制作玩偶的时候，大家可以发挥自己的创造力，制作自己喜欢的、与众不同的玩偶，可以让玩偶成为个性的象征。本实战演练效果如图 1-6-1 所示。

图 1-6-1　玩偶效果图

制作要求

（1）能堆砌出形象的玩偶。

（2）能选用合适的几何体。

（3）能对几何体做适当的修改。

制作提示

（1）可在标准基本体和扩展基本体卷展栏中选用合适的几何体进行堆砌。

（2）可用缩放、旋转等工具对几何体做简单的调整。

（3）将此玩偶作为一个参考，大家可以对此玩偶的各个部件做任意的改变，但最后的成果要形象。

项目评价

项目实训评价表						
项　　目	内　　容		评 定 等 级			
	学 习 目 标	评 价 项 目	4	3	2	1
职业能力	能熟练掌握软件的常用操作工具	能熟练操作主工具栏中的常用工具				
		能正确地选用视图控制区的工具				
	能修改各对象的参数	能理解各参数的含义				
		能合理设置各参数				
	能正确地选择视图进行创建	能理解不同视图的含义				
		能选择正确的视图进行创建				
	能制作个性的形象玩偶	能自己创意设计玩偶				
		能制作出形象的、可爱的玩偶				
通用能力	交流表达能力					
	与人合作能力					
	沟通能力					
	组织能力					
	活动能力					
	解决问题的能力					
	自我提高的能力					
	革新、创新的能力					
综合评价						

评定等级说明表	
等　　级	说　　明
4	能高质、高效地完成此学习目标的全部内容，并能解决遇到的特殊问题
3	能高质、高效地完成此学习目标的全部内容
2	能圆满完成此学习日标的全部内容，不需要任何帮助和指导
1	能圆满完成此学习目标的全部内容，但偶尔需要帮助和指导

最终等级说明表	
等　级	说　明
优秀	80%项目达到 3 级水平
良好	60%项目达到 2 级水平
合格	全部项目都达到 1 级水平
不合格	不能达到 1 级水平

项　目

2

餐厅的制作

项目描述

在 3ds Max 软件的应用中，很多时候我们并不能通过软件自带的简单几何体来直接创建模型，而需要在此基础上通过修改工具或各种命令来创建较复杂的模型。本项目通过制作一个简洁的餐厅来介绍 3ds Max 2016 中的一些常用修改命令，还会简单地介绍一些贴图的设置，本项目的最终效果如图 2-0-1 所示。

图 2-0-1　餐厅效果图

学习目标

- 能熟练绘制二维图形。
- 能使用【锥化】工具。
- 能使用【放样】工具。
- 能使用【车削】工具。

项目分析

在本项目的制作中，桌子的制作主要靠几何体的堆砌，桌脚添加了【锥化】效果，制作重点在于画好二维图形，然后【挤出】，花瓶的制作需要用到【车削】工具，而桌布则需要使用【放样】工具来实现，整个过程需要完成以下四个环节。

（1）餐厅墙体和移门的制作。

（2）餐桌的制作。

（3）餐椅的制作。

（4）桌布和花瓶的制作。

实现步骤

2.1 餐厅墙体和移门的制作

1 启动 3ds Max 2016，执行【自定义】→【单位设置】命令。

2 在弹出的【单位设置】对话框中选中【公制】单选按钮，并在其下拉列表中选择【毫米】选项。

3 单击【系统单位设置】按钮，在弹出的【系统单位设置】对话框中选择单位为【毫米】，其他为默认设置。单击【确定】按钮完成系统单位的设置，如图 2-1-1 所示。

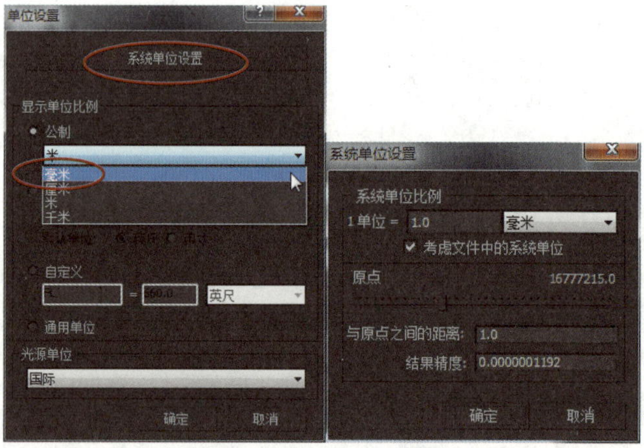

图 2-1-1 系统单位的设置

4 单击屏幕右侧的【创建】→【几何体】面板，在【对象类型】卷展栏中单击【平面】按钮，在顶视图中创建一个平面，设置【长度】为3000.0mm、【宽度】为2800.0mm、【长度分段】为1、【宽度分段】为1，如图2-1-2所示。

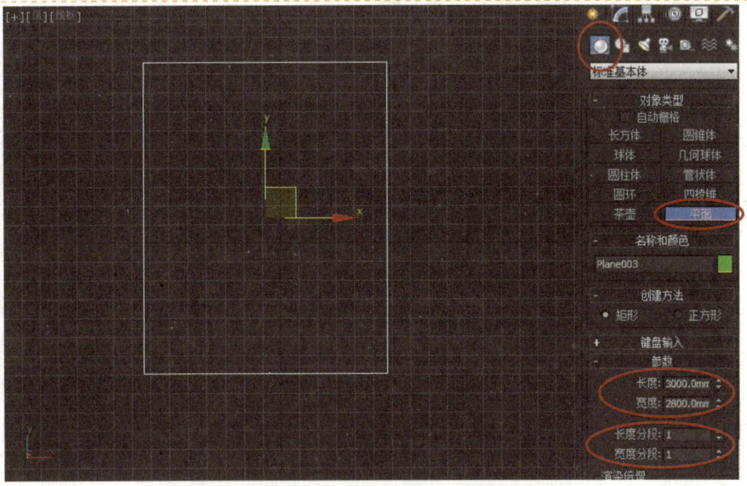

图 2-1-2　创建平面

5 右击工具栏中的【捕捉开关（三维）】按钮，弹出【栅格和捕捉设置】窗口，在【捕捉】栏中只选中【端点】复选框，如图2-1-3所示，完成捕捉的设置。

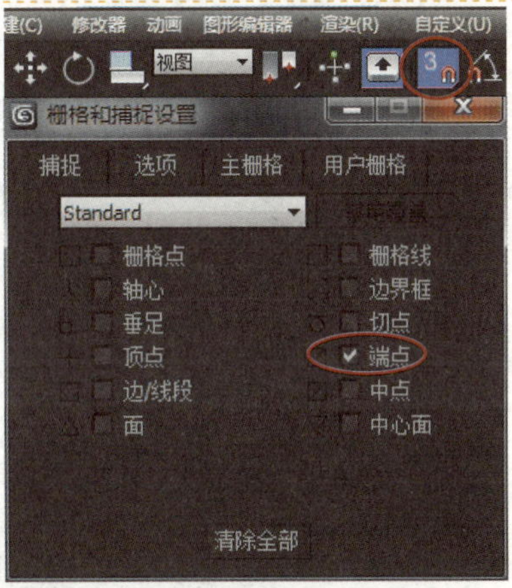

图 2-1-3　设置捕捉对象

6 单击【图形】按钮，在【对象类型】卷展栏中单击【线】按钮，在顶视图中捕捉平面的端点，单击绘制如图2-1-4所示的三条直线，右击结束绘制。

7 再次单击【捕捉开关（三维）】按钮，退出三维捕捉。

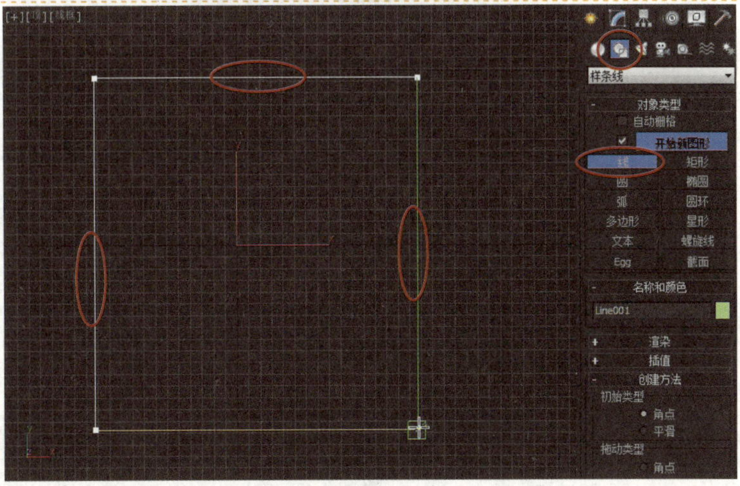

图 2-1-4　绘制线条

8 选中绘制的线条，进入【修改】面板，单击【可编辑样条线】左侧的⊞符号，在堆栈中选中【样条线】子对象，在【几何体】卷展栏下的【轮廓】的右侧文本框中输入100，按 Enter 键确定，如图 2-1-5 所示。

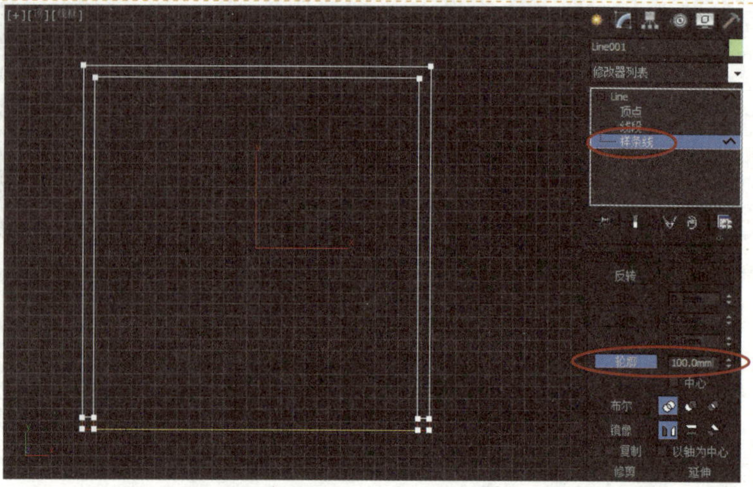

图 2-1-5　设置轮廓参数

9 单击修改器列表框下右侧的下拉按钮▾，从中选择【挤出】修改器，如图 2-1-6 所示。

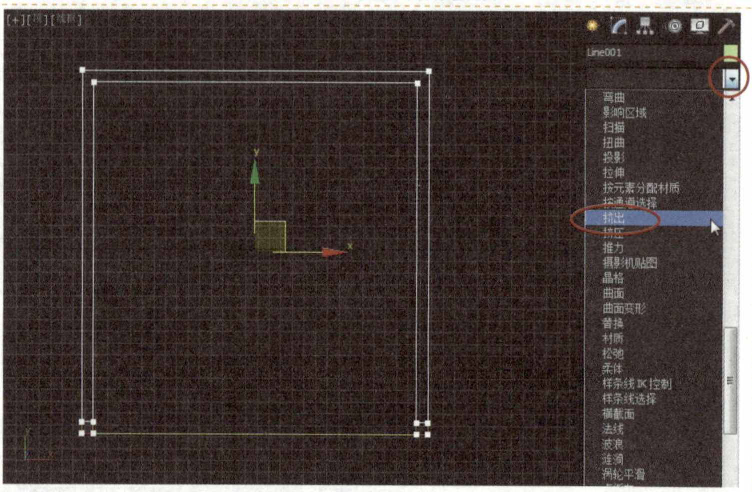

图 2-1-6　添加【挤出】修改器

10 设置挤出的【数量】为 2800.0mm，如图 2-1-7 所示，这样餐厅的墙体就制作好了。

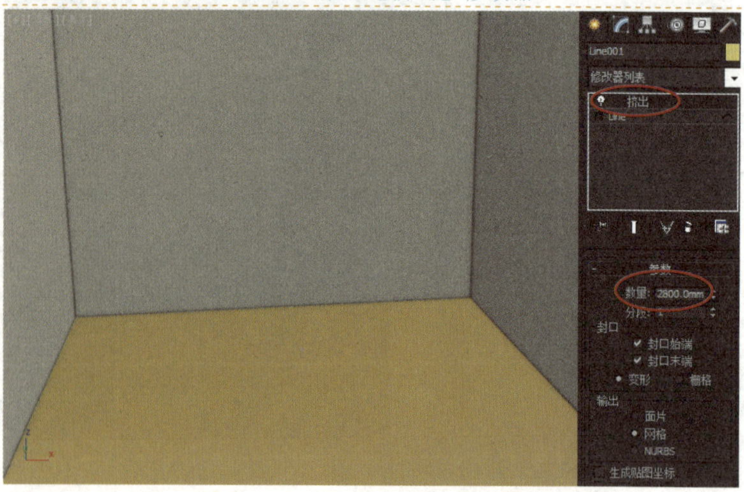

图 2-1-7　设置挤出参数

11 单击【创建】→【几何体】面板，在【对象类型】卷展栏中单击【平面】按钮，创建一个平面，设置【长度】为2000.0mm、【宽度】为2000.0mm、【长度分段】为1、【宽度分段】为1，调整位置如图2-1-8所示。

为了让效果好一些，我们先简单地介绍移门材质的设置。

图 2-1-8　创建移门模型

12 按M键，弹出【材质编辑器】对话框，选择其中一个材质球，单击【漫反射】颜色右侧的空白按钮，会弹出【材质/贴图浏览器】对话框，选择【位图】选项，如图2-1-9所示。

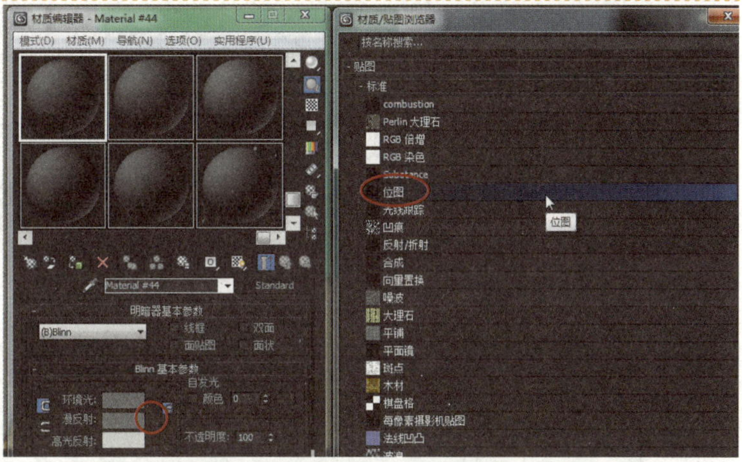

图 2-1-9　设置材质

13 在弹出的【选择位图图像文件】对话框中选择"厨房移门"贴图，如图2-1-10所示。

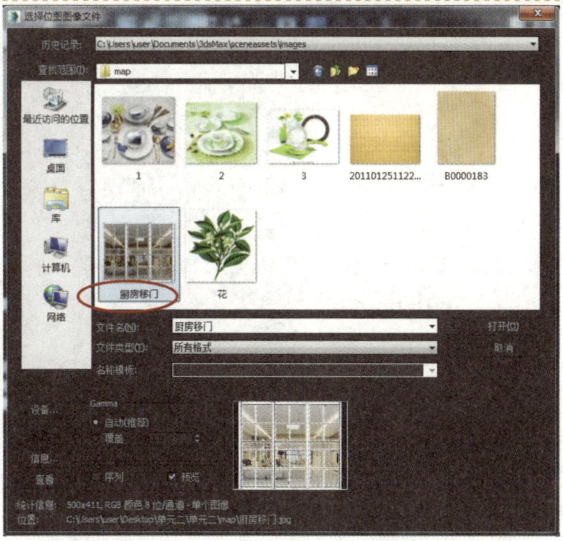

图 2-1-10　选择贴图

14 选中移门对象，单击【将材质指定给选定对象】按钮，再单击【视口中显示明暗处理材质】按钮，如图 2-1-11 所示。

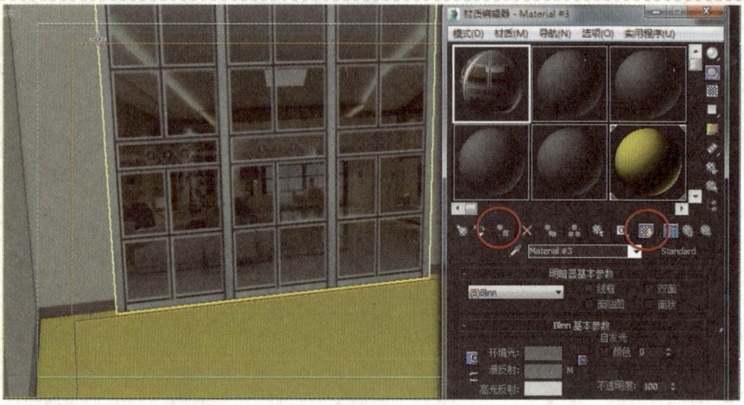
图 2-1-11　赋予移门贴图

2.2　餐桌的制作

1 单击【创建】→【几何体】面板，单击【标准基本体】卷展栏中的【长方体】按钮，创建一个长方体，设置【长度】为 1400.0mm、【宽度】为 700.0mm、【高度】50.0mm，调整位置如图 2-2-1 所示。

图 2-2-1　创建桌面

2 单击【创建】→【图形】面板，单击【对象类型】卷展栏中的【矩形】工具，在顶视图中，按住鼠标左键拖动出一个矩形，设置矩形的【长度】为 1350.0mm、【宽度】为 650.0mm，如图 2-2-2 所示。

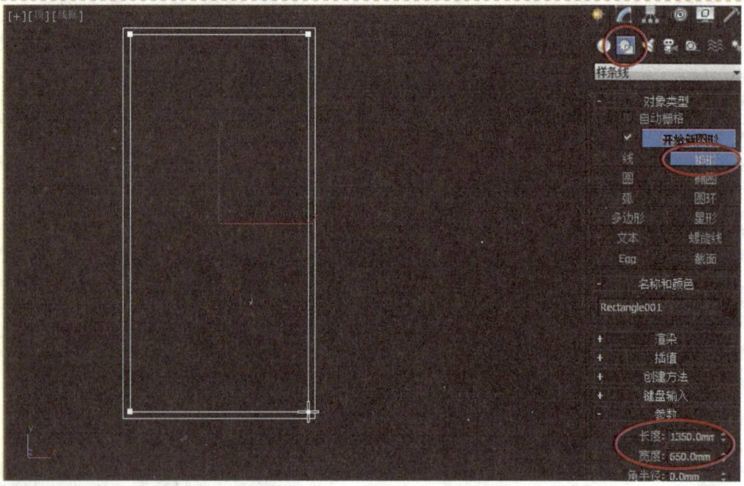

图 2-2-2　创建矩形

3 选中刚创建的矩形并右击，在弹出的快捷菜单中执行【转换为】→【转换为可编辑样条线】命令，如图 2-2-3 所示。

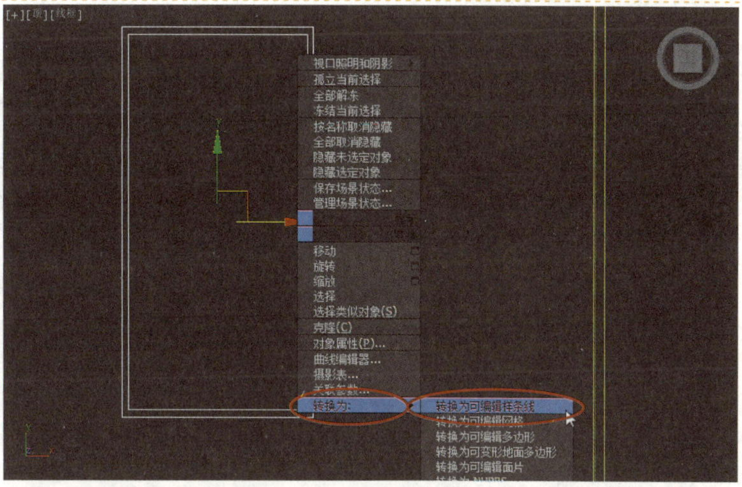

图 2-2-3 转换为可编辑样条线

4 选中【可编辑样条线】堆栈下的【样条线】子对象，进入【样条线】子对象层次，在【几何体】卷展栏中【轮廓】右侧的文本框中输入 20，按 Enter 键确定，如图 2-2-4 所示。

5 单击【可编辑样条线】中的【样条线】，退出子对象选中状态。

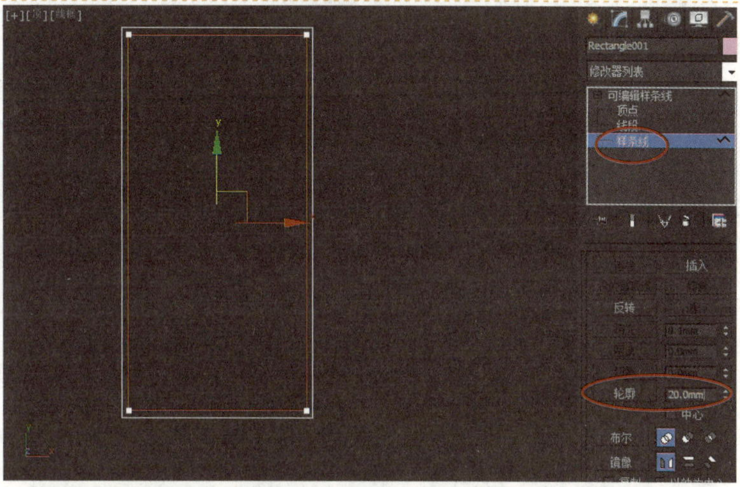

图 2-2-4 设置轮廓的值

6 单击修改器列表右侧的下拉按钮，从中选择【挤出】修改器。

7 设置挤出的【数量】为 100.0mm，如图 2-2-5 所示。

图 2-2-5 设置【挤出】命令和参数

8 调整位置，如图 2-2-6 所示。

图 2-2-6　调整位置

9 单击【创建】→【几何体】面板，单击【标准基本体】卷展栏中的【长方体】按钮，创建一个长方体，并设置其【长度】为 110.0mm、【宽度】为 110.0mm、【高度】为 800.0mm，调整位置，如图 2-2-7 所示。

图 2-2-7　创建桌脚

10 选中桌脚，进入【修改】面板，单击修改器列表右侧的下拉按钮，从中选择【锥化】修改器，如图 2-2-8 所示。

图 2-2-8　添加【锥化】命令

11 设置锥化的【数量】为“0.45”，如图 2-2-9 所示。

图 2-2-9　设置锥化的【数量】

12 在主工具栏中单击【选择并移动】按钮，按住 Shift 键，选中桌脚后水平移动适当距离，松开鼠标后弹出【克隆选项】对话框，在【对象】选项组中选中【实例】单选按钮，单击【确定】按钮，用同样的方法复制另外两条桌脚，如图 2-2-10 所示。

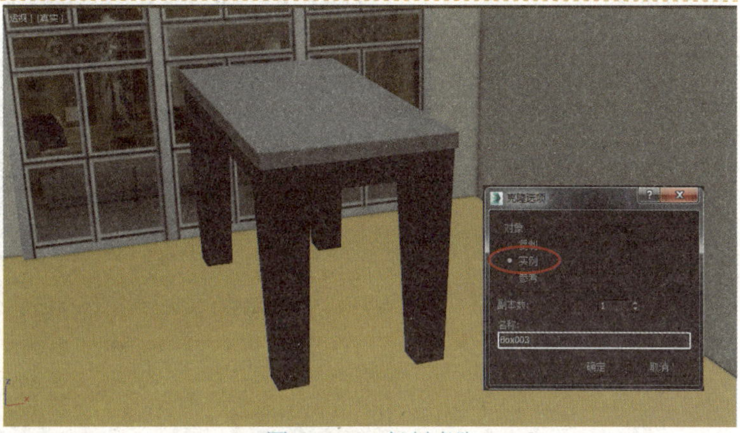

图 2-2-10　复制桌脚

2.3　餐椅的制作

1 单击【创建】→【图形】面板，在【对象类型】卷展栏中单击【线】按钮，在前视图中，绘制如图 2-3-1 所示的餐椅的椅脚图形，在弹出的【样条线】对话框中单击【是】按钮，如图 2-3-1 所示。

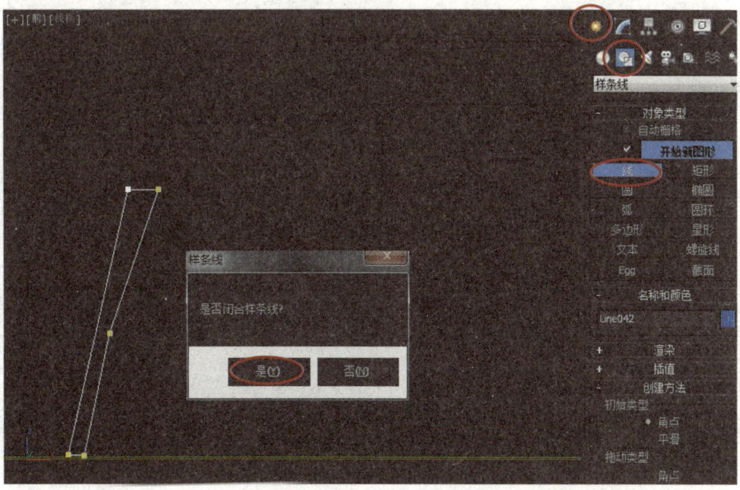

图 2-3-1　绘制图形

2 选中图形，进入【修改】面板，在【选择】卷展栏中选择【顶点】选项，调整图形形状，如图 2-3-2 所示。

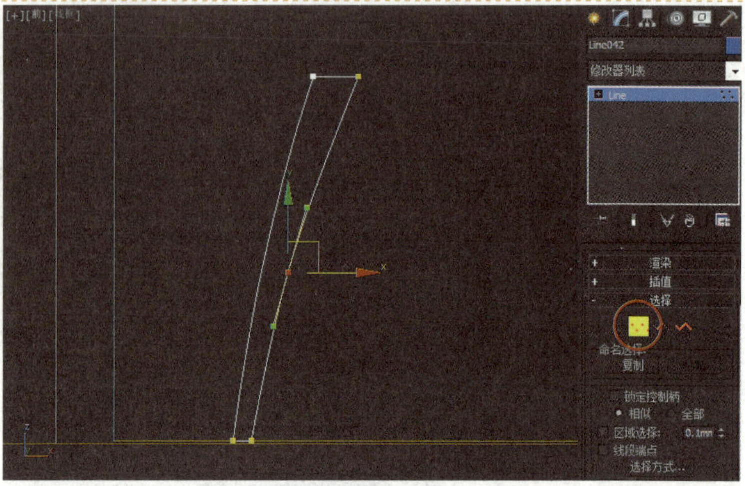

图 2-3-2　调整图形形状

3 选中图形，单击修改器列表右侧的下拉按钮，从中选择【挤出】修改器。

4 在【参数】卷展栏中设置【数量】为 30.0mm，如图 2-3-3 所示。

图 2-3-3　添加【挤出】修改器

5 单击【创建】→【图形】面板，在【对象类型】卷展栏中单击【线】按钮，在前视图中绘制餐椅靠背的图形，如图 2-3-4 所示。

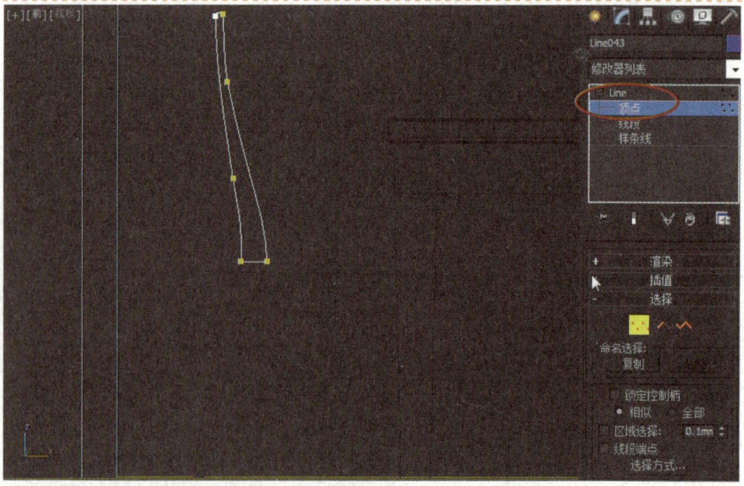

图 2-3-4　绘制餐椅靠背图形

6 选中靠背图形，单击修改器列表右侧的下拉按钮，从中选择【挤出】修改器，并设置【挤出】的【数量】为 30.0mm，如图 2-3-5 所示。

图 2-3-5 添加【挤出】修改器

7 在主工具栏中单击【选择并移动】按钮，按住 Shift 键，在左视图中选中餐椅靠背，水平移动适当距离后松开鼠标，弹出【克隆选项】对话框，在【对象】选项组中选中【复制】单选按钮，再单击【确定】按钮，如图 2-3-6 所示。

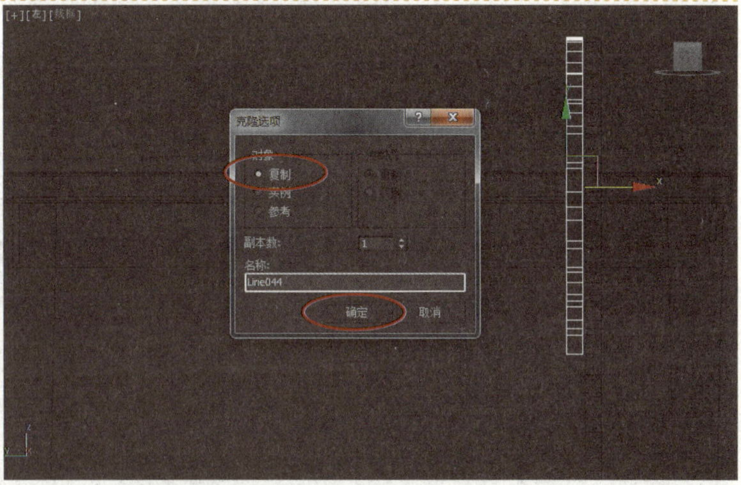

图 2-3-6 复制

8 选中复制后的对象，进入【修改】面板，将【挤出】的【数量】修改为 340.0mm，如图 2-3-7 所示。

图 2-3-7 修改【挤出】的参数

9 选中餐椅靠背的黑色部分和餐椅的椅脚，单击【选择并移动】按钮，按住 Shift 键，在左视图中水平移动适当距离后松开鼠标，弹出【克隆选项】对话框，在【对象】选项组中选中【复制】单选按钮，单击【确定】按钮退出，如图 2-3-8 所示。

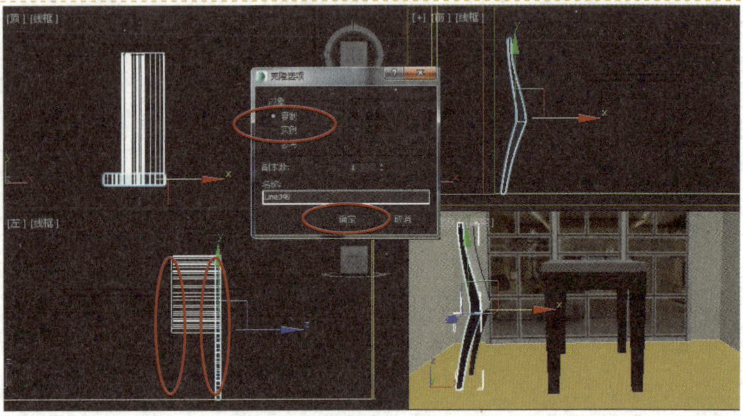

图 2-3-8　复制后的效果

10 单击【创建】按钮，选择【扩展基本体】卷展栏中的【切角长方体】按钮，创建一个切角长方体，设置【长度】为 400.0mm、【宽度】为 400.0mm、【高度】为 50mm、【圆角】为 20.0mm，调整位置，如图 2-3-9 所示。

图 2-3-9　创建餐椅的坐垫

11 同时选中餐椅的两个椅脚，单击【选择并移动】按钮，按住 Shift 键，水平移动适当距离后松开鼠标，弹出【克隆选项】对话框，在【对象】选项组中选中【实例】单选按钮，单击【确定】按钮退出，如图 2-3-10 所示。

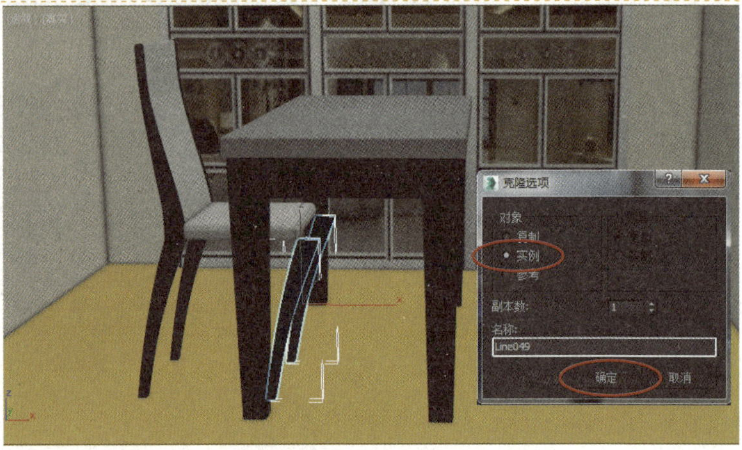

图 2-3-10　复制餐椅的椅脚

12 单击主工具栏中的【镜像】按钮，弹出【镜像：世界 坐标】对话框，在【镜像轴】选项组中选中【X】单选按钮，再单击【确定】按钮，如图 2-3-11 所示。

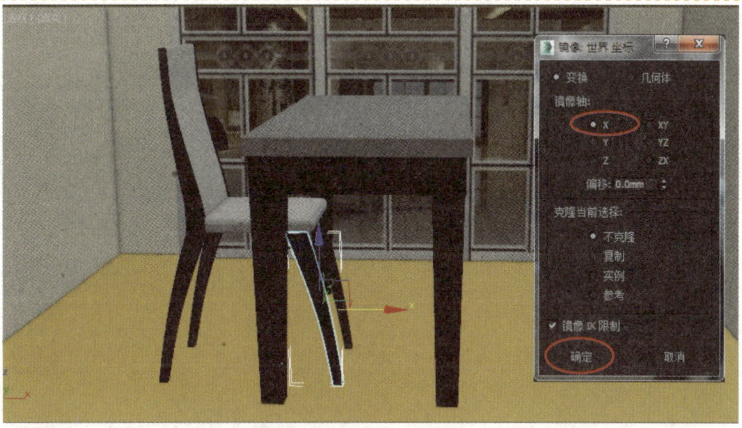

图 2-3-11　镜像

13 将餐椅的椅脚移动到合适的位置，选中餐椅的所有对象，执行【组】→【组】命令，在弹出的【组】对话框中将其命名为“餐椅”，再单击【确定】按钮，如图 2-3-12 所示。

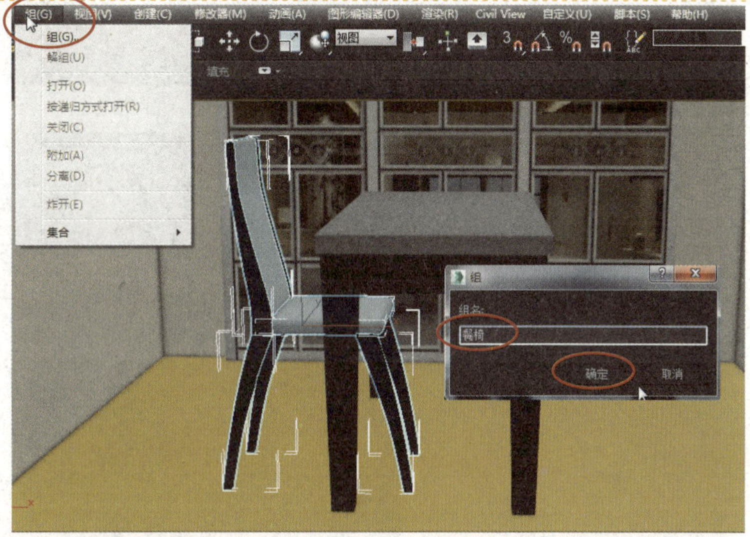

图 2-3-12　成组

14 用前面介绍过的【选择并移动】工具，按住 Shift 键移动复制的方法复制三把餐椅，椅子方向不对时使用【镜像】工具调整，复制后的效果如图 2-3-13 所示。

图 2-3-13　复制餐椅

2.4　桌布和花瓶的制作

1 单击【创建】→【图形】面板，在【对象类型】卷展栏中单击【线】按钮，在顶视图中绘制一条曲线，在左视图中绘制一条折线，如图 2-4-1 所示。

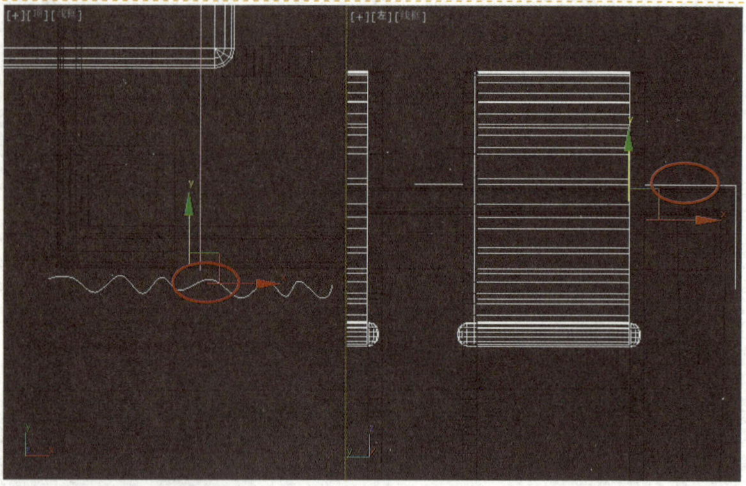

图 2-4-1　绘制线条

2 选中折线，单击【创建】→【几何体】面板，单击【标准基本体】下拉按钮，在下拉列表中选择【复合对象】选项，如图 2-4-2 所示。

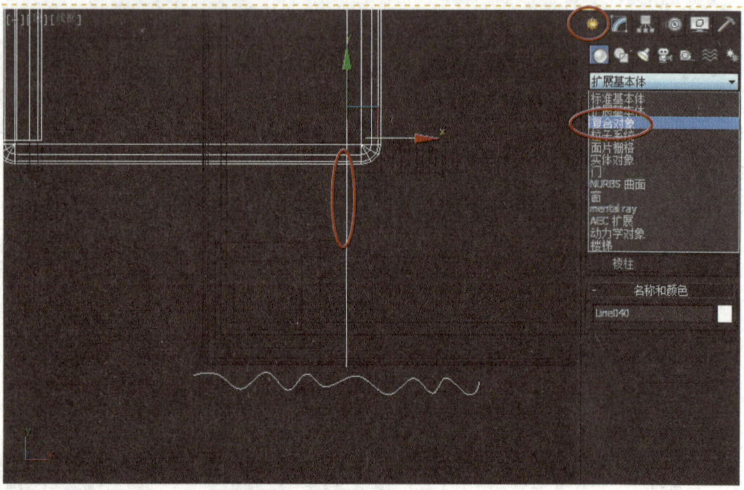

图 2-4-2　选择【复合对象】选项

3 在【对象类型】卷展栏中单击【放样】按钮，然后单击【创建方法】卷展栏中的【获取图形】按钮，单击顶视图中的曲线，如图 2-4-3 所示。

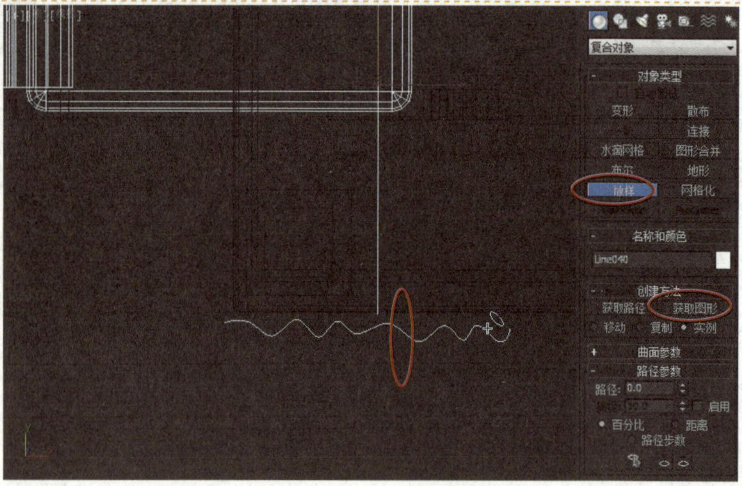

图 2-4-3　获取图形

4 单击 Loft 左侧的 符号，在堆栈中选择【图形】选项，进入【图形】子对象层次，然后选中视图中的曲线。

5 启动【角度捕捉】功能，使用【选择并旋转】工具，在透视图中将曲线沿 Z 轴旋转 90°，如图 2-4-4 所示。

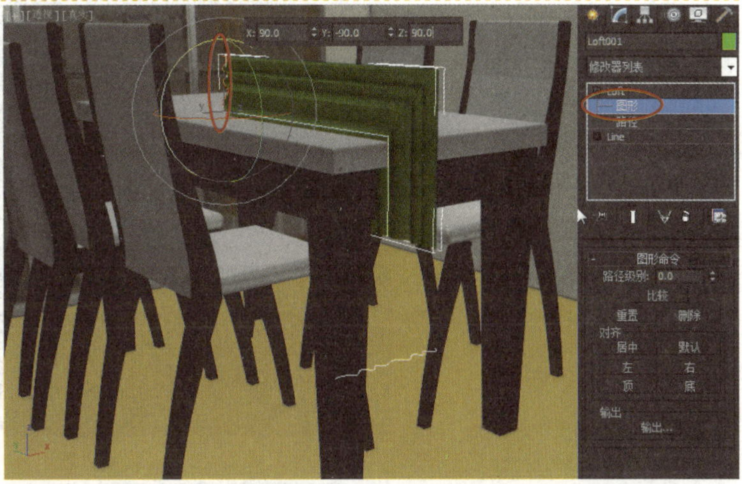

图 2-4-4　旋转曲线

6 在主工具栏中单击【选择并移动】按钮，按住 Shift 键，在透视图中沿折线路径的方向移动至路径的另一端，松开鼠标后会弹出【复制图形】对话框，选中【复制】单选按钮，单击【确定】按钮，如图 2-4-5 所示。

图 2-4-5　复制图形

7 单击【选择并移动】按钮，选中路径起始端的图形，沿 Z 轴移动至如图 2-4-6 所示位置。

8 单击主工具栏中的【选择并均匀缩放】按钮，在透视图中沿 X 轴方向压缩图形至如图 2-4-6 所示位置。

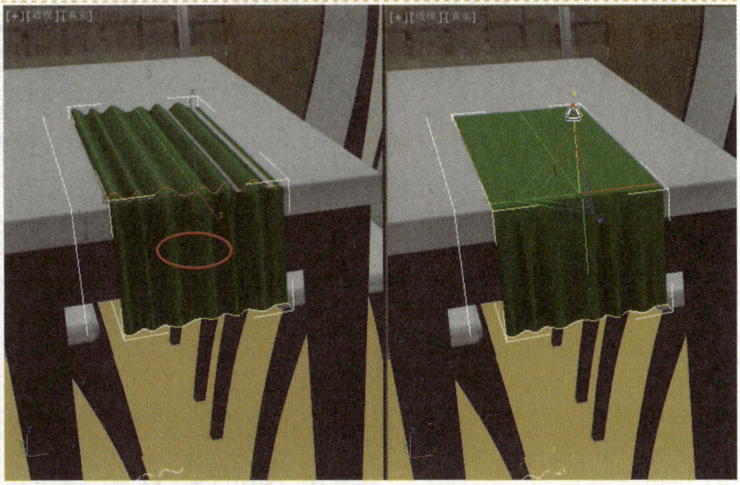

图 2-4-6　移动并压缩图形

9 单击【选择并移动】按钮，按住 Shift 键，在顶视图中，选中桌布对象垂直移动适当距离，松开鼠标后会弹出【克隆选项】对话框，在【对象】选项组中选中【复制】单选按钮，单击【确定】按钮，如图 2-4-7 所示。

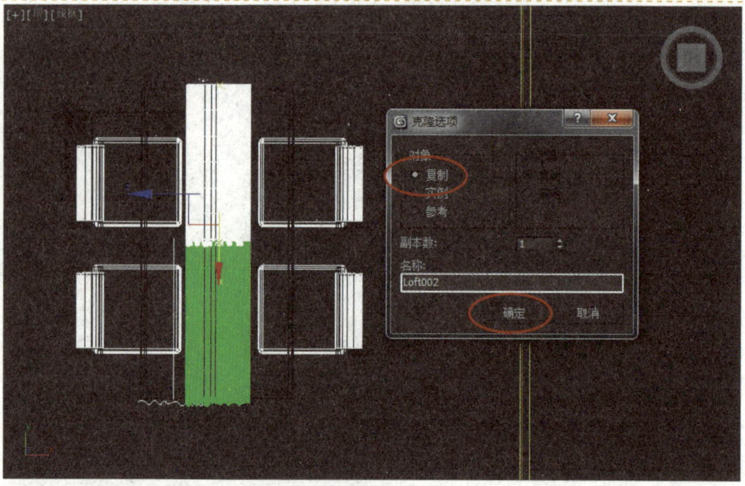

图 2-4-7　复制桌布

10 在左视图中选中复制后的桌布对象，单击主工具栏中的【镜像】按钮，弹出【镜像：局部 坐标】对话框，在【镜像轴】选项组中选中 X 单选按钮，将【偏移】的值设为 −252.0mm，再单击【确定】按钮，如图 2-4-8 所示。

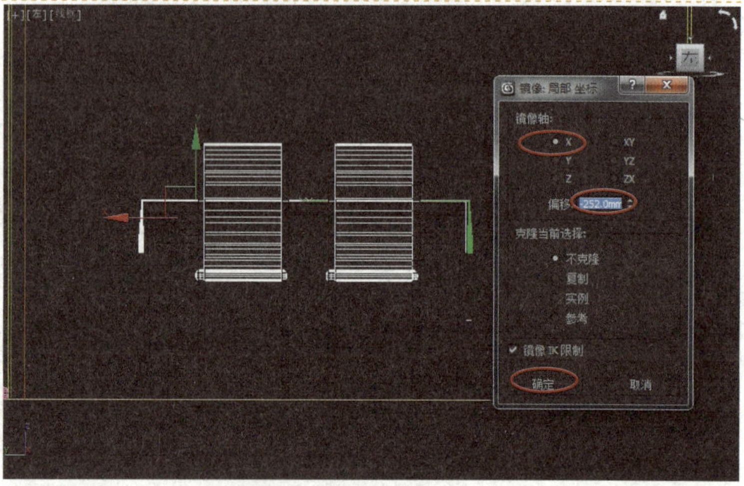

图 2-4-8　镜像

11 单击【创建】→【图形】面板，在【对象类型】卷展栏中单击【线】按钮，在前视图中绘制如图 2-4-9 所示的花瓶曲线。

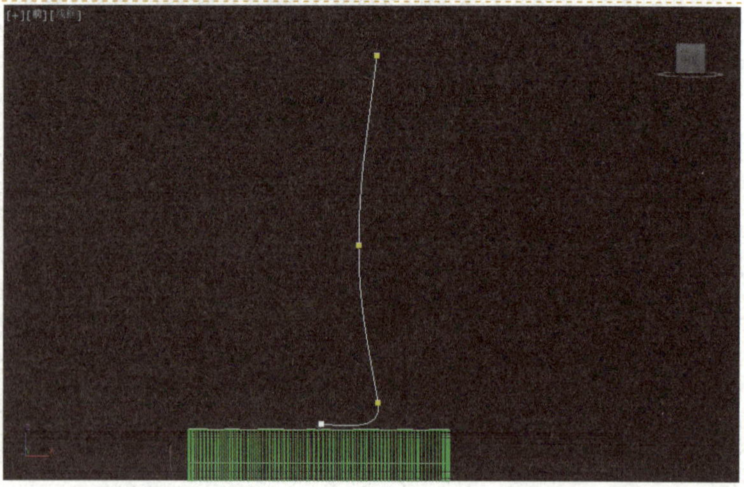

图 2-4-9　绘制花瓶曲线

12 选择 Line 堆栈下的【样条线】选项，进入【样条线】子对象层次，单击【几何体】卷展栏中的【轮廓】按钮，在其右侧文本框中输入 10，按 Enter 键确定，如图 2-4-10 所示。

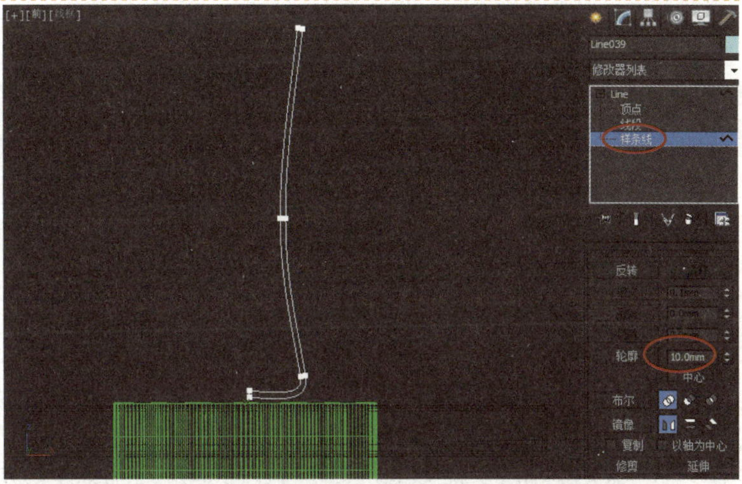

图 2-4-10 设置轮廓参数

13 选中花瓶曲线，单击子面板右侧的下拉按钮，在下拉列表中选择【车削】修改器，如图 2-4-11 所示。

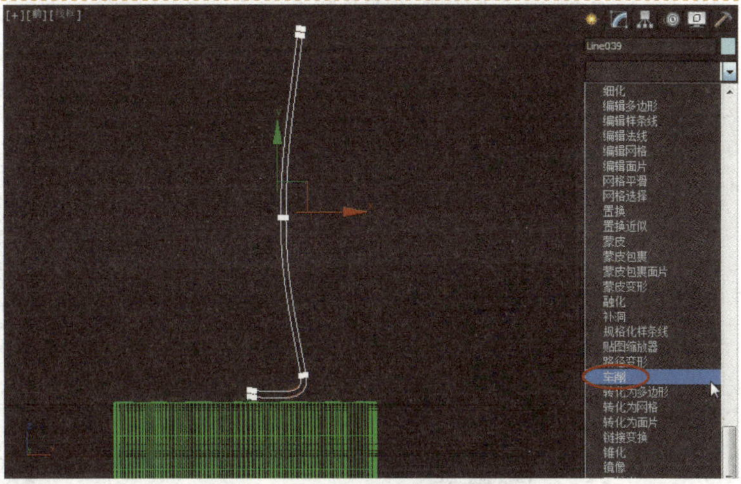

图 2-4-11 添加【车削】修改器

14 在【车削】工具的【参数】卷展栏中单击【对齐】选项组中的【最小】按钮，如图 2-4-12 所示。

至此，餐厅的模型就已经建好了，花瓶的花是依靠贴图实现的，制作过程可参考“项目 3”的相关内容。

图 2-4-12 设置【对齐】方式

2.5 相关知识

制作了几何体、二维图形等对象后，若要对对象进行二次加工，并且使效果更加接近现实场景，就需要用到修改器。3ds Max 2016 所提供的修改器有很多种，下面具体介绍几种常用的修改器。

1.【锥化】修改器

【锥化】修改器的功能就是使对象两端产生缩放，在对象的两端产生锥化轮廓变形，一端放大而另一端缩小，如图 2-5-1 所示。其参数含义如下。

【数量】文本框：设置对象锥化的强弱程度。当数量值为-1 时，对象的顶端形成尖角锥形；当数量值为 1 时，顶端变大。

【曲线】文本框：设置对象四周表面向外弯曲的程度。当曲线值大于 0 时，对象表面凸出；当曲线值小于 0 时，对象表面凹陷。

【锥化轴】选项组：提供了三个坐标轴选项，控制锥化效果在哪个坐标轴方向上产生。

【限制】选项组：选中【限制效果】复选框，设置好上限和下限，可以限制锥化影响范围。

2.【挤出】修改器

【挤出】修改器的功能是将二维图形沿某个坐标轴的方向挤出，使二维对象产生厚度，最终形成三维模型，如图 2-5-2 所示。其参数含义如下。

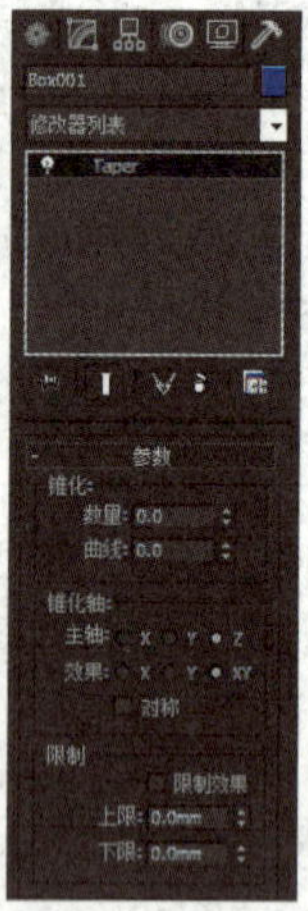

图 2-5-1 【锥化】修改器的【参数】卷展栏

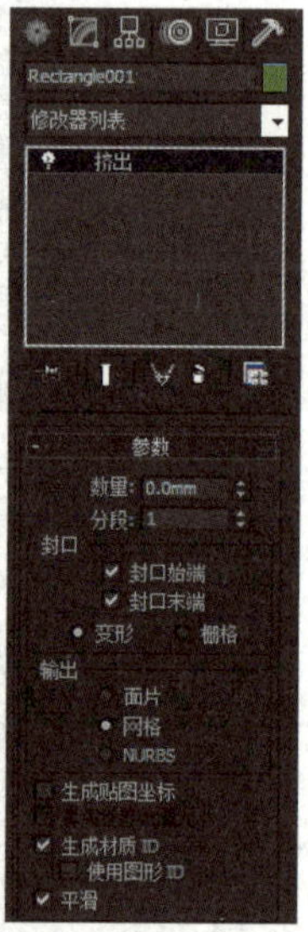

图 2-5-2 【挤出】修改器的【参数】卷展栏

【数量】文本框：设置二维图形挤出的厚度值。

【分段】文本框：设置拉伸的段数。

【封口】选项组：设置是否为三维对象两端加【封口】。

选中【封口始端】和【封口末端】复选框决定增加三维对象的两端封口。

【输出】选项组：设置三维对象的类型，包括面片、网格和 NURBS（曲面）。

3.【车削】修改器

【车削】修改器经常用于创建中心对称的对象，如陶罐和酒瓶等。该工具的功能是把图形围绕一个轴进行旋转，从而得到三维对象。它只能用来处理二维图形，不能处理三维对象，如图 2-5-3 所示。

【方向】选项组：X、Y 和 Z 轴可以设置为旋转轴。

【对齐】选项组：【最小】【中心】和【最大】按钮可以设置图形的坐标轴和旋转轴的位置关系，不同的对齐方式产生不同的旋转效果。

4. 放样

【放样】工具是把一个二维图形作为对象的截面，把另一个二维图形作为放样的路径，指定截面的二维图形并按照放样的路径计算成复杂的三维对象。通过这样的方式改变放样的二维图形，可以使用该工具来制作很多复杂的模型。

（1）在【创建方法】卷展栏中先确定使用哪种方法（见图 2-5-4）。

【获取路径】按钮：先选中二维图形的截面，单击【获取路径】按钮，在视图中选中作为路径的图形，将路径指定给选中的二维图形的截面，从而形成三维对象。

【获取图形】按钮：先选中二维对象的路径，单击【获取图形】按钮，在视图中选中作为截面的图形，将图形指定给选中的路径，从而形成三维对象。

（2）在【蒙皮参数】卷展栏中（见图 2-5-5），各参数含义如下。

图 2-5-3 车削修改器的【参数】卷展栏

图 2-5-4 【创建方法】卷展栏

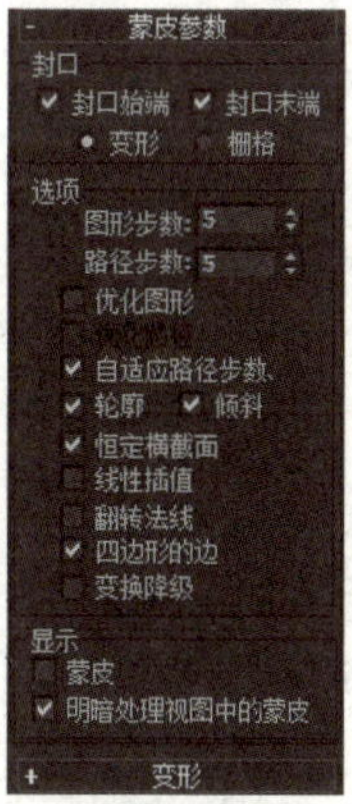

图 2-5-5 【蒙皮参数】卷展栏

【封口始端】复选框：选中该复选框，那么路径第一个顶点处的放样端被封口。如果不选中该复选框，则放样端为打开或不封口状态。

【封口末端】复选框：选中该复选框，那么路径最后一个顶点处的放样端被封口。如果不选中该复选框，则放样端为打开或不封口状态。

【变形】单选按钮：根据创建的变形对象所需的可预见并且可重复的模式排列封口面。

【栅格】单选按钮：在图形边界处创建的矩形栅格中排列封口面。

【图形步数】文本框：增加该值，可以使对象表面更加光滑。

【路径步数】文本框：增加该值，可以使对象弯曲造型更加光滑。

【优化图形】复选框：选中该复选框，会降低造型的复杂程度。

【优化路径】复选框：选中该复选框，会自动设定路径的光滑程度。

【自适应路径步数】复选框：选中该复选框，可以增加路径的光滑程度。

【轮廓】复选框：选中该复选框，执行放样操作时，横截面图形会自动更正角度，与路径垂直。

【倾斜】复选框：选中该复选框，执行放样操作时，横截面图形会随着路径样条曲线在Z 轴上的角度的变化而倾斜。

【恒定横截面】复选框：选中该复选框，横截面将保持原始的尺寸，不产生变化。

【线性插值】复选框：选中该复选框，该复选框将在每个横截面图形之间使用直线边界制作表皮。如果不选中该复选框，将会用光滑的曲线制作表皮。

【翻转法线】复选框：选中该复选框，法线翻转 180°。

【四边形的边】复选框：选中该复选框，放样对象横截面边数相同时用四边形连接，不同时用三角形连接。

【变换降级】复选框：选中该复选框，调节放样对象时，不显示放样对象。

【蒙皮】复选框：选中该复选框，在视图中以网格形式显示它的蒙皮造型。

【明暗处理视图中的蒙皮】复选框：选中该复选框，将在实体着色的视图中显示它的蒙皮造型。

（3）在【路径参数】卷展栏中，各参数含义如下。

【路径】文本框：设置的数值是横截面图形在路径上插入的位置。路径值为 0，表示放样对象的起点；路径值为 100，表示放样对象的终点。

【百分比】单选按钮：选中该单选按钮，总路径设为 100%，根据百分比来计算路径值。

【距离】单选按钮：以路径的实际长度为总值，根据具体数值来计算横截面插入点的位置。

【路径步数】单选按钮：按照路径的步数来确定横截面插入点的位置。

5. 节点类型

在节点上右击，弹出节点类型选择快捷菜单，如图 2-5-6 所示，其中：

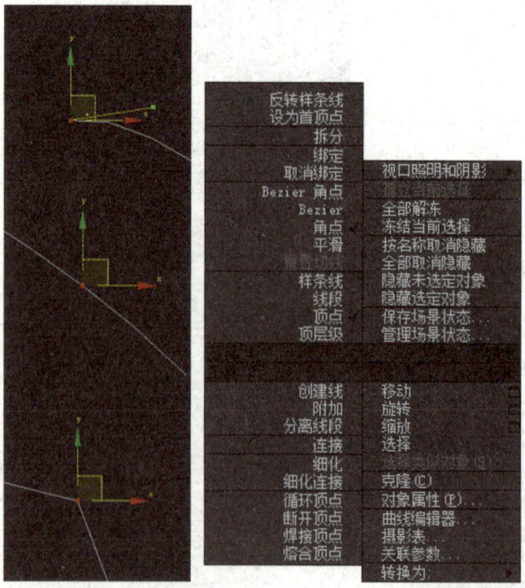

图 2-5-6　节点类型

【Bezier】命令：选择此命令，则视图中的节点显示两个操作控制点，而且直角的曲线切换为弯曲的效果。使用【选择并移动】工具移动左侧的绿色控制点，右侧控制点也会相应地移动，使顶点两侧的曲线保持平滑，两个控制点之间保持联动关系。

【Bezier 角点】命令：选择此命令，则视图中的节点显示两个操作控制点。使用【选择并移动】工具移动左侧的绿色控制点，右侧控制点没有变化，两个控制点之间相互独立。

【平滑】命令：选择此命令，则线段自动切换为光滑的曲线。

【角点】命令：选择此命令，则不产生光滑的曲线，顶点两侧是直线。

节点类型之间的特征区别见表 2-5-1。

表 2-5-1　节点类型之间的特征区别

节点类型	手柄特征	曲线特征
角点	无手柄	不产生光滑的曲线，顶点两侧是直线
平滑	无手柄	自动切换为光滑的曲线
Bezier	提供两个可调节手柄，两个手柄之间处于联动状态	曲线保持光滑
Bezier 角点	提供两个可调节手柄，两个手柄之间相互独立，各自调节一侧的曲线弧度	

2.6　实战演练

走进家具店，会看到各式各样的餐桌。在本实战演练中，我们来制作一个简洁的餐桌。在这个餐桌上摆放了各种餐具，大家也可以根据自己的想法，对餐桌的效果做适当的改变，制作出令自己满意的作品。本实战演练的效果如图 2-6-1 所示。

图 2-6-1　餐桌效果图

制作要求

（1）能制作出餐椅。
（2）能选用正确的建模方法。
（3）能用常用修改器来制作模型。

制作提示

（1）凳子主体使用可编辑的多边形中的【挤出】工具，并添加【网格平滑】修改器。
（2）凳脚使用【弯曲】修改器进行弯曲变形。
（3）酒杯、碗、碟子使用【车削】修改器生成。
（4）桌子的制作比较简单，可参考本项目的相关操作完成。

项目评价

项目实训评价表

项　目	内　容		评定等级			
	学习目标	评价项目	4	3	2	1
职业能力	能熟练使用【挤出】工具	能设置【挤出】工具的参数				
	能熟练使用【锥化】工具	能设置【锥化】工具的参数				
	能熟练使用【车削】工具	能正确选择对齐的方式				
	能熟练使用【放样】工具	能使用两种放样方式				
		能使用两种图形进行放样				
	能正确调整节点	能理解不同类型的节点的区别				
		能正确选择节点类型进行调整				
通用能力	交流表达能力					
	与人合作能力					
	沟通能力					
	组织能力					
	活动能力					
	解决问题的能力					
	自我提高的能力					
	革新、创新的能力					
综合评价						

评定等级说明表	
等　级	说　明
4	能高质、高效地完成此学习目标的全部内容，并能解决遇到的特殊问题
3	能高质、高效地完成此学习目标的全部内容
2	能圆满完成此学习目标的全部内容，不需要任何帮助和指导
1	能圆满完成此学习目标的全部内容，但偶尔需要帮助和指导

最终等级说明表	
等　级	说　明
优秀	80%项目达到 3 级水平
良好	60%项目达到 2 级水平
合格	全部项目都达到 1 级水平
不合格	不能达到 1 级水平

项　目

3

公交车站的制作

项目描述

材质在场景的制作中占有非常重要的地位。一个三维模型无论建得多么精细，最后都需要赋予合适的材质才能呈现出丰富的表面材质效果。而灯光的配置也是场景构成的一个重要组成部分，在造型和材质已经确定的情况下，灯光效果的好坏直接影响场景的整体效果。在本单元中包括三个较有代表性、实用性的具体活动，较为详细地介绍了材质和贴图的作用、材质编辑器的使用方法，另外，还通过夜景的制作详细地介绍了灯光的使用方法及特效，如图 3-0-1 所示。

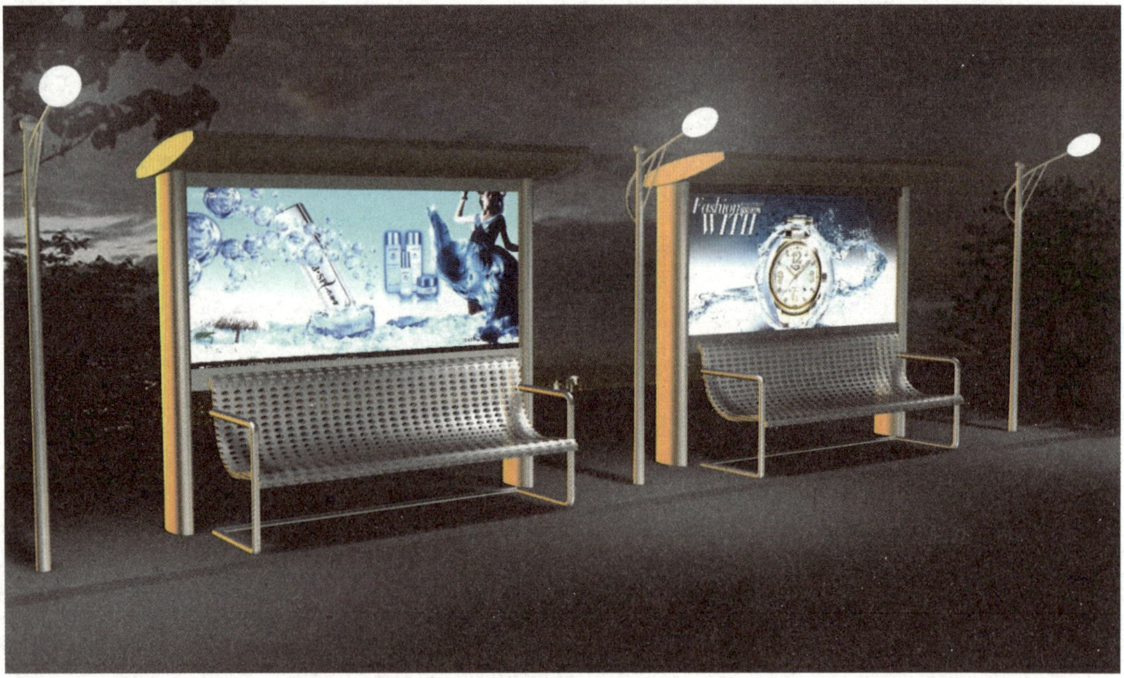

图 3-0-1　项目效果

学习目标

- 能完成公交车站场景模型的创建。
- 能使用自发光贴图。
- 能使用不透明度贴图。
- 能设置自发光材质和光晕镜头效果。

项目分析

在本项目的制作中，为实现灯箱框架的不锈钢效果，使用了【金属】明暗器，并添加了【漫反射】贴图；为制作灯箱屏幕在夜间被照亮的效果，在编辑材质时应用了【自发光】效果。座椅表面透明镂空的效果全靠贴图来实现。用一张带黑点的图片应用在材质的【不透明度】贴图通道上，黑色的地方就是透明的，同时用贴图控制小孔的高光反射就可以了。还可以给灯泡设置自发光材质和光晕镜头效果，然后设置环境贴图并添加 AEC 扩展中的植物来完善场景。本项目主要需要完成以下五个环节。

（1）制作金属效果的材质。
（2）制作自发光效果的材质。
（3）制作镂空效果的材质。
（4）制作光晕镜头效果。
（5）使用灯光制作夜景效果。

实现步骤

3.1 制作地面和灯箱

1 打开 3ds Max 2016，在【创建】面板中单击【图形】类别中的【线】工具，在左视图中，依照图 3-1-1 所示绘制地面的截面图形，并将所绘的图形命名为“地面”。

图 3-1-1 绘制“地面”截面图形

2 单击【图形】类别中的【矩形】工具，在左视图中再绘制一个矩形作为草地的截面图形，并命名为“草地”，如图 3-1-2 所示。

图 3-1-2　绘制“草地”截面图形

3 选中【地面】对象，进入【修改】面板，选择子类别下拉列表框中的【挤出】修改器，将【数量】设置为 1200.0，如图 3-1-3 所示。

4 使用上面的方法对【草地】图形也应用【挤出】命令，将【数量】也设置为 1200.0，如图 3-1-3 所示。

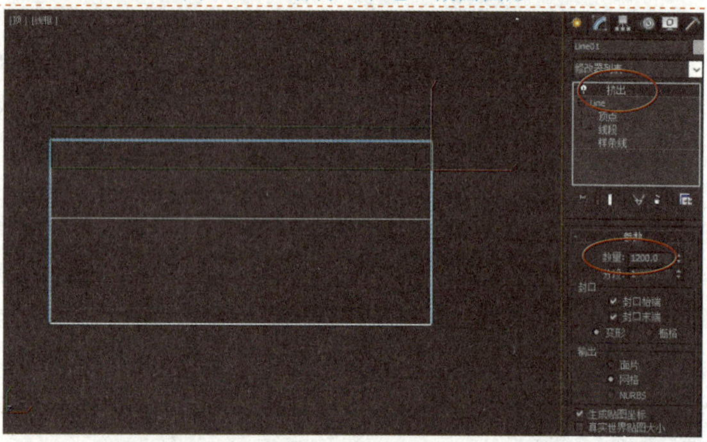

图 3-1-3　为截面图形应用【挤出】修改器

5 选择【图形】类别中的【椭圆】工具，在顶视图中创建一个【长度】为 20.5、【宽度】为 8.5 的椭圆，将其命名为“立柱”，如图 3-1-4 所示。

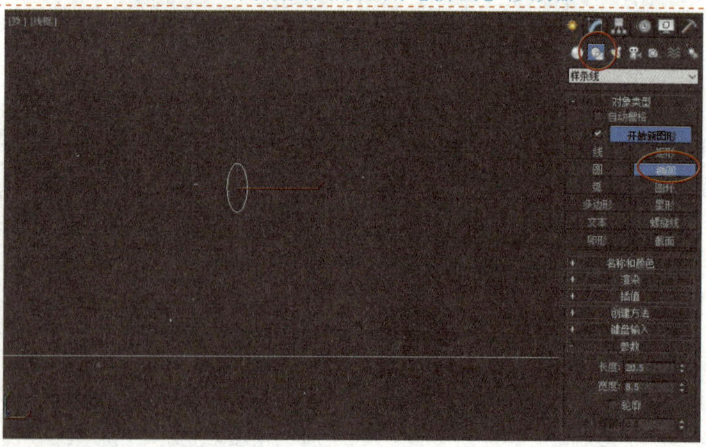

图 3-1-4　创建“立柱”

6 选中【立柱】，选择子类别下拉列表框中的【挤出】修改器，将【数量】设置为 130.0，如图 3-1-5 所示。

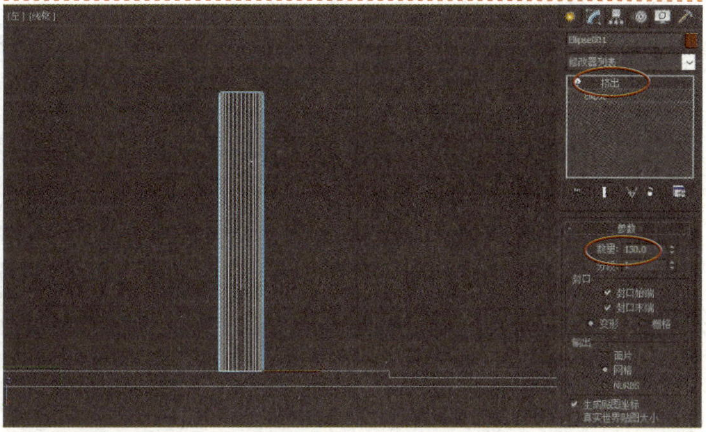

图 3-1-5 为“立柱”应用【挤出】修改器

7 在前视图中，选择工具，选中椭圆对象，在按住 Shift 键的同时拖动鼠标将其沿 X 轴移动适当的距离，然后释放鼠标左键，在弹出的【克隆选项】对话框中选中【实例】单选按钮，将【副本数】设置为 1，如图 3-1-6 所示，然后单击【确定】按钮。

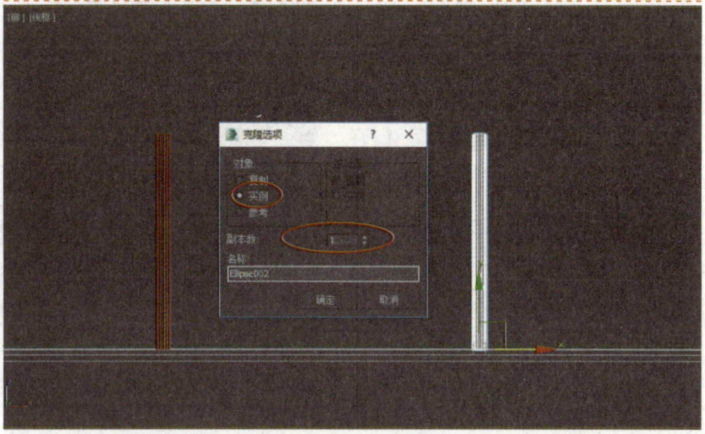

图 3-1-6 复制椭圆对象

8 再次选择【椭圆】工具，在左视图中创建一个【长度】为 9.5、【宽度】为 58.5 的椭圆，将其命名为“顶部”，如图 3-1-7 所示。

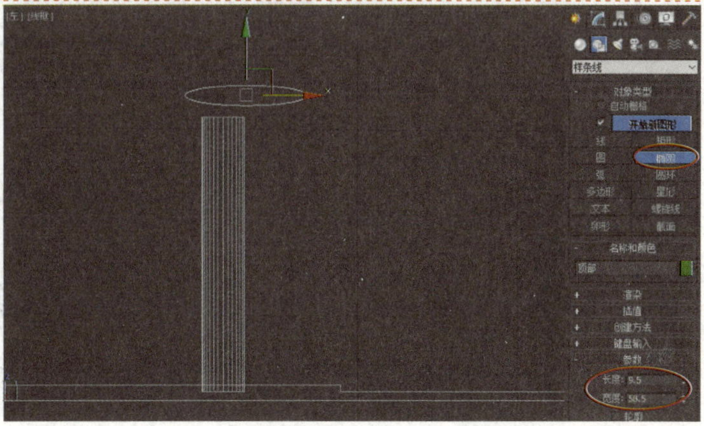

图 3-1-7 创建“顶部”截面图形

9 选择【旋转】工具，在左视图中将“顶部”图形沿 X 轴旋转 -10°，如图 3-1-8 所示。

10 单击标签，进入【修改】面板，选择子类别下拉列表框中的【挤出】修改器，将【数量】设置为 163.0，如图 3-1-8 所示。

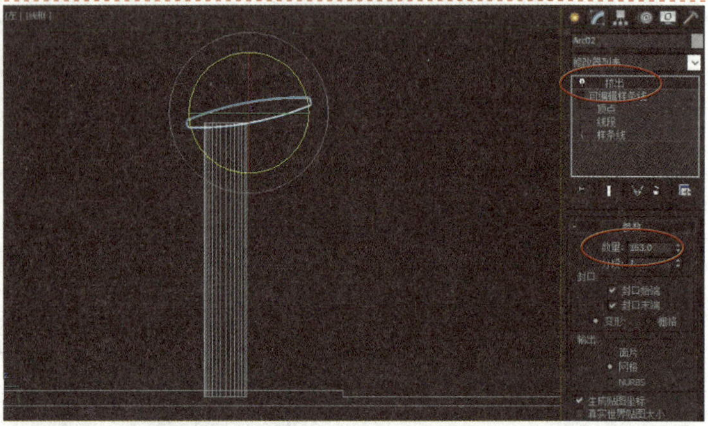

图 3-1-8 为“顶部”对象应用【挤出】修改器并调整角度

11 选择【矩形】工具，在前视图中绘制一个【长度】为 5.0、【宽度】为 145.0 的矩形，然后取消选中【开始新图形】复选框，再绘制一个【长度】为 7.0、【宽度】为 145.0 的矩形，并将其命名为“边框”，如图 3-1-9 所示。

图 3-1-9 创建“边框”截面图形

12 对“边框”对象应用【挤出】修改器，将【数量】设置为 5.0，并在其他视图中调整至如图 3-1-10 所示的位置。

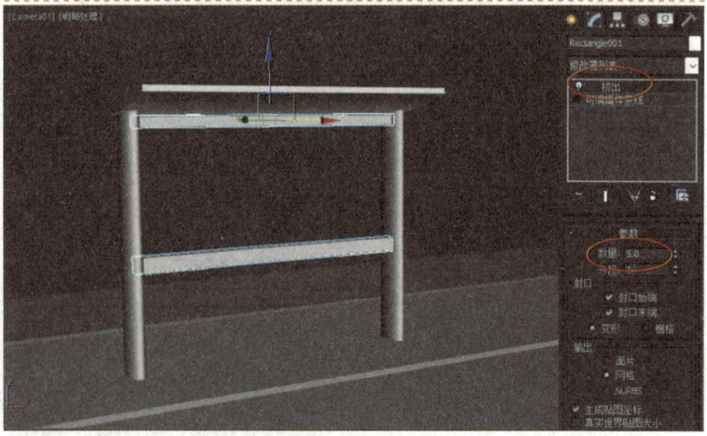

图 3-1-10 为“边框”对象应用【挤出】修改器并调整位置

13 单击【创建】面板【几何体】类别中的【长方体】工具，在前视图中创建一个【长度】为 66.0、【宽度】为 145.0、【高度】为 12.0 的长方体，并将其命名为“屏幕”，在其他视图中调整至如图 3-1-11 所示位置。

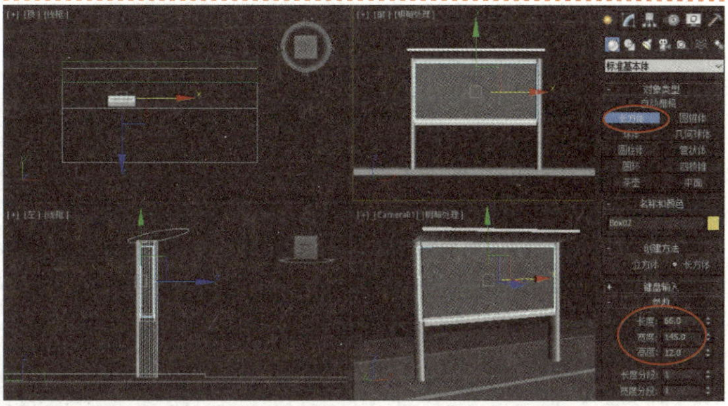

图 3-1-11　创建屏幕对象并调整位置

14 按住 Ctrl 键，分别选中“立柱”“顶部”和“边框”对象，然后执行【组】|【组】命令，在弹出的【组】对话框中将组命名为“灯箱框架”，如图 3-1-12 所示。

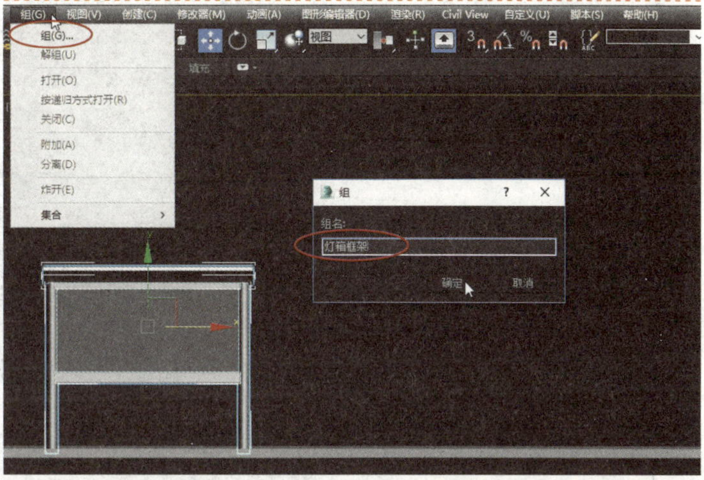

图 3-1-12　组合灯箱的所有组成对象

15 选中“灯箱框架”和“屏幕”对象，在前视图中单击工具，在按住 Shift 键的同时拖动鼠标将其沿 X 轴移动适当的距离，然后释放鼠标左键，在弹出的【克隆选项】对话框中选中【复制】单选按钮，将【副本数】设置为 1，如图 3-1-13 所示，然后单击【确定】按钮。

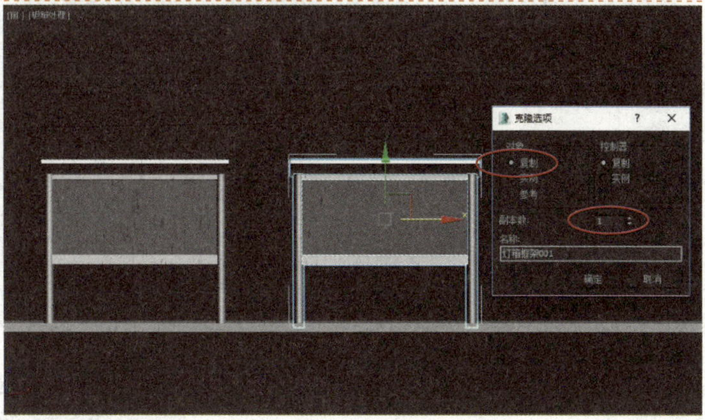

图 3-1-13　复制灯箱

3.2 设置灯箱的材质

1 按 M 键打开【材质编辑器】对话框，选择一个空白材质球并将其命名为“金属”。

2 在【明暗器基本参数】卷展栏中设置着色类型为“金属”，如图 3-2-1 所示。

3 在【金属基本参数】卷展栏中单击【环境光】和【漫反射】的按钮，将【环境光】的值设为【红 =0、绿 =0、蓝 =0】，将【漫反射】的值设为【红 =255、绿 =255、蓝 =255】，将【高光级别】文本框值设为 100，并将【光泽度】文本框值设为 60，如图 3-2-1 所示。

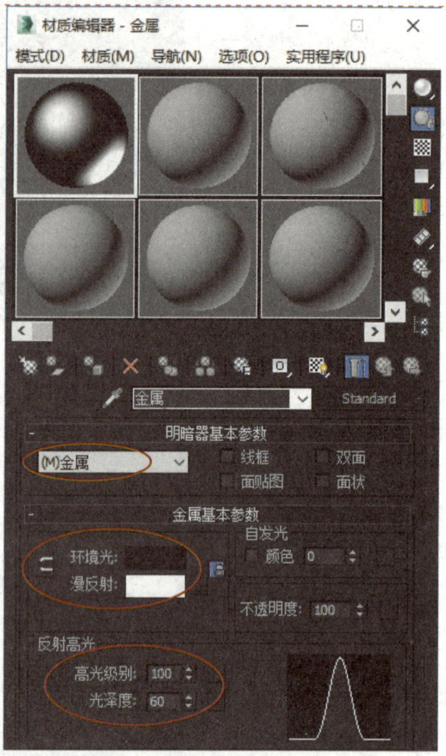

图 3-2-1 设置金属材质的基本参数

4 在【贴图】卷展栏中将【反射】文本框的值设置为 100，并单击其后的【贴图】按钮，在打开的【材质/贴图浏览器】对话框中选择【位图】贴图，单击【确定】按钮，在弹出的【选择位图图像文件】对话框中选择“项目 3”文件夹 map 子文件夹中的 HOUSE.JPG 文件，如图 3-2-2 所示。

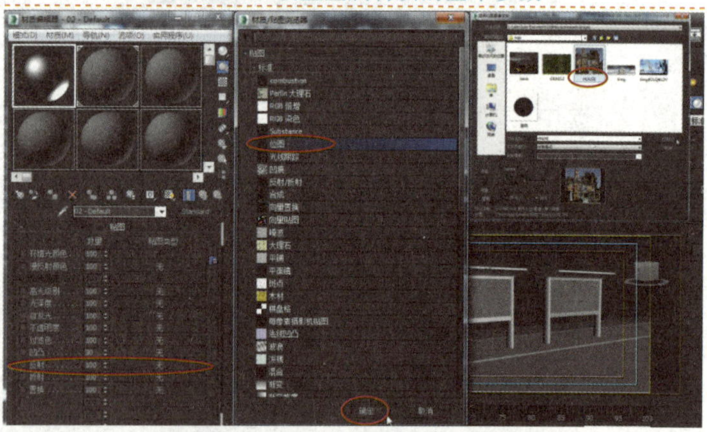

图 3-2-2 添加金属材质的贴图

5 在【坐标】卷展栏下，将【模糊】文本框的值设为 2.5，将【模糊偏移】文本框的值设为 0.2，如图 3-2-3 所示。

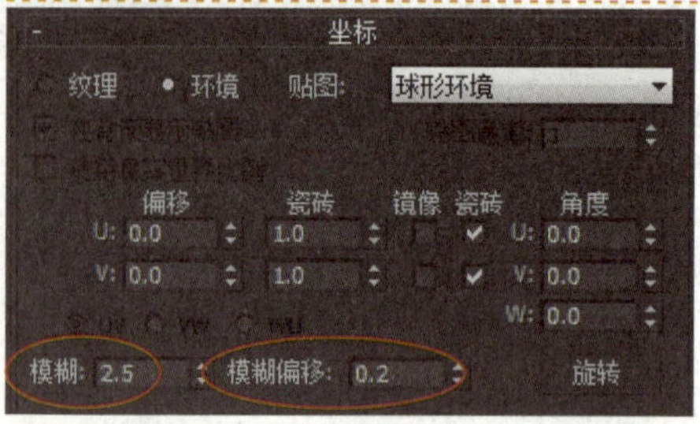

图 3-2-3 设置金属材质的贴图

6 选中两个灯箱的框架，单击【将材质指定给选定对象】工具，把“金属”材质赋给两个灯箱框架，如图 3-2-4 所示。

图 3-2-4 预览效果图

7 在【材质编辑器】中选择一个未使用过的材质，并将其命名为“左灯箱”。

8 在【贴图】卷展栏中将【漫反射颜色】后面的贴图设置为 map 子文件夹中的 gg1.jpg 文件，如图 3-2-5 所示。

图 3-2-5 添加【漫反射颜色】贴图

9 单击【转到父对象】按钮，回到上一级。

10 按住鼠标左键将【漫反射颜色】的贴图拖动复制到【自发光】的贴图按钮上，在弹出的对话框中应用默认值，单击【确定】按钮，如图 3-2-6 所示。

11 单击工具，把“左灯箱”材质赋给左灯箱的“屏幕”对象。

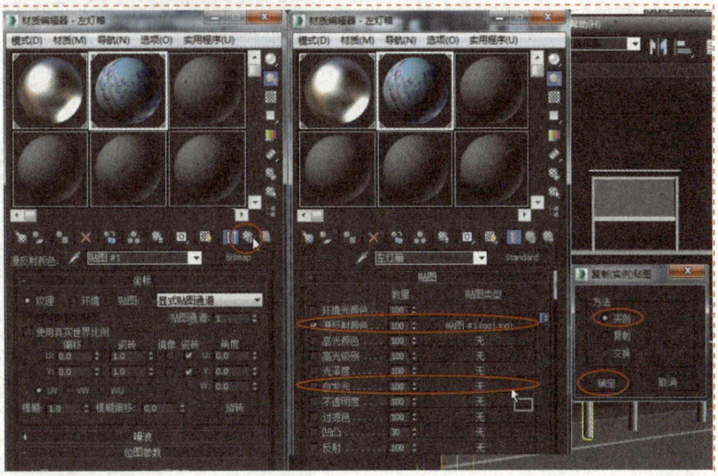

图 3-2-6 复制贴图

12 在【材质编辑器】中，按住鼠标左键将“左灯箱”材质球拖动到一个没有用过的材质球上，命名为“右灯箱”。

13 将“右灯箱”材质的【自发光】和【漫反射】贴图更改为“单元 3”文件夹 map 子文件夹中的 gg2.jpg 文件，如图 3-2-6 所示。

14 单击工具，把“右灯箱”材质赋给右灯箱的“屏幕”对象，如图 3-2-7 所示。

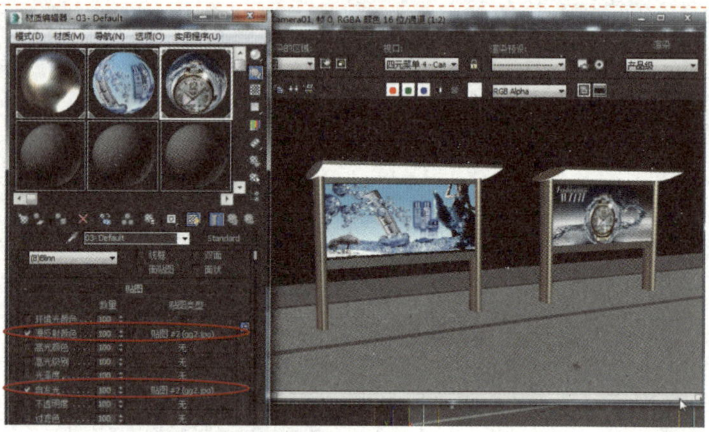

图 3-2-7　更改贴图

3.3　创建座椅模型

1 单击【线】工具，在左视图中依照图 3-3-1 所示绘制座椅表面的截面图形，并将所绘的图形命名为“椅子表面”。

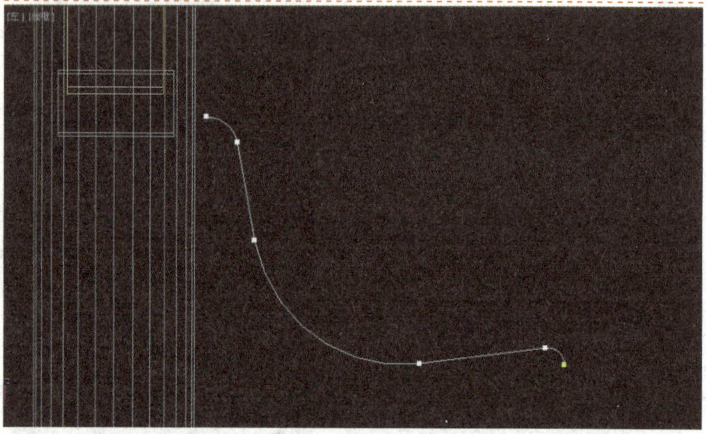

图 3-3-1　绘制“椅子表面”截面图形

2 进入【修改】面板，单击 Line 前的展开符号，在下拉菜单中选择【样条线】选项，然后选中“椅子表面”图形，在【几何体】卷展栏中单击【轮廓】按钮，在右边的文本框内输入 1.5，按 Enter 键确定，如图 3-3-2 所示，这样座椅表面就有了厚度。

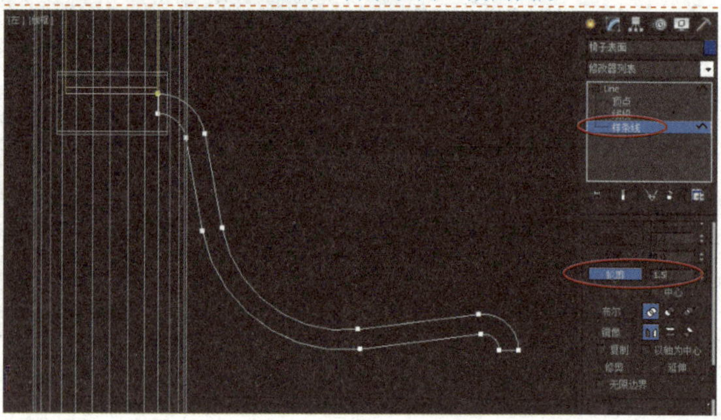

图 3-3-2　修改坐椅表面的厚度

3 选中【椅子表面】对象，进入【修改】面板，选择子类别下拉列表框中的【挤出】选项，将【数量】设置为75.5，如图 3-3-3 所示。

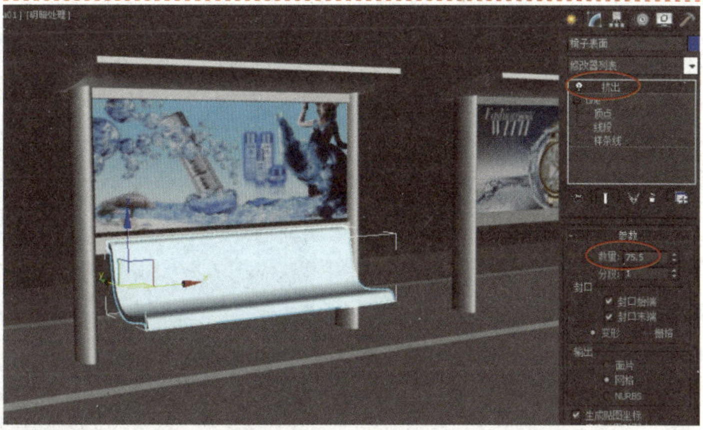

图 3-3-3 为截面图形应用【挤出】修改器

4 单击【线】工具，选中【在渲染中启用】和【在视口中启用】复选框，然后把【厚度】设置为 3，在任一视图中绘制并在其他视图中调整如图 3-3-4 所示的图形，并将其命名为“椅子框架”。

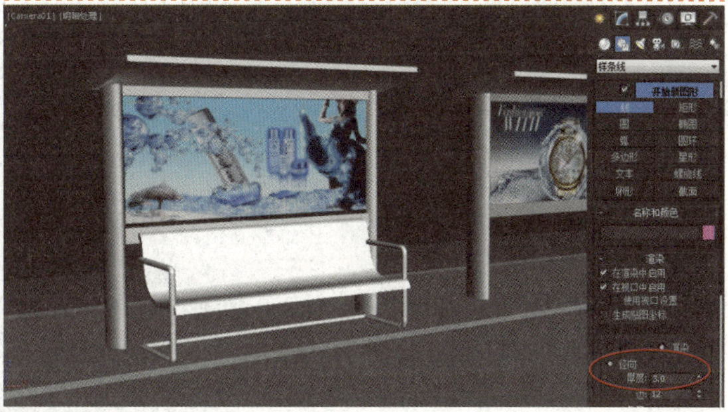

图 3-3-4 创建椅子框架

3.4 设置座椅材质

1 选中“椅子表面”对象，按 M 键打开【材质编辑器】对话框，选择一个空白材质球并命名为“透明”。

2 在【明暗器基本参数】卷展栏中使用默认的阴影模式 Blinn。

3 在【Blinn 基本参数】卷展栏中，将锁定的【环境光】和【漫反射】的值设为“红 =237、绿 =237、蓝 = 237”，如图 3-4-1 所示。

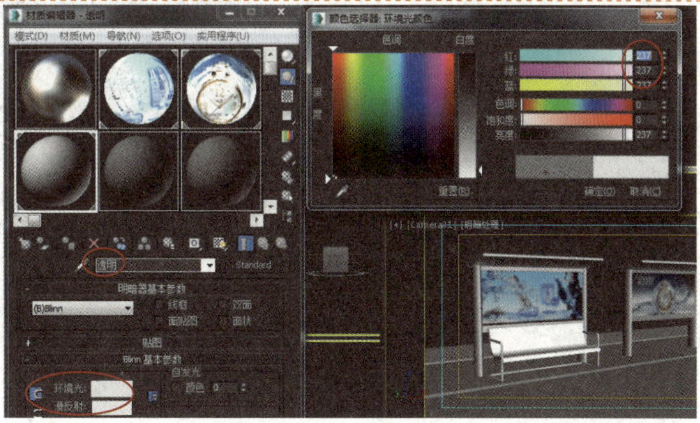

图 3-4-1 设置透明的基本材质

4 选中材质的【双面】复选框，如图 3-4-2 所示。

5 单击【不透明度】文本框右边的贴图按钮，在弹出的【材质/贴图浏览器】对话框中选择【位图】贴图，单击【确定】按钮，在弹出的【选择位图图像文件】对话框中选择 map 子文件夹中的“透明.jpg”文件，如图 3-4-2 所示。

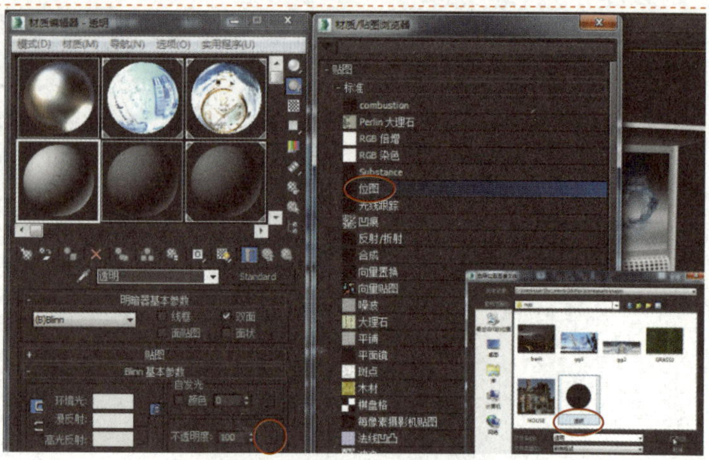

图 3-4-2　添加不透明度贴图

6 在【坐标】卷展栏下，将【平铺】的 U、V 值分别设为 12，如图 3-4-3 所示。

7 在【贴图】卷展栏下，拖动【不透明度】通道中的材质按钮，将其放置在【高光级别】通道中的贴图按钮上，并在打开的对话框中选中【实例】单选按钮，单击【确定】按钮，如图 3-4-3 所示。

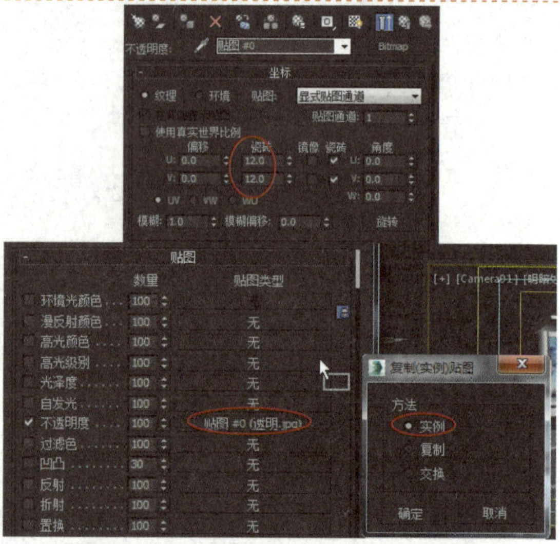

图 3-4-3　设置贴图

8 用上面的方法将【不透明度】通道中的材质复制到【凹凸】通道中，并将【凹凸】通道的【数量】设置为 300，如图 3-4-4 所示。

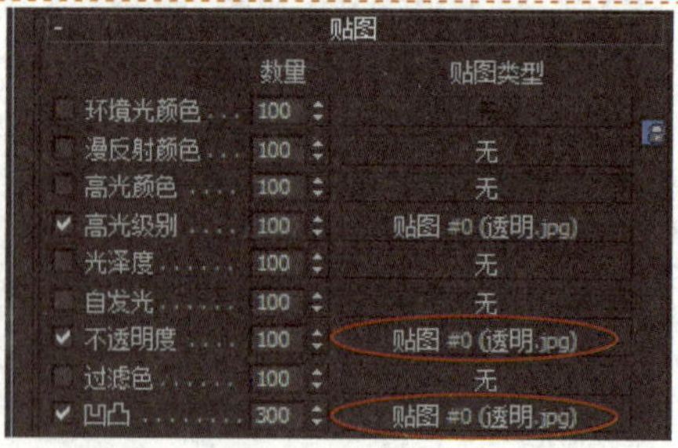

图 3-4-4　设置 Alpha 的参数

9 单击工具，把“透明”材质赋给“椅子表面”对象。

10 选中“金属”材质球，将材质赋予“椅子框架”对象，如图 3-4-5 所示。

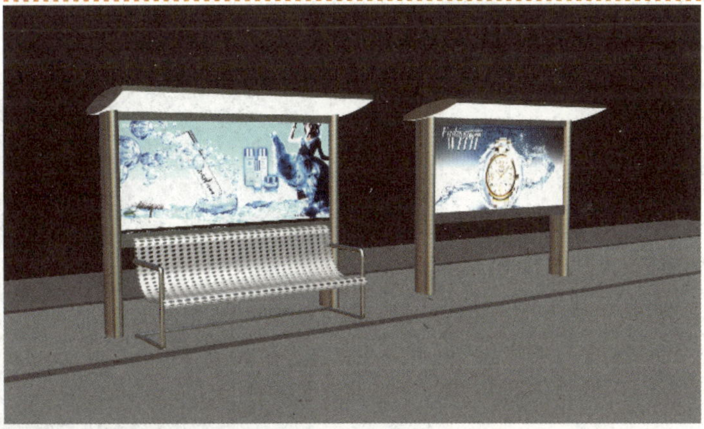

图 3-4-5 赋予材质

11 按住 Ctrl 键，分别选中“椅子表面”和“椅子框架”对象，然后执行【组】|【成组】命令，在弹出的【组】对话框中将【组名】命名为“椅子”，如图 3-4-6 所示。

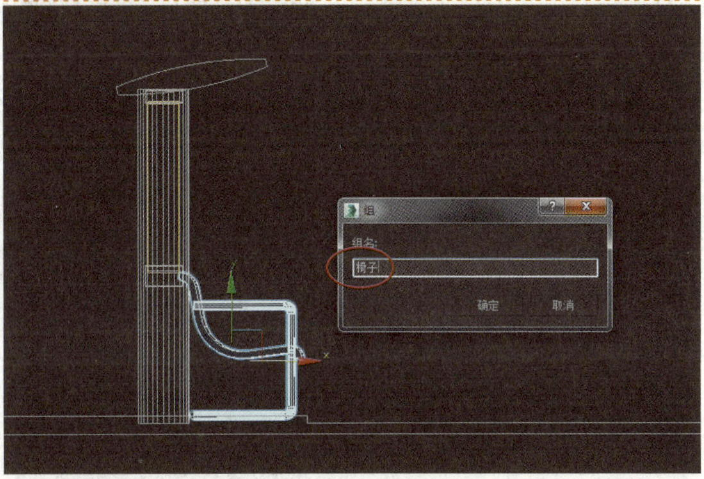

图 3-4-6 组合椅子对象

12 选中“椅子”对象，在前视图中单击工具，在按住 Shift 键的同时拖动鼠标，将其沿 X 轴移动适当的距离然后释放鼠标左键，在弹出的【克隆选项】对话框中默认选中【实例】单选按钮，将【副本数】设置为 1，如图 3-4-7 所示，然后单击【确定】按钮。

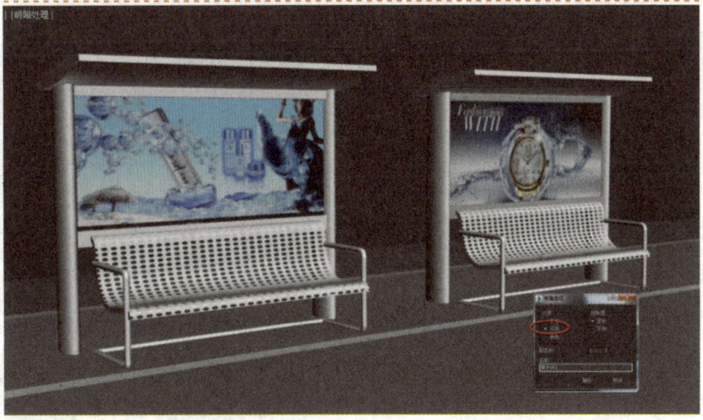

图 3-4-7 复制椅子

3.5 创建路灯模型

1 单击【创建】面板【几何体】类别中的【圆锥体】工具，在前视图中创建一个【半径 1】为 2.5、【半径 2】为 1.8、【高度】为 140.0 的圆锥体，其他值选用默认值，并将其命名为“柱子”，如图 3-5-1 所示。

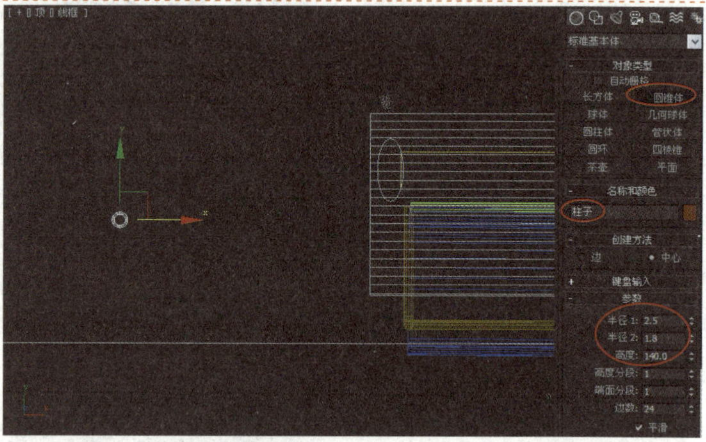

图 3-5-1 创建“柱子”对象

2 将“柱子”对象调整到如图 3-5-2 所示的位置。

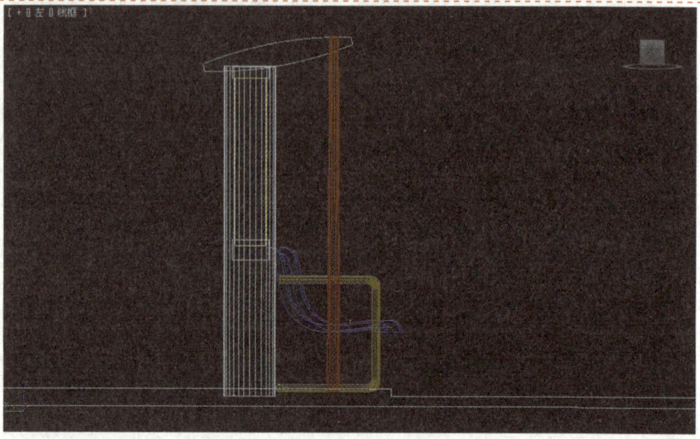

图 3-5-2 调整“柱子”的位置

3 在【几何体】类别中单击【球体】工具，在左视图中如图 3-5-3 所示的位置创建一个【半径】为 2.6 的球体，命名为“小球”。

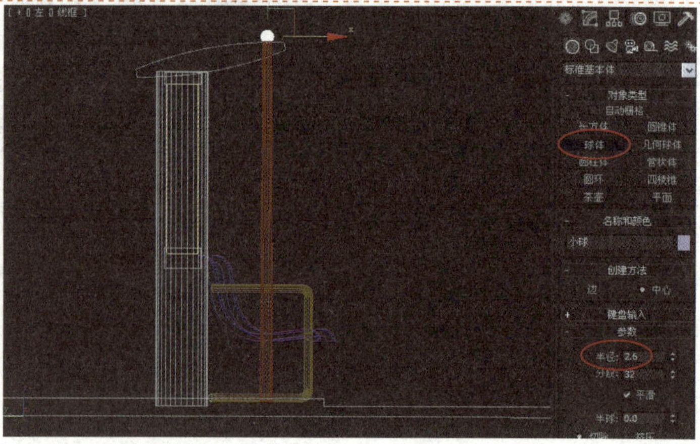

图 3-5-3 创建小球

4 单击【线】工具，选中【在渲染中启用】和【在视口中启用】复选框，然后把【厚度】设置为 1.5，在左视图中依照图 3-5-4 所示绘制路灯的装饰线。

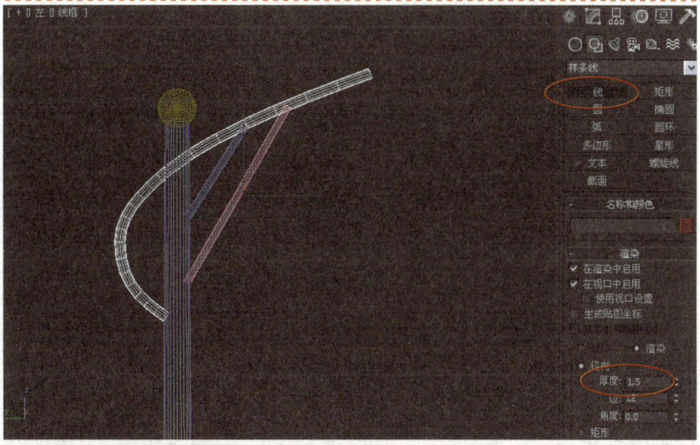
图 3-5-4 绘制装饰线

5 单击图 3-5-5 所示的位置，创建一个【半径】为 9.0 的球体，并将其命名为“灯泡”。

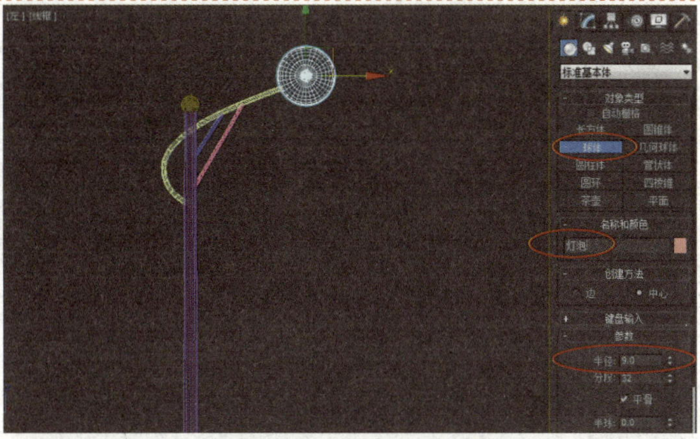
图 3-5-5 创建“灯泡”对象

6 单击【缩放】工具，在前视图中沿 X 轴和 Y 轴方向同时缩放该对象，当状态栏中的 X 和 Y 文本框显示值为 70 时释放鼠标左键，如图 3-5-6 所示。

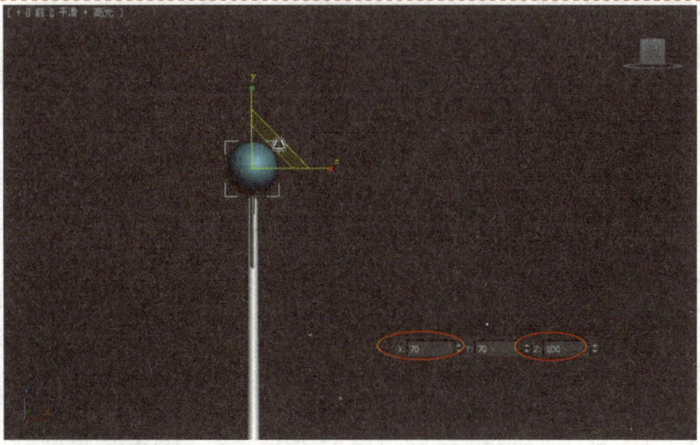
图 3-5-6 调整“灯泡”形状

7 在左视图中，将“灯泡”对象调整为如图 3-5-7 所示的角度。

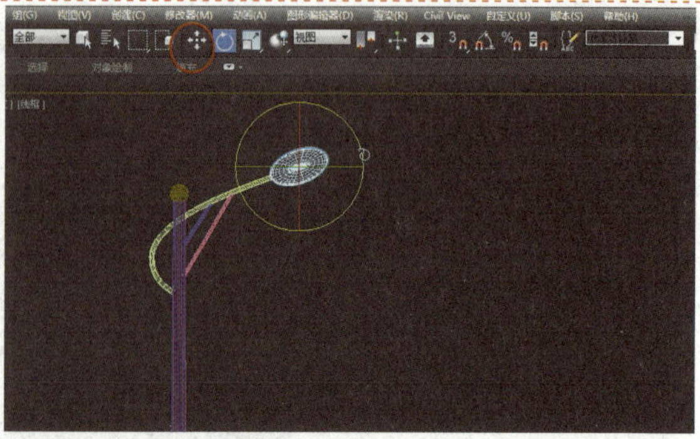

图 3-5-7　调整灯泡角度

8 框选选中“柱子”“小球”和装饰线对象，然后执行【组】|【组】命令，并将组名命名为“灯架”，如图 3-5-8 所示。

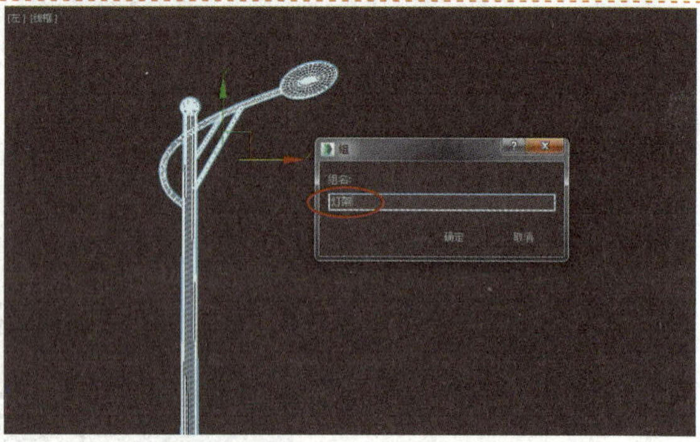

图 3-5-8　组合“灯架”

3.6　设置路灯材质

1 按 M 键打开【材质编辑器】对话框，选择一个未使用过的材质球并命名为“灯泡”。

2 在【明暗器基本参数】卷展栏中将【环境光】和【漫反射】的值设为“红=255、绿=255、蓝=255”，如图 3-6-1 所示。

3 将【自发光】选项区域中的【颜色】文本框的值设为 100，如图 3-6-1 所示。

4 单击【材质效果通道】◘按钮，在弹出的下拉列表框中选择【2】选项，如图 3-6-1 所示。

这里设置为多少无要求，目的是为后面添加特殊效果做准备。

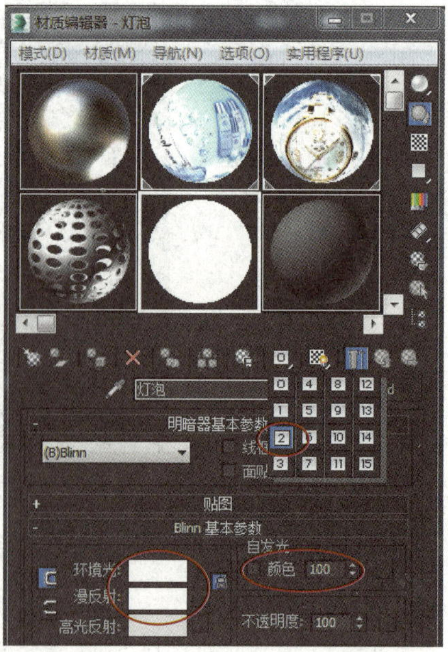

图 3-6-1　设置自发光材质

5 将“灯泡”材质赋给“灯泡”对象，将“金属”材质赋给“灯架”对象，得到的效果如图 3-6-2 所示。

发亮的灯泡在四周会产生光芒，因此，还需为灯泡添加光晕效果。

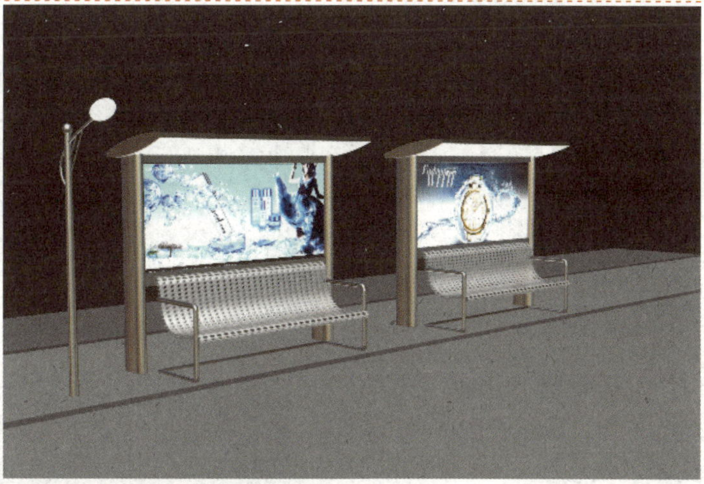

图 3-6-2　路灯预览图

6 执行【渲染】|【效果】命令，打开【环境和效果】对话框，如图 3-6-3 所示。

图 3-6-3　添加效果

7 单击【添加】按钮，在弹出的【添加效果】对话框中选择【镜头效果】选项，单击【确定】按钮，如图 3-6-4 所示。

8 在【镜头和效果】卷展栏下，双击【光晕】选项，Glow 会在右边的效果列表框中出现，如图 3-6-4 所示。

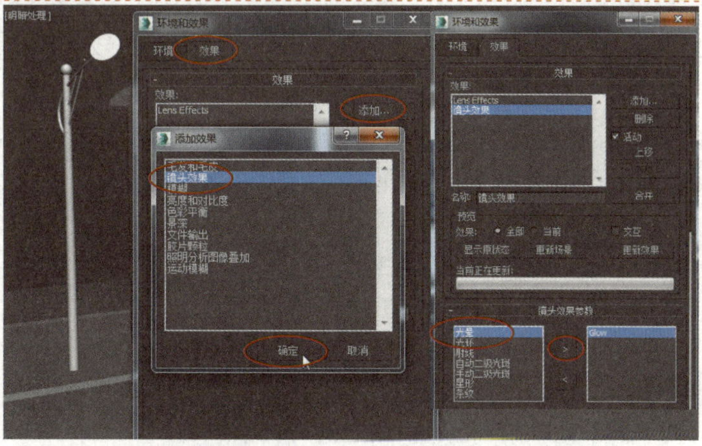

图 3-6-4　添加光晕效果

9 在【光晕元素】卷展栏下，将【参数】类别中的【大小】文本框的值设置为5，如图3-6-5所示。

10 单击【选项】标签，设置【材质 ID】为2。这是对应前面“灯泡”材质的 ID 设置，如图3-6-5所示。

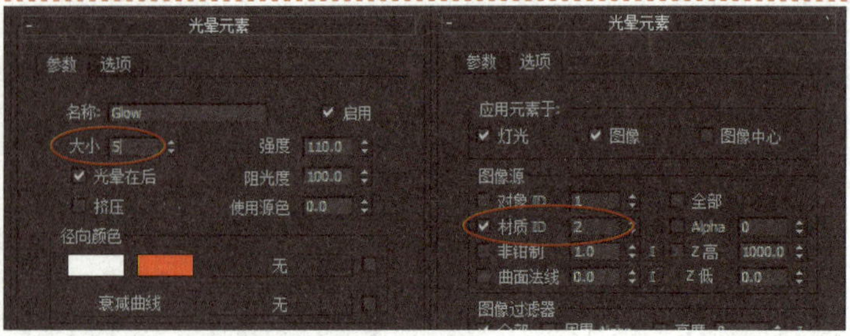

图 3-6-5 设置光晕参数

11 框选“灯架”和“灯泡”对象，在前视图中单击移动工具，在按住 Shift 键的同时拖动鼠标将其沿 X 轴移动适当距离然后释放鼠标左键，在打开的【克隆选项】对话框中选中【复制】单选按钮（默认选项），将【副本数】设置为2，如图3-6-6所示，然后单击【确定】按钮。

图 3-6-6 复制路灯

12 按 F9 快捷键，渲染后的效果如图3-6-7所示。

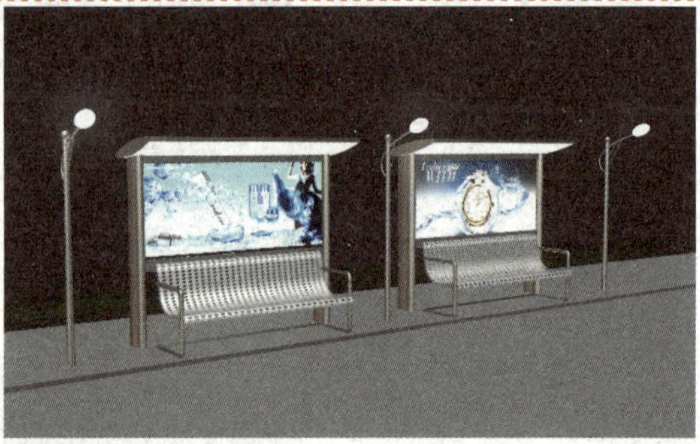

图 3-6-7 预览效果图

13 在主菜单中执行【渲染】|【环境】命令。在弹出的【环境和效果】对话框中单击【公用参数】卷展栏下的【环境贴图】按钮，在弹出的【选择位图图像文件】对话框中选择 back.jpg 文件，如图3-6-8所示。

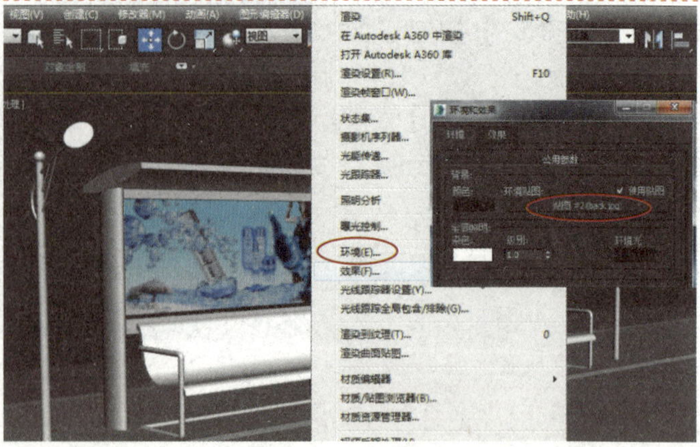

图 3-6-8 添加环境贴图

14 按住鼠标左键不放，将【环境贴图】中的 back.jpg 文件拖动到一个空白的材质球上，然后松开，在弹出的对话框中选择“实例”选项。再将【坐标】卷展栏下的【环境】贴图类型选择为“屏幕”类型，如图 3-6-9 所示。

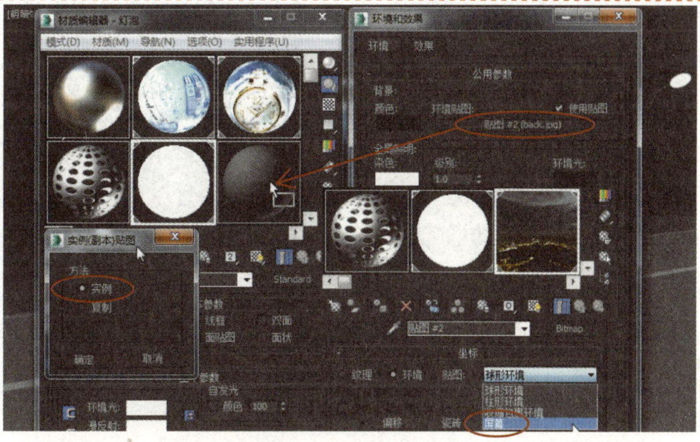

图 3-6-9 设置环境贴图

15 按 M 键打开【材质编辑器】对话框，选择一个未使用过的材质球并命名为“草地”。

16 在【贴图】卷展栏下，单击【漫反射颜色】右边的贴图按钮，在弹出的【材质/贴图浏览器】对话框中选择 GRASS2.JPG 文件。

17 拖动【漫反射】通道中的材质按钮，将其放置在【凹凸】通道中的贴图按钮上，将【数量】设置为 40，并在打开的对话框中选中【实例】单选按钮，单击【确定】按钮，如图 3-6-10 所示。

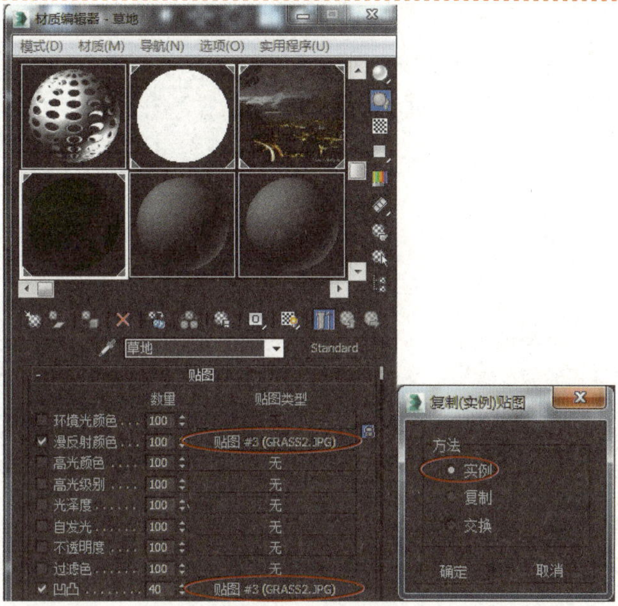

图 3-6-10 设置草地贴图

18 在【创建】面板的【几何体】类别中的下拉列表框中选择【AEC 扩展】选项，在【对象类型】卷展栏中单击【植物】按钮，打开【收藏的植物】卷展栏，选择【美洲榆】选项，如图 3-6-11 所示，创建一个植物，其中将【高度】设置为 118.0，【密度】设置为 0.9。

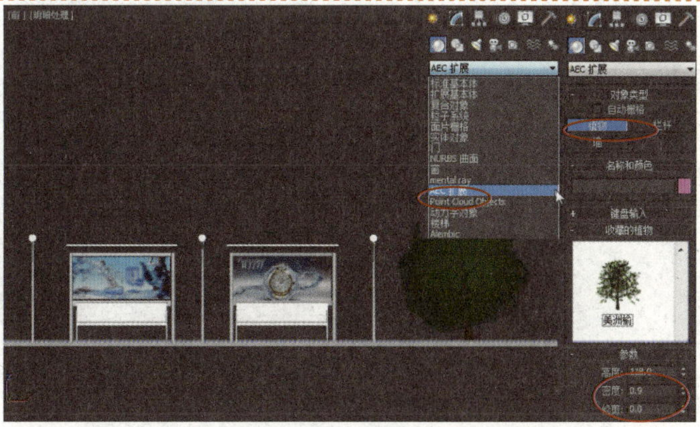

图 3-6-11 添加植物

19 在【创建】面板的【摄像机】类别中单击【目标】摄像机工具，在顶视图中创建一架目标摄像机。

20 选中透视图，按 C 快捷键将透视图转换为摄像机视图。

21 在【参数】卷展栏下将【镜头】参数设为 43，并分别在其他视图中调整摄像机的位置，如图 3-6-12 所示。

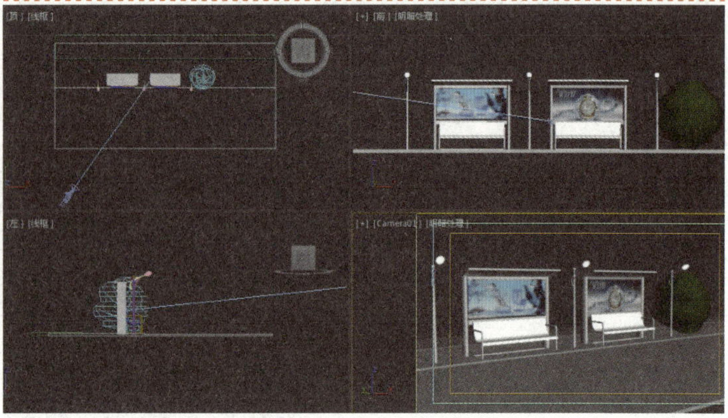

图 3-6-12　添加摄像机

22 按 F9 快捷键渲染，效果如图 3-6-13 所示。

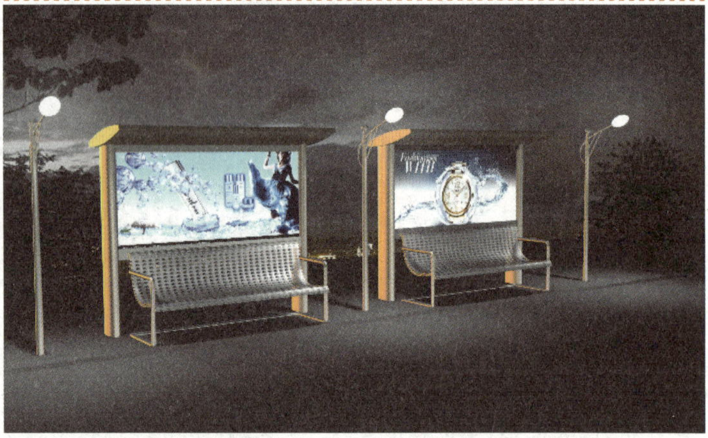

图 3-6-13　渲染效果图

3.7　添加灯光系统

1 单击【创建】面板【灯光】类别中【标准】下的【目标聚光灯】按钮，在左视图中按住鼠标左键拖动出一个目标聚光灯的图标，目标点要落在地面上，释放鼠标左键，在如图 3-7-1 所示的位置创建一盏目标聚光灯。

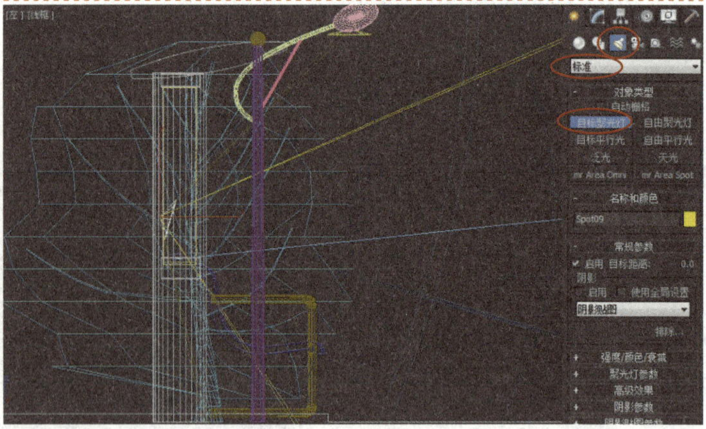

图 3-7-1　创建聚光灯

2 在【强度/颜色/衰减】卷展栏下，将【倍增】文本框的值设置为 2.0，如图 3-7-2 所示。

3 在【远距衰减】选项区域中，选中【使用】复选框，将【开始】文本框的值设为 150.0，【结束】文本框的值设为 220，如图 3-7-2 所示。

4 在【聚光灯参数】卷展栏下，将【聚光区/光束】文本框的值设为 80.0，【衰减区/区域】文本框的值设为 122.0，选中【矩形】单选按钮，如图 3-7-2 所示。

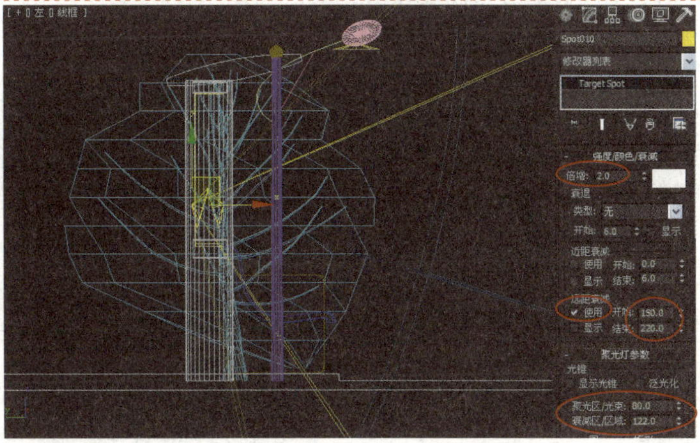

图 3-7-2 设置聚光灯参数

5 用同样的方法在灯箱的后方也创建一盏目标聚光灯，将【倍增】的值设置为 3.0，其他参数同上，如图 3-7-3 所示。

6 在前视图中将这两盏灯移动到左灯箱的中间，分别照亮灯箱的前、后方。

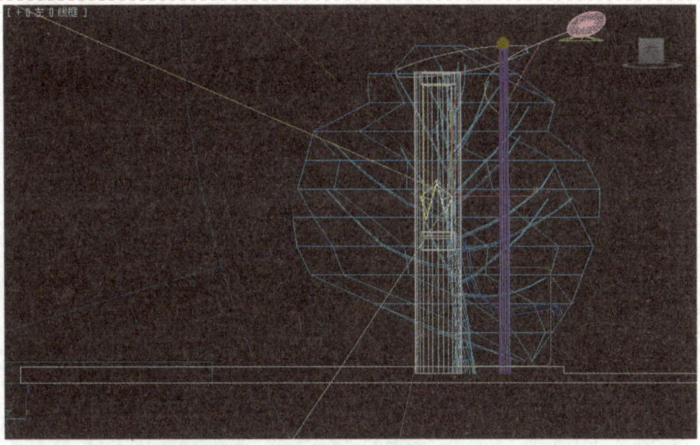

图 3-7-3 创建灯箱后方的聚光灯

7 选中这两盏灯，在前视图中单击工具，在按住 Shift 键的同时拖动鼠标将其沿 X 轴移动到右灯箱的中间后释放鼠标左键，在打开的【克隆选项】对话框中选中【复制】单选按钮（默认选项），将【副本数】设置为 1，如图 3-7-4 所示，然后单击【确定】按钮。

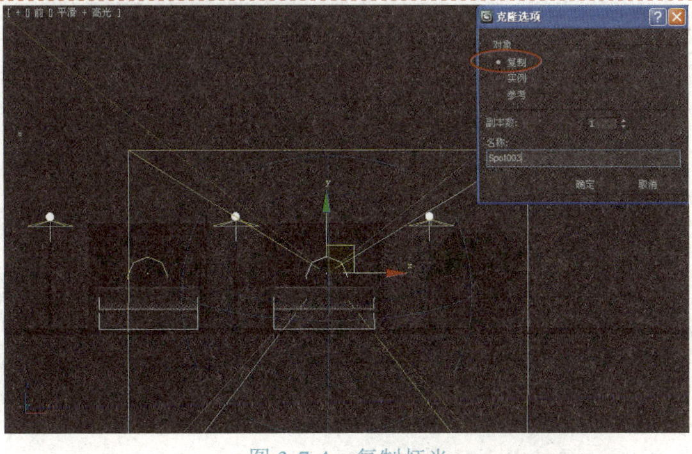

图 3-7-4 复制灯光

8 单击【目标聚光灯】按钮，在左视图中的灯泡位置创建一盏目标聚光灯，将【倍增】文本框的值设置为1.2。

9 在【远距衰减】选项区域中，选中【使用】复选框，将【开始】的值设为 12.0，【结束】的值设为 300.0。

10 将【聚光区/光束】文本框的值设为 0.5，【衰减区/区域】文本框的值设为 152.0，选中【圆】单选按钮，如图 3-7-5 所示。

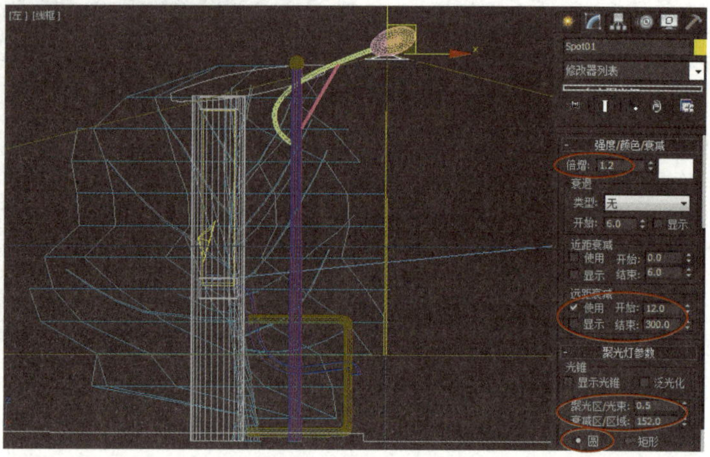

图 3-7-5　创建聚光灯

11 在前视图中，将灯泡位置的聚光灯再复制两个，并分别移动到如图 3-7-6 所示位置。

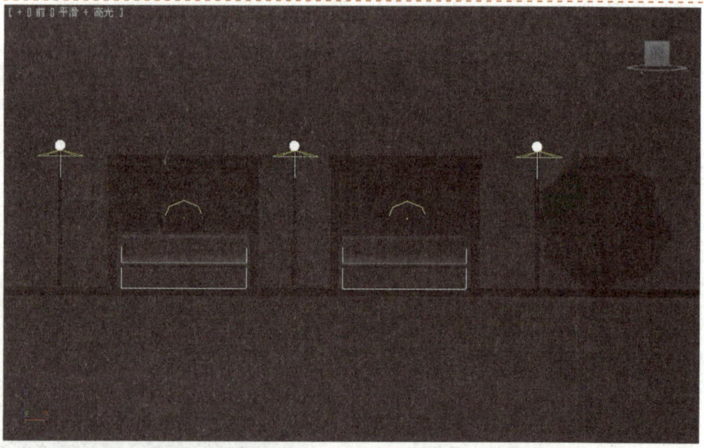

图 3-7-6　复制聚光灯

12 单击【灯光】类别中的【泛光灯】按钮，如图 3-7-7 所示，创建三个泛光灯，在【强度/颜色/衰减】卷展栏下，将【倍增】文本框的值设置为 0.6。

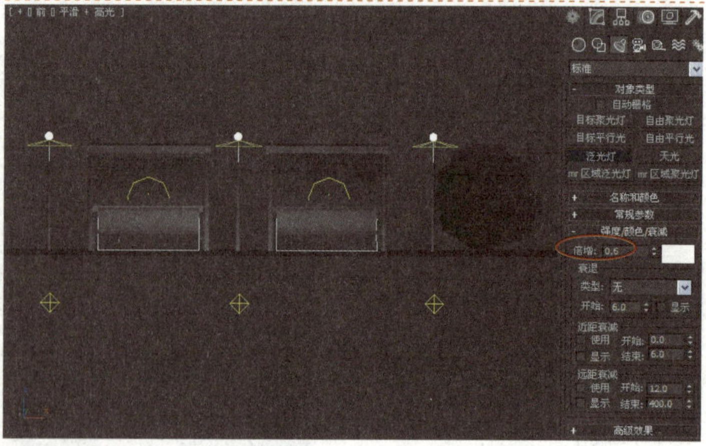

图 3-7-7　创建泛光灯

13 按 F9 快捷键，渲染后的最终效果如图 3-7-8 所示。

图 3-7-8 最终效果图

3.8 相关知识

1. 材质编辑器基本介绍

（1）示例窗

示例窗用于显示材质的调节效果及调节参数时，其效果会立刻反映到示例窗的示例球上，我们可以通过示例球来观看材质的效果，如图 3-8-1 所示。

（2）常用工具按钮组

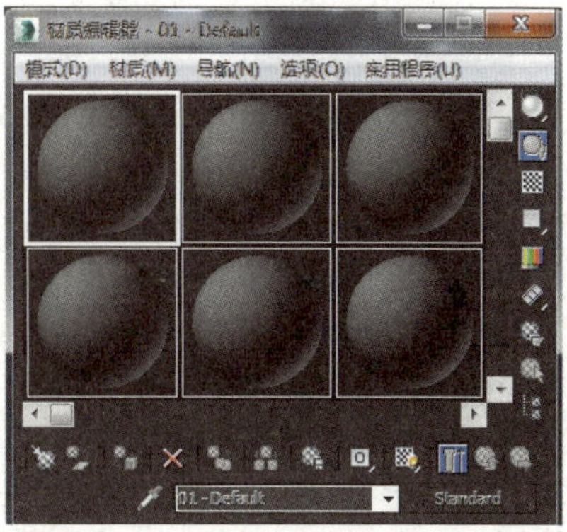

图 3-8-1 示例窗

- 【采样类型】按钮：用来设置样本球的表现形式，单击该按钮不放会弹出3 个按钮，分别表示球体、圆柱体和立方体，可以根据场景中对象的不同选择不同的采样类型。
- 【背光】按钮：设置是否在样本球后使用背景灯。
- 【背景】按钮：单击该按钮便于观察透明材质，其背景显示为棋盘格式。
- 【将材质指定给选定对象】按钮：把材质赋予场景中被选中的对象。
- 【重置贴图/材质为默认设置】按钮：将当前样本窗口中的材质或贴图恢复到默认状态。
- 【材质效果通道】按钮：设置最终效果的 ID 通道。
- 【在视口中显示贴图】按钮：在视图对象中显示贴图。
- 【转到父对象】按钮：转到上一级材质。

2. 【贴图】卷展栏

在标准材质中，可以设置 15 种贴图方式，如图 3-8-2 所示，下面介绍几种常用的贴图方式。

【漫反射颜色】贴图方式：主要用于表现材质的纹理效果。当将它设置为“100%”时，

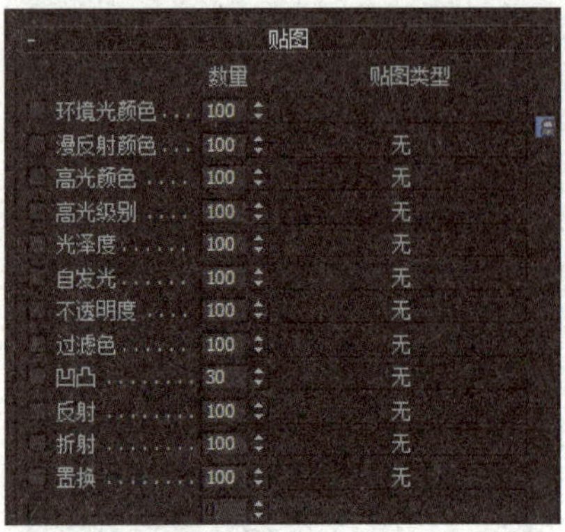

图 3-8-2　【贴图】卷展栏

会完全覆盖漫反射的颜色。

【高光颜色】贴图方式：在对象的高光处显示出贴图效果。

【光泽度】贴图方式：在对象的反光处显示贴图效果，贴图的颜色会影响反光的强度。

【自发光】贴图方式：将贴图以一种自发光的形式贴在对象表面，图像中纯黑的区域不会对材质产生任何影响，非纯黑的区域将会根据自身的颜色产生发光效果，发光的地方不受灯光以及投影影响。

【不透明度】贴图方式：利用图像明暗度在对象表面产生透明的效果，纯黑色的区域完全透明，纯白色的区域完全不透明。

【凹凸】贴图方式：通过图像的明暗强度来影响材质表面的光滑程度，从而产生凹凸的表面效果。白色图像产生凸起效果，黑色图像产生凹陷效果，中间色产生过渡效果。

【反射】贴图方式：通过图像来表现出对象反射的图案，该值越大，反射效果越强烈。它与漫反射贴图方式相配合，会得到比较真实的效果。

【折射】贴图方式：折射贴图方式用于模拟空气和水等介质的折射效果，在对象表面产生对周围景物的折射效果。与反射贴图不同的是，它表现出一种穿透效果。

3. 灯光介绍

在默认状态下，3ds Max 2016 系统提供了两盏灯光以照亮场景，如果用户创建了新的灯光，系统中的默认灯光就会自动关闭。

图 3-8-3　【灯光】类别

3ds Max 2016 系统提供了以下八种光源，如图 3-8-3 所示。

（1）目标聚光灯

目标聚光灯产生的是一个锥形的照射区域，可影响光束内被照射的对象，产生一种逼真的投影阴影。目标聚光灯包含两部分：投射点，即场景中的圆锥体图形；目标点，即场景中的小立方体图形。我们可以通过调整这两个图形的位置来改变对象的投影状态，从而产生逼真的效果。聚光灯有矩形和圆形两种投影区域，矩形特别适合制作电影投影图像、窗户投影等，圆形适合制作路灯、车灯、台灯等感光的照射效果。

（2）自由聚光灯

自由聚光灯产生锥形照射区域。它实际上是一种受限制的目标聚光灯，也就是说它相当于一种无法通过改变目标点和投射点来改变投射范围的目标聚光灯，但我们可以通过工具栏中的【旋转】工具来改变其投射方向。

（3）目标平行光

目标平行光产生一个圆柱状的平行照射区域，其他功能与目标聚光灯基本相似。目标平行光主要用于模拟阳光、探照灯、激光光束等效果。

（4）自由平行光

自由平行光是一种与自由聚光灯相似的平行光束，它的照射范围是柱形的。

（5）泛光

泛光是一种可以向四面八方均匀照射的点光源，它的照射范围可以任意调整，在场景中表现为一个放射形的图标。泛光是在效果图制作中应用最为广泛的一种光源，标准泛光用来照亮整个场景。场景中可以用多盏泛光灯协调作用以产生较好的效果。但需要注意的是，对泛光灯也不能过多地建立，否则效果图就可能会显得平淡而呆板。

（6）天光

天光在 3ds Max 中作为高级灯光使用，在扫描线渲染时需要在【渲染】卷展栏中单击【高级灯光】按钮才能使用。同样，在 mental ray 中要配合其他的配置才能使用，需要在【渲染】卷展栏中打开【间接照明】项的【最终聚集】，设置才能产生效果。天光具有方向性，而且是从各个角度均匀照射整个场景，因此对建立天光的位置没有特殊要求。

（7）mr 区域泛光灯和 mr 区域聚光灯

这两种灯光是专为 mental ray 使用的灯光，它们最大的特点是所产生的阴影在光源附近的地方比较清晰，而随着距离的增大，阴影逐渐柔和并模糊。它们的基本用法与系统提供的标准灯光相同，不同之处是，此种类型的灯光提供了相应的区域灯光参数选项区域，而且该类灯光创建之初，系统默认激活了光线跟踪阴影。

4. 灯光常用参数解释

因为所有灯光的属性都大体相同，所以下面以目标聚光灯为例，介绍灯光的常用参数。

（1）【常规参数】卷展栏（见图 3-8-4）

【启用】复选框：用于灯光的开关控制，如果暂时不需要此灯光的照射，可以先将它关闭。

【阴影】选项区域：设置阴影的计算方式。

【启用】复选项：选中此复选项，使灯光产生阴影。其下的区域是阴影类型选择区。

【排除】按钮：允许指定对象不受灯光照射的影响。

（2）【强度/颜色/衰减】卷展栏（见图 3-8-5）

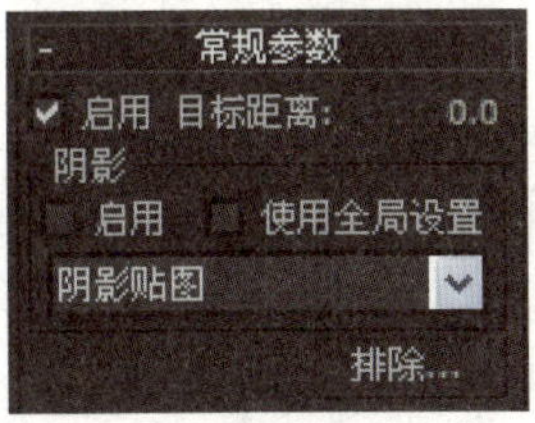

图 3-8-4 【常规参数】卷展栏

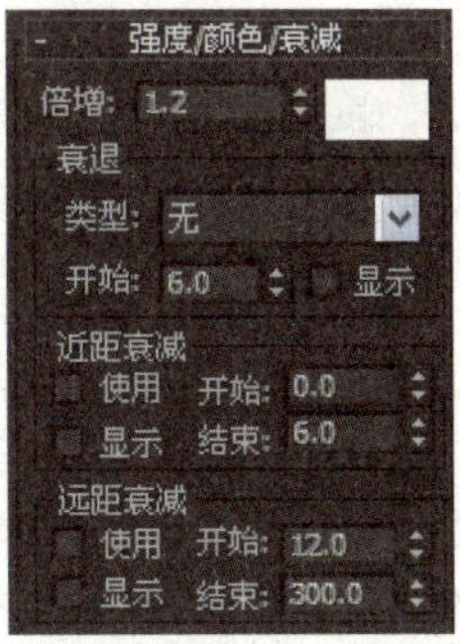

图 3-8-5 【强度/颜色/衰减】卷展栏

【倍增】文本框：控制灯光的照射强度，值越大，则照射强度越大。

【色块】下拉列表框：用于调整灯光的颜色。

【衰退】栏：设置灯光由强变弱的衰减类型，包括【无】（这是系统的默认方式）、【倒数】和【平方反比】三种衰减方式。

① 【倒数】选项：灯光的强度与距离成反比例关系变化，即灯光强度=1/距离。

② 【平方反比】选项：灯光的强度与距离成反比例平方关系变化，即灯光强度=1/距离^2。

【近距衰减】选项区域：设置灯光从开始发散到发散最强的区域。

【使用】复选框：选中此复选框，产生衰减效果。

【显示】复选框：该灯光在未被选择的情况下，在视图中仍以线框方式显示衰减范围。

【开始】/【结束】文本框：分别用于设置近距衰减范围的起始和终止距离。

【远距衰减】选项区域：设置灯光从开始衰减到全部消失的区域。

【开始】/【结束】文本框：分别用于设置远距衰减范围的起始和终止距离。

（3）【聚光灯参数】卷展栏（如图 3-8-6 所示）

【泛光化】复选框：选中此复选框，使聚光灯兼有泛光灯的功能，可以向四面八方投射光线，照亮整个场景，但仍会保留聚光灯的特性。

【聚光区/光束】文本框：设置光线完全照射的范围，在此范围内对象受到全部光线的照射，默认值为 43.0。

【衰减区/区域】文本框：调节灯光的衰减区域，在此范围外的对象将不受该灯光的影响，与【聚光区/光束】文本框配合使用，可产生光线由强向弱衰减变化的效果，默认值为 45.0。

【圆】/【矩形】单选按钮：设置是产生圆形灯还是矩形灯光，默认为圆形。

【纵横比】文本框：设置矩形长宽比例。

（4）【高级效果】卷展栏（见图 3-8-7）

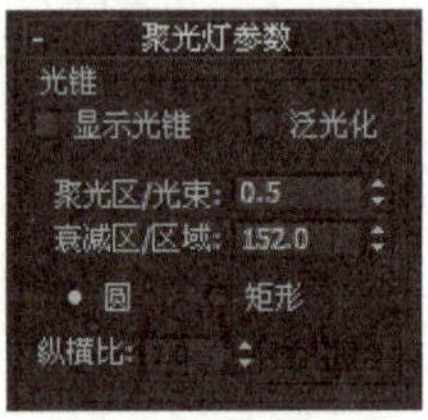

图 3-8-6　【聚光灯参数】卷展栏

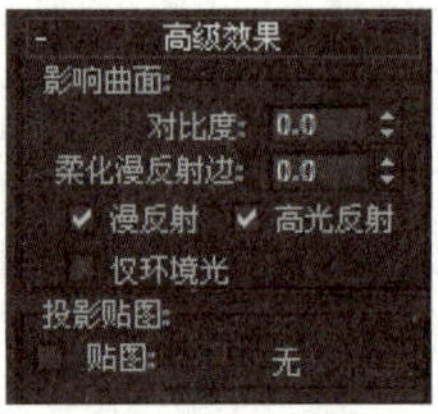

图 3-8-7　【高级效果】卷展栏

【高级效果】卷展栏用来设置灯光控制对象表面的情况。

【对比度】文本框：调节对象高光区与过渡区之间表面的对比度。

【柔化漫反射边】文本框：柔化过渡区与阴影区表面之间的边缘，避免产生清晰的明暗分界。

【漫反射】/【高光反射】/【仅环境光】复选框：允许灯光单独对漫反射区、高光区和环境色进行照射。

【投影贴图】选项区域：选中其中的【贴图】复选框，再单击右侧的贴图按钮，可以选择一张图像作为投影图，它可以使灯光投影出图片效果。

（5）【阴影参数】卷展栏（见图 3-8-8）

【阴影参数】卷展栏用于调整阴影贴图的颜色及效果。

【颜色】选项：用于改变阴影的颜色。

【贴图】复选框：选中此复选框，可在其右侧的贴图按钮中贴入一幅图像，为阴影指定一幅贴图。

（6）【大气和效果】卷展栏（见图 3-8-9）

【大气和效果】卷展栏是为灯光添加环境特效而设置的。

【添加】按钮：单击此按钮，可打开【添加大气或效果】对话框，为灯光添加【体积光】

和【镜头效果】设置，如图 3-8-9 所示。

【删除】按钮：删除在下面的列表框中选择的环境特效。

【设置】按钮：对所选择的特效进行编辑设置。

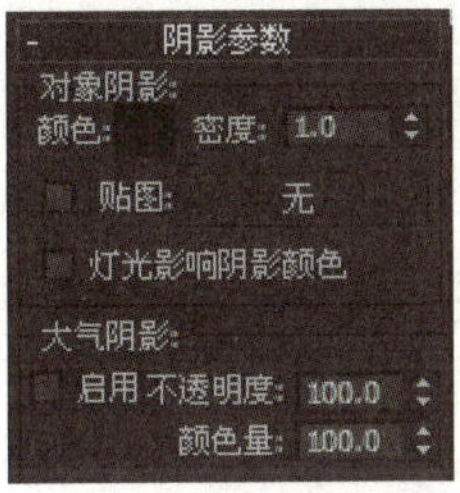

图 3-8-8 【阴影参数】卷展栏

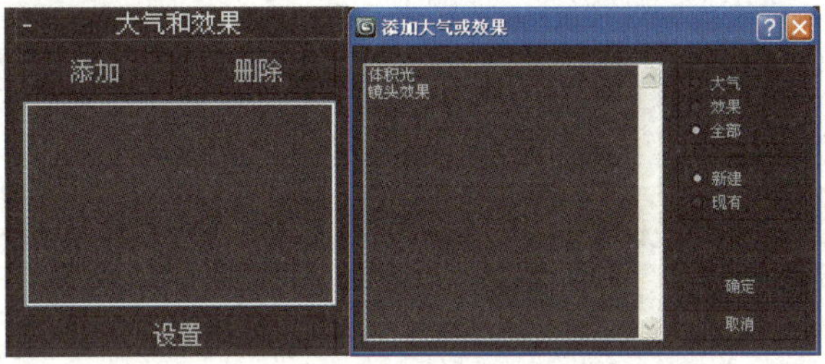

图 3-8-9 【大气和效果】卷展栏

3.9 实战演练

运用所学知识完成以下餐厅贴图的设置，如图 3-9-1 所示。

图 3-9-1 餐厅贴图的设置

制作要求

（1）木制材质表现正确。

（2）地面有反射效果。

（3）柜子中酒瓶设置不同颜色。

制作提示

（1）应用【UVW 贴图】调整纹理。

（2）地面添加反射效果。

（3）使用【多维/子对象】材质的方法设置酒瓶的颜色。

项目评价

项目实训评价表						
项　　目	内　　容		评 定 等 级			
	学 习 目 标	评 价 项 目	4	3	2	1
职业能力	能熟练使用材质编辑器	熟悉材质编辑器的界面				
		能使用材质编辑器的常用工具				
		能设置贴图				
		能设置金属材质				
		能设置透明材质				
		能设置自发光材质				
	能布置和调节灯光	掌握灯光的使用效果				
		能设置灯光的常用参数				
		能设置灯光阴影				
		能设置体积光				
		能添加光晕镜头效果				
	能设置摄像机	能添加和调整摄像机				
	能使用 AEC 扩展对象	能使用 AEC 扩展对象				
通用能力	交流表达能力					
	与人合作能力					
	沟通能力					
	组织能力					
	活动能力					
	解决问题的能力					
	自我提高的能力					
	革新、创新的能力					
综合评价						

评定等级说明表	
等　　级	说　　明
4	能高质、高效地完成此学习目标的全部内容，并能解决遇到的特殊问题
3	能高质、高效地完成此学习目标的全部内容
2	能圆满完成此学习目标的全部内容，不需要任何帮助和指导
1	能圆满完成此学习目标的全部内容，但偶尔需要帮助和指导

最终等级说明表	
等 级	说 明
优秀	80%的项目达到 3 级水平
良好	60%的项目达到 2 级水平
合格	全部项目都达到 1 级水平
不合格	不能达到 1 级水平

项目 4

质感表现

项目描述

在 3ds Max 中创建的三维物体本身不具备任何表面特征，要让模型具有真实的表面材料效果，必须给模型设置相应的材质，这样才可以使制作的物体看上去像是真实世界中的物体。只有对场景中的物体都赋上合适的材质才能使场景中的对象呈现出具有真实质感的视觉特征。设定材质的标准就是：以真实世界的物体为依据，真实表现出物体材质的属性，如物体的表面纹理、反射、折射属性等。本例的最终效果如图 4-0-1 所示。

图 4-0-1　实例效果

学习目标

- 贴图展开的使用。
- 玻璃材质表现。
- 陶瓷与金属材质表现。
- 背景贴图处理。

项目分析

本项目的材质分成几类，有的只有简单的表面纹理，如食品包装盒；有些材质表面有反射效果，如玻璃、陶瓷、金属等；还有就是玻璃材质，除了有反射属性，还有折射效果；在制作橙皮材质的时候，考虑到橙子表面的凹凸纹理，需要使用凹凸贴图通道来表现。本项目的制作主要需要完成以下五个环节。

（1）木板、纸盒贴图。

（2）玻璃材质。

（3）陶瓷、金属材质。

（4）橙子材质。

（5）背景贴图与渲染。

实现步骤

4.1　木板、纸盒贴图

1 单击菜单中的【自定义】|【首选项】命令，在弹出的【首选项设置】对话框中打开【视口】标签，单击下方的【选择驱动程序】按钮，在弹出的【显示驱动程序选择】对话框中选择【Nitrous Direct 3D（推荐）】，如图 4-1-1 所示，单击【确定】按钮退出对话框，关闭 3ds Max，重新启动 3ds Max。

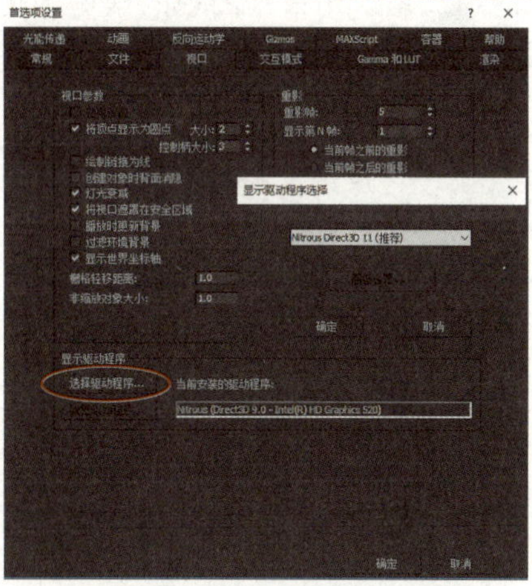

图 4-1-1　设置驱动程序

2 在视图中单击[+]按钮，在弹出的菜单中选择【视口配置】命令，弹出【视口配置】对话框，选择【显示性能】栏，设置【纹理贴图】：2048、【视口背景/环境】：2048，如图 4-1-2 所示。

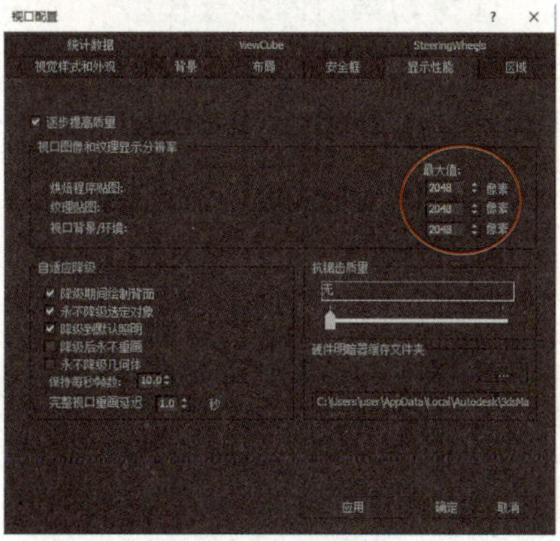

图 4-1-2　设置显示性能

3 打开提供的模型文件，发现模型表面只有简单的颜色效果，如图 4-1-3 所示。

图 4-1-3　模型效果

4 单击工具栏中的【材质编辑器】按钮，弹出【材质编辑器】对话框，默认的材质球已经设置了颜色，而且这些材质已经指定给了场景中的相关模型，可以在这个基础上完成接下来的制作，如图 4-1-4 所示。

注：材质被使用后，材质球四周有四个灰色的小三角。如果视图中的模型被选中，相关材质的灰色三角会变成白色。

图 4-1-4　基本颜色材质

5 选择场景中最下方的物体，选择对应的材质球，在【漫反射】通道上设置木纹贴图，单击【在视口中显示标准贴图】按钮，如图 4-1-5 所示。

图 4-1-5　木板材质

6 选择场景中的纸盒模型，选中对应的材质球，设置【漫反射贴图】，单击【在视口中显示标准贴图】按钮，如图 4-1-6 所示。

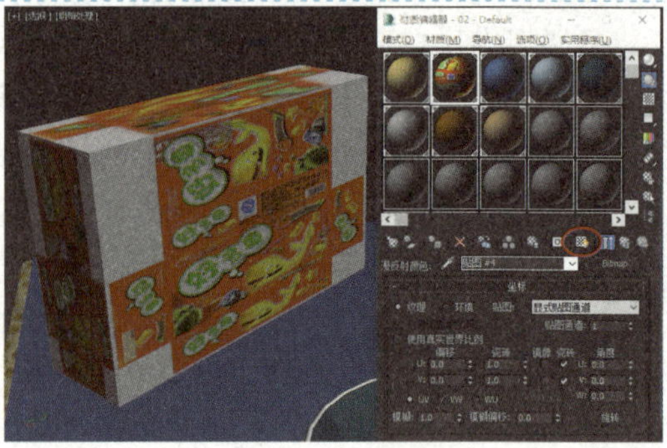

图 4-1-6　漫反射贴图

7 进入【修改】面板，给模型添加【UVW 展开】修改器，如图 4-1-7 所示。

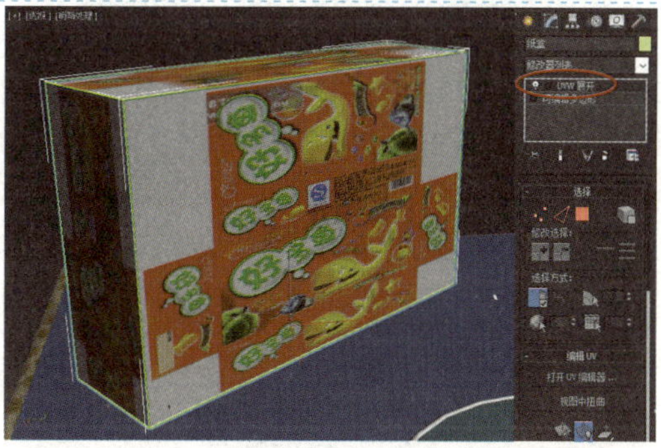

图 4-1-7 添加 UVW 展开

8 单击【UVW 展开】前面的，单击【面】，单击【编辑 UVW】卷展栏中的【打开 UVW 编辑器】按钮，弹出【编辑 UVW】窗口，如图 4-1-8 所示。

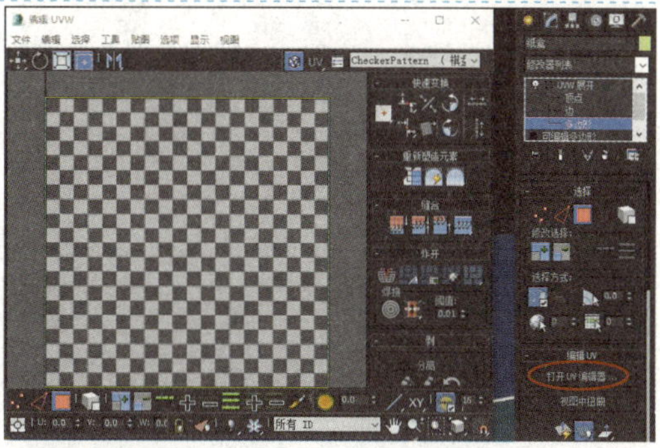

图 4-1-8 打开编辑 UVW

9 单击【编辑 UVW】窗口中的下拉按钮，选择纸盒贴图，在窗口中显示贴图，如图 4-1-9 所示。

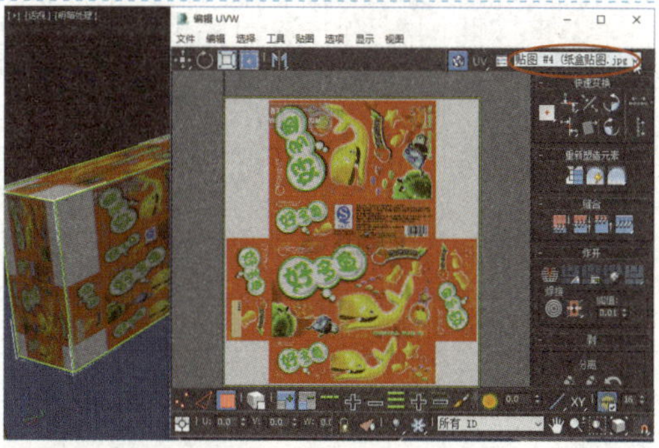

图 4-1-9 显示贴图

10 在视图中选择模型前面的面，在【编辑 UVW】窗口中单击【自由形式模式】按钮，调整贴图的区域和大小，如图 4-1-10 所示。

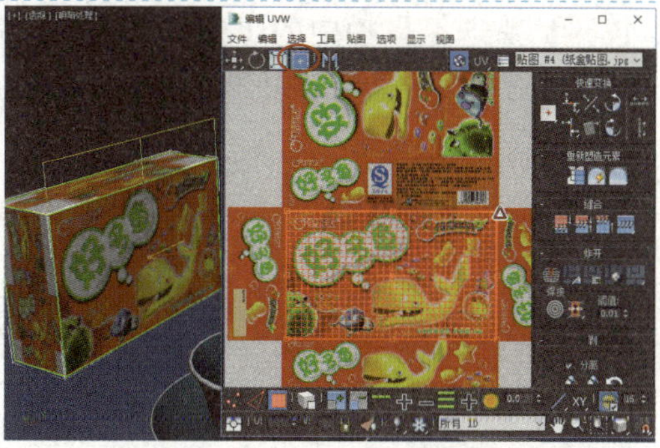

图 4-1-10 调整正面贴图

11 视图中选择侧面，在【编辑UVW】窗口中单击【自由形式模式】按钮，调整贴图的区域和大小，如图 4-1-11 所示。

图 4-1-11　调整侧面贴图

12 视图中选择顶面，在【编辑UVW】窗口中单击【自由形式模式】按钮，调整贴图的区域和大小，如图 4-1-12 所示。

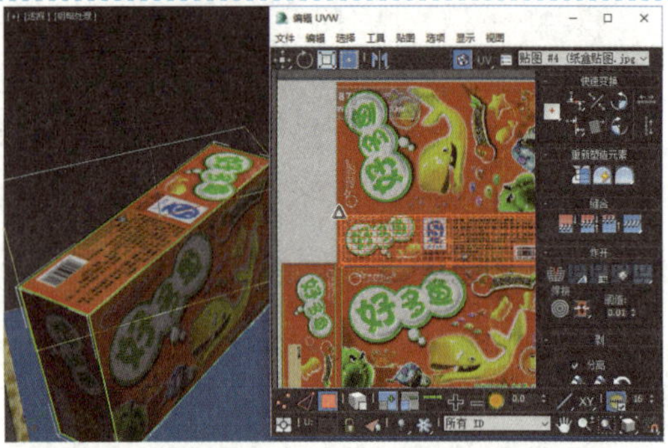

图 4-1-12　调整顶面贴图

13 按照同样的方法，完成其余三个面的贴图调整，如图 4-1-13 所示。

图 4-1-13　完成贴图调整

14 单击工具栏中的【渲染产品】按钮，设置贴图后的盒子效果如图 4-1-14 所示。

图 4-1-14　盒子贴图效果

4.2 玻璃材质

1 选择第三个材质球，单击材质类型的下拉按钮，选择 Phong 材质，勾选【双面】，如图 4-2-1 所示。

图 4-2-1 选择材质类型

2 单击【漫反射】右侧的颜色区域，弹出【颜色选择器】窗口，设置【红】：120、【绿】：145、【蓝】：255，单击【确定】按钮退出窗口，设置【不透明度】：25，如图 4-2-2 所示

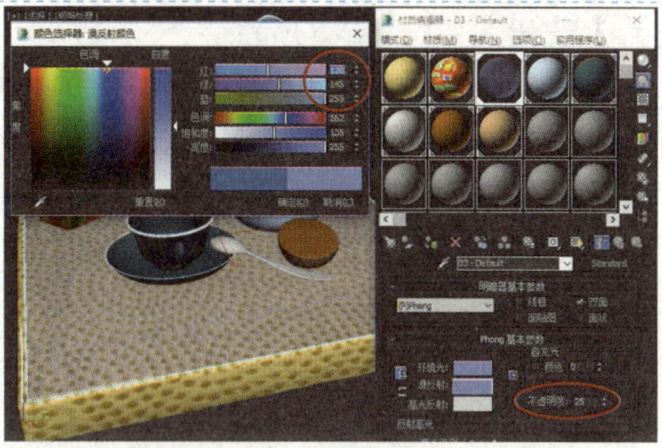

图 4-2-2 设置参数（1）

3 设置【高光级别】：160、【光泽度】：90，将视图旋转至合适的角度，单击菜单中的按钮，查看高光效果，如图 4-2-3 所示。

图 4-2-3 调整高光

4 打开【贴图】卷展栏，单击反射右侧的【无】按钮，弹出【材质/贴图浏览器】窗口，选择【光线跟踪】，如图 4-2-4 所示。

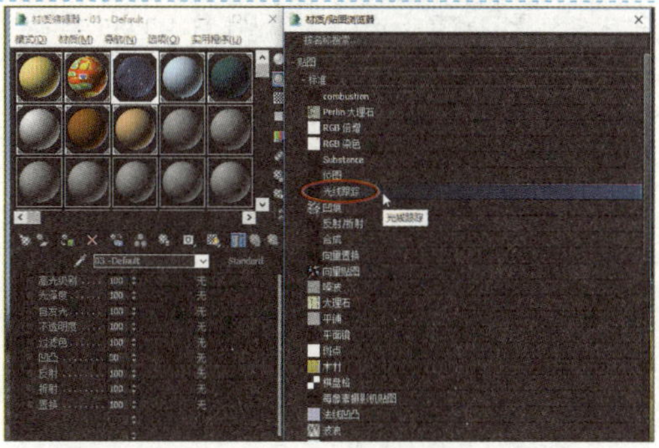

图 4-2-4 设置反射

5 将视图切换至 Camera01 摄像机视图，单击菜单中的【渲染产品】按钮，查看玻璃的反射效果，如图 4-2-5 所示。

图 4-2-5 反射效果

6 在 raytrace 通道中找到背景栏，单击【无】按钮，如图 4-2-6 所示。

注：单击【材质编辑器】窗口中的【材质/贴图导航器】按钮，可以快速地浏览材质的设置情况并访问相关通道。

图 4-2-6 设置反射贴图

7 弹出【材质/贴图浏览器】窗口，选择【位图】，选择背景图片，如图 4-2-7 所示。

图 4-2-7 选择图片

8 单击菜单中的【渲染产品】按钮，查看玻璃反射背景图片的效果，如图 4-2-8 所示。

图 4-2-8 反射背景效果

9 单击材质编辑器中的【转到父对象】按钮，回到材质顶层，找到【贴图】卷展栏，设置【反射】：35，如图 4-2-9 所示。

图 4-2-9 设置反射强度

10 单击菜单中的【渲染产品】按钮，查看完成后的玻璃效果，如图 4-2-10 所示。

图 4-2-10 调整后效果

11 选择第四个材质球，设置材质类型为 Phong，勾选【双面】，设置【漫反射】颜色【红】：120、【绿】：145、【蓝】：255，如图 4-2-11 所示。

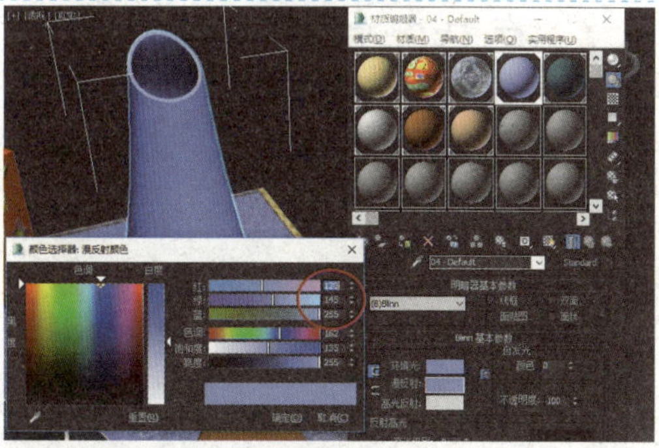

图 4-2-11 设置参数（2）

12 设置【高光级别】：160、【光泽度】：65，如图 4-2-12 所示。

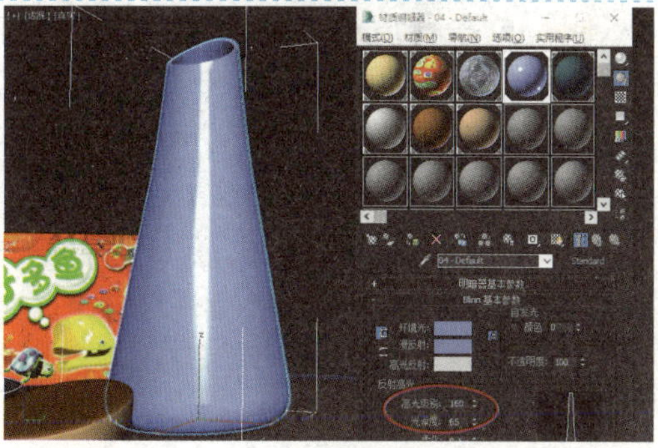

图 4-2-12 设置高光

13 打开【贴图】卷展栏，单击折射右侧的【无】按钮，弹出【材质/贴图浏览器】窗口，选择【光线跟踪】，如图 4-2-13 所示。

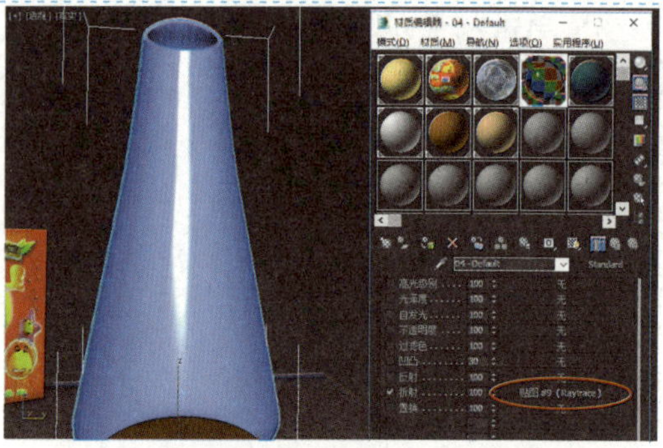

图 4-2-13 设置折射

14 单击菜单中的【渲染产品】按钮，查看玻璃瓶的折射效果，如图 4-2-14 所示。

图 4-2-14 折射效果

15 在 raytrace 通道中找到背景栏，单击【无】按钮，弹出【材质/贴图浏览器】窗口，选择【位图】，选择背景图片，如图 4-2-15 所示。

图 4-2-15 设置折射背景

16 单击材质编辑器中的【转到父对象】按钮，回到材质顶层，在【贴图】卷展栏中右击【折射】通道，在弹出的菜单中选择【复制】命令，如图 4-2-16 所示。

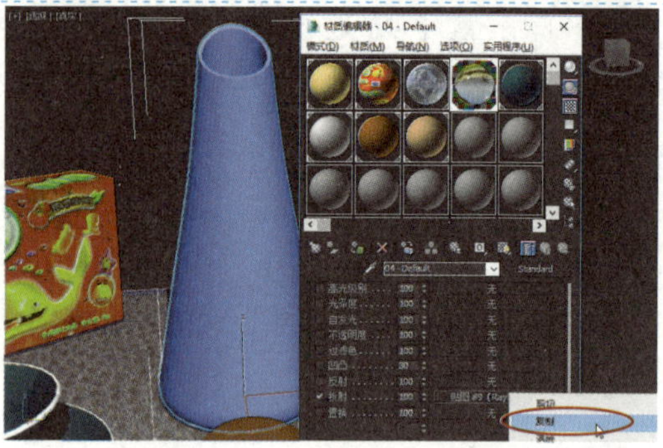

图 4-2-16 复制折射设置

17 右击【反射】通道，在弹出的菜单中选择【粘贴（复制）】命令，如图 4-2-17 所示。

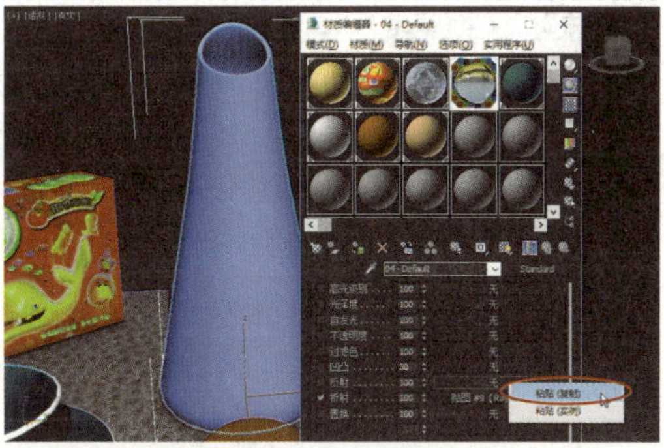

图 4-2-17 粘贴参数

18 设置【反射】：10、【折射】：95，单击菜单中的【渲染产品】按钮，查看玻璃瓶的最终效果，如图 4-2-18 所示。

图 4-2-18 玻璃瓶效果

4.3 陶瓷、金属材质

1 选择第五个材质球，设置材质类型为 Phong，如图 4-3-1 所示。

图 4-3-1 选择材质类型

2 设置【高光级别】：170、【光泽度】：70，如图 4-3-2 所示。

图 4-3-2 设置高光（1）

3 设置漫反射贴图，单击【在视口中显示标准贴图】按钮，如图 4-3-3 所示。

图 4-3-3　设置漫反射贴图

4 打开【贴图】卷展栏，单击反射右侧的【无】按钮，弹出【材质/贴图浏览器】窗口，选择【光线跟踪】，设置【反射】：20，如图 4-3-4 所示。

图 4-3-4　设置反射

5 单击菜单中的【渲染产品】按钮，查看茶杯的反射效果，如图 4-3-5 所示。

图 4-3-5　陶瓷效果

6 选择场景中的瓷器中的白色物体，在材质编辑器中设置一个纯白色的材质，将材质赋予物体，如图 4-3-6 所示。

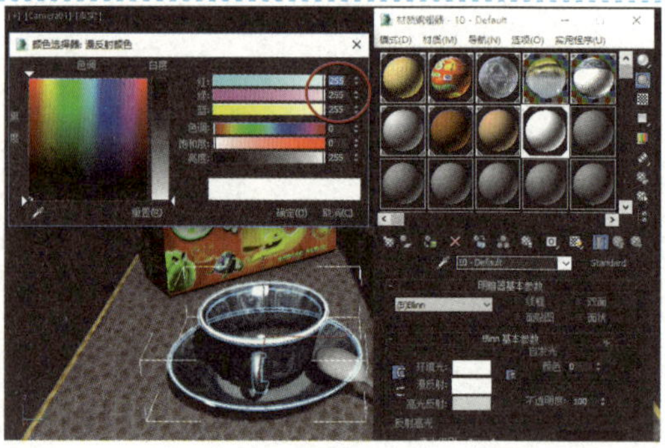

图 4-3-6　设置颜色（1）

7 选择场景中的勺子，选中材质编辑器中对应的材质球，设置材质类型为【金属】，如图 4-3-7 所示。

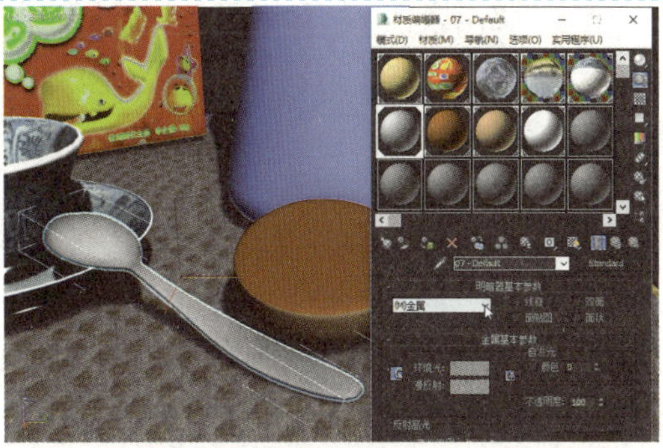

图 4-3-7 选择材质类型

8 设置【漫反射】颜色【红】：225、【绿】：225、【蓝】：230，如图 4-3-8 所示。

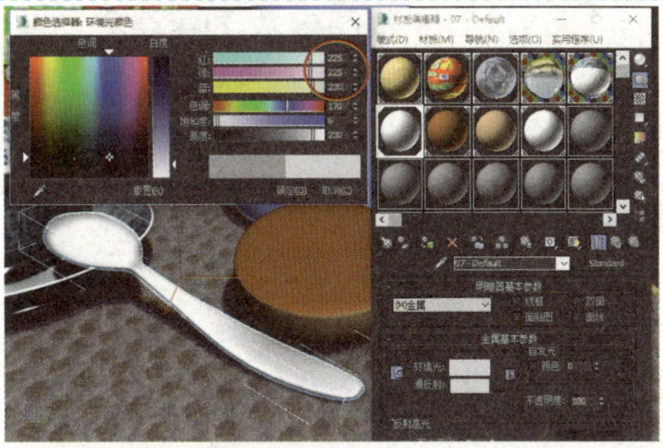

图 4-3-8 设置颜色（2）

9 设置【高光级别】：140、【光泽度】：80，如图 4-3-9 所示。

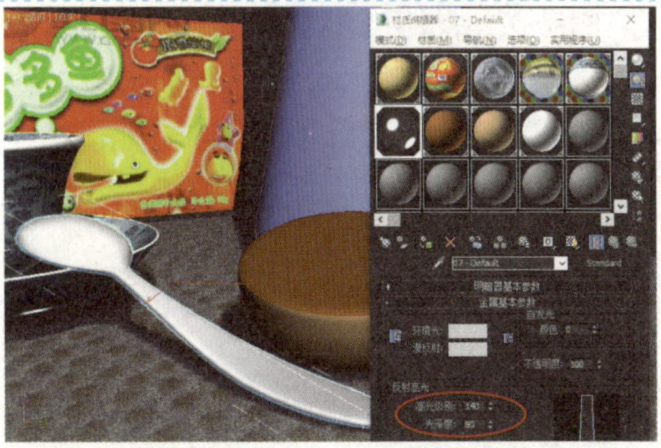

图 4-3-9 设置高光（2）

10 打开【贴图】卷展栏，单击反射右侧的【无】按钮，弹出【材质/贴图浏览器】窗口，选择【位图】，如图 4-3-10 所示。

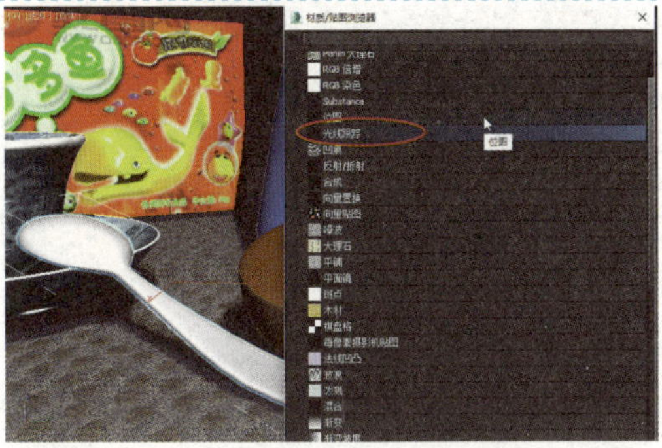

图 4-3-10 选择位图

11 弹出【选择位图图像文件】窗口，找到素材文件，选择【金属贴图】，如图 4-3-11 所示。

图 4-3-11　选择金属图片

12 找到【位图参数】卷展栏，勾选【应用】，单击【查看图像】按钮，弹出【指定裁剪/放置】窗口，修改贴图的应用贴图区域大小，如图 4-3-12 所示。

图 4-3-12　调整贴图区域

13 单击材质编辑器中的【转到父对象】按钮，回到材质顶层，找到【贴图】卷展栏，设置【反射】：75，如图 4-3-13 所示。

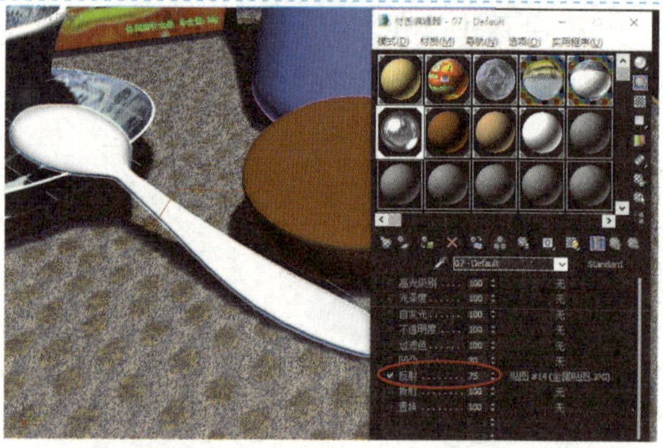

图 4-3-13　设置反射强度

14 放大勺子所在视图，单击菜单中的【渲染产品】按钮，查看勺子的金属材质效果，如图 4-3-14 所示。

图 4-3-14　金属效果

4.4 橙子材质

1 选择橙子表面，选中对应的材质球，设置漫反射贴图，单击【在视口中显示标准贴图】按钮，如图 4-4-1 所示。

图 4-4-1 设置贴图

2 进入【修改】面板，给模型添加【UVW 展开】修改器，如图 4-4-2 所示。

图 4-4-2 添加 UVW 展开

3 单击【UVW 展开】前面的按钮，单击【面】，单击【编辑 UVW】卷展栏中的【打开 UVW 编辑器】按钮，弹出【编辑 UVW】窗口，如图 4-4-3 所示。

图 4-4-3 打开编辑 UVW

4 在【编辑 UVW】窗口中单击【自由形式模式】按钮，调整贴图的区域和大小，如图 4-4-4 所示。

图 4-4-4 调整贴图大小

5 单击菜单中的【渲染产品】按钮，在渲染窗口中按下鼠标右键，在图片上移动，可以获取颜色信息，在最接近橙皮颜色的地方单击鼠标左键，如图 4-4-5 所示。

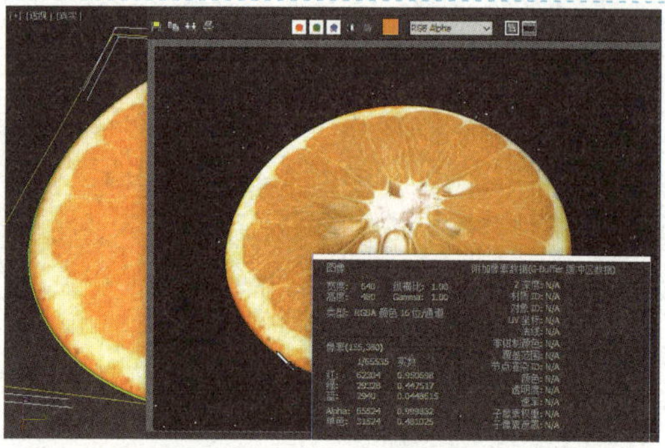

图 4-4-5　获取图像颜色

6 在窗口的工具栏中右击颜色方框，在弹出的菜单中选择【复制】命令，如图 4-4-6 所示。

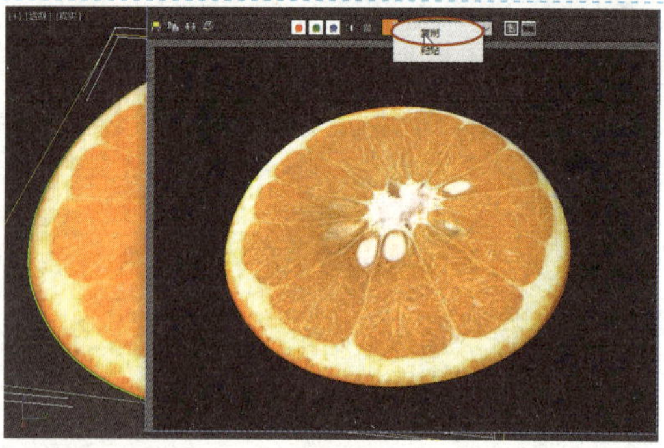

图 4-4-6　复制颜色

7 打开材质编辑器，在【漫反射】旁边的颜色方框上右击，在弹出的菜单中选择【粘贴】命令，如图 4-4-7 所示。

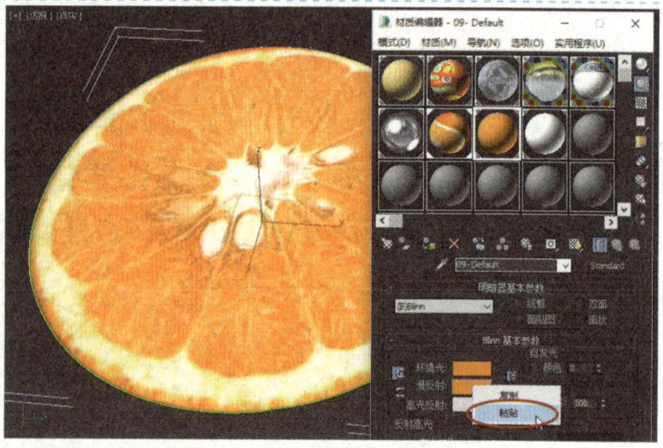

图 4-4-7　粘贴颜色

8 设置【高光级别】：95、【光泽度】：18，如图 4-4-8 所示。

图 4-4-8　设置高光

9 单击菜单中的【渲染产品】按钮，查看橙皮的高光效果，如图 4-4-9 所示。

图 4-4-9 高光效果

10 打开【贴图】卷展栏，单击【凹凸】右侧的【无】按钮，弹出【材质/贴图浏览器】窗口，选择【细胞】，如图 4-4-10 所示。

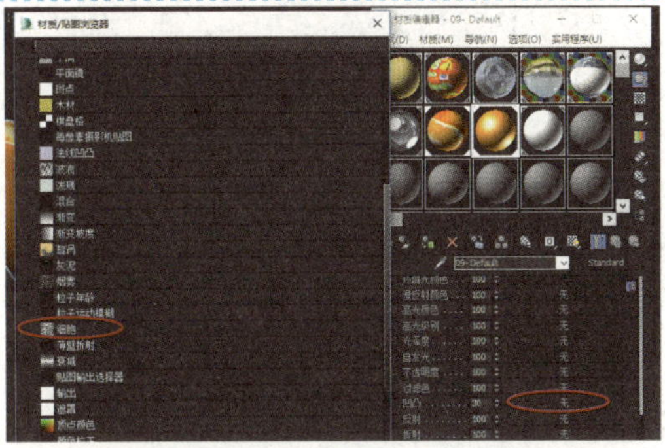

图 4-4-10 设置凹凸贴图

11 单击菜单中的【渲染产品】按钮，查看橙皮的凹凸效果，如图 4-4-11 所示。

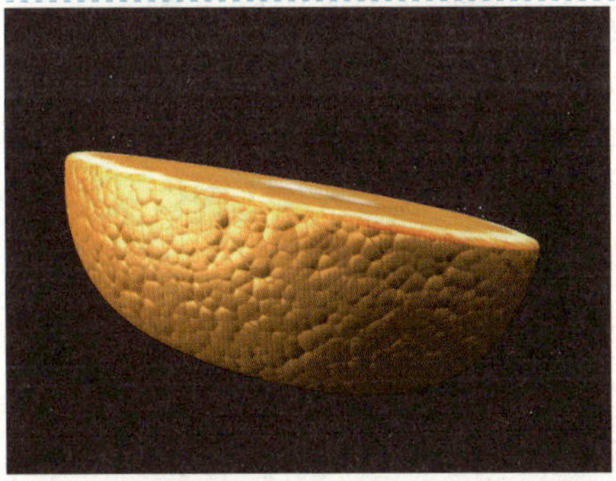

图 4-4-11 凹凸效果

12 找到【细胞特性】栏，设置【大小】：2，如图 4-4-12 所示。

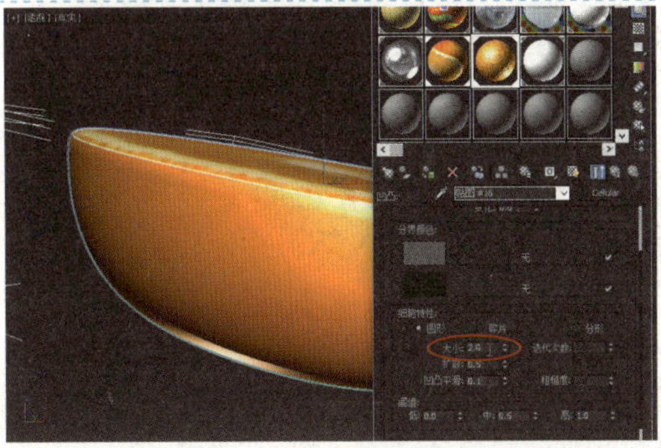

图 4-4-12 调整参数

13 单击菜单中的【渲染产品】按钮，查看橙皮的材质效果，如图 4-4-13 所示。

图 4-4-13　橙皮效果

14 切换到 Camera01 视图，单击菜单中的【渲染产品】按钮，查看场景中的橙子效果，如图 4-4-14 所示。

图 4-4-14　橙子效果

4.5　背景贴图与渲染

1 选择菜单中的【渲染】|【环境】命令，弹出【环境和效果】窗口，如图 4-5-1 所示。

图 4-5-1　打开环境

2 在【公用参数】卷展栏中单击颜色旁边的【无】按钮，在弹出的【材质/贴图浏览器】中选择【位图】，如图 4-5-2 所示。

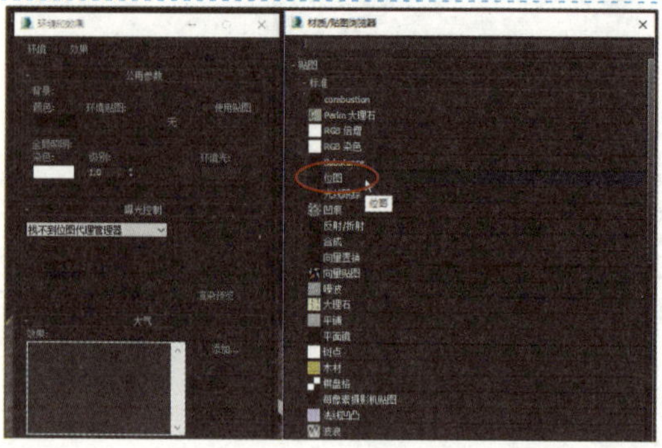

图 4-5-2　选择位图

3 在弹出的【选择位图图像文件】窗口中找到提供的素材文件，选择【背景】图片，如图 4-5-3 所示。

图 4-5-3 选择图片

4 单击菜单中的【渲染产品】按钮，查看背景效果，如图 4-5-4 所示。

图 4-5-4 背景效果

5 在【环境和效果】窗口中，在【贴图】按钮上按下鼠标左键，将贴图拖曳至【材质编辑器】窗口的一个新材质球上，弹出【实例（副本）贴图】对话框，选择【实例】，如图 4-5-5 所示。

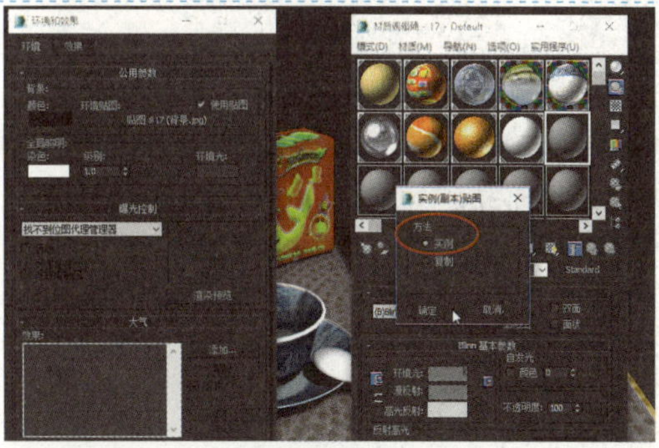

图 4-5-5 拖曳至材质球

6 在【坐标】卷展栏中单击【贴图】右侧的下拉按钮，选择【柱形环境】，如图 4-5-6 所示。

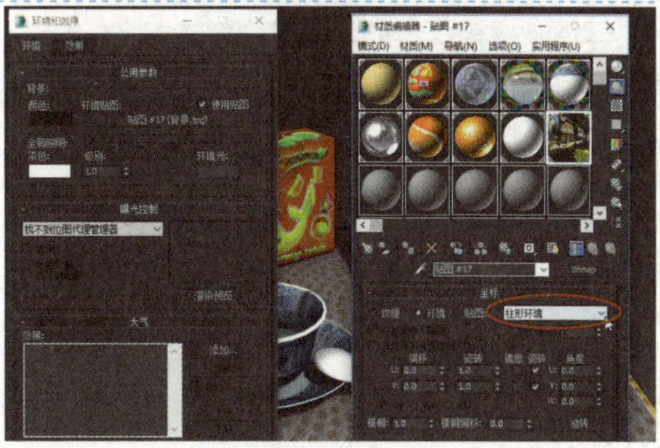

图 4-5-6 调整贴图

7 设置【模糊偏移】：0.008，如图 4-5-7 所示。

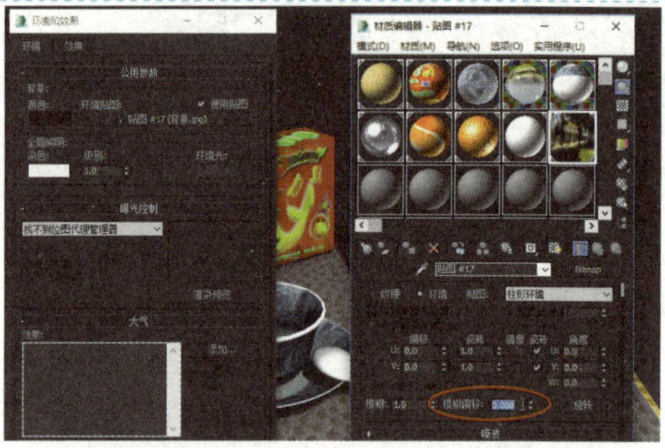

图 4-5-7　设置模糊偏移

8 单击菜单中的【渲染产品】按钮，设置后的背景效果如图 4-5-8 所示。

图 4-5-8　完成的背景

9 在【环境和效果】窗口中单击【环境光】下面的颜色按钮，将【白黑】旁边的三角形往下方移动，增加环境光的亮度，如图 4-5-9 所示。

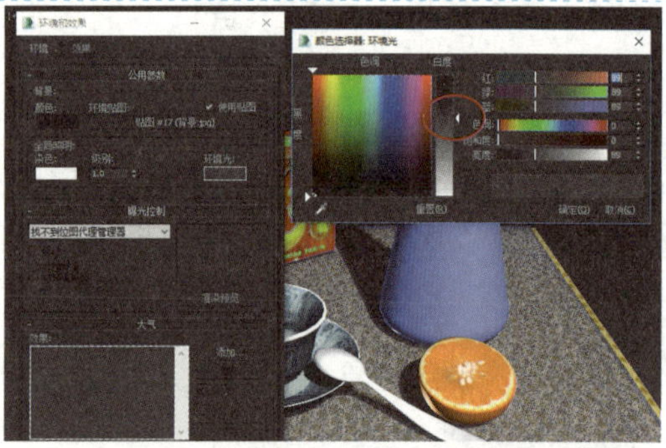

图 4-5-9　调整环境光

10 选择菜单中的【渲染】|【渲染设置】命令，弹出【渲染设置】窗口，在【输出大小】栏中设置【宽度】：900、【高度】：500，如图 4-5-10 所示。

图 4-5-10　设置渲染尺寸

11 在视图左上角 Camera01 上面右击，在弹出的菜单中选择【显示安全框】命令，如图 4-5-11 所示。

图 4-5-11　显示安全框

12 使用视图调整工具调整场景的视图，如图 4-5-12 所示。

注：使用安全框可以查看图像输出的区域。

图 4-5-12　安全框效果

13 单击菜单中的【渲染产品】按钮，完成所有材质设置后，场景的效果如图 4-5-13 所示。

图 4-5-13　最终效果

4.6　相关知识

1. 复制材质

在材质示例窗口中通过拖曳一个材质球（见图 4-6-1）到另一个材质球进行复制（如图 4-6-2）。

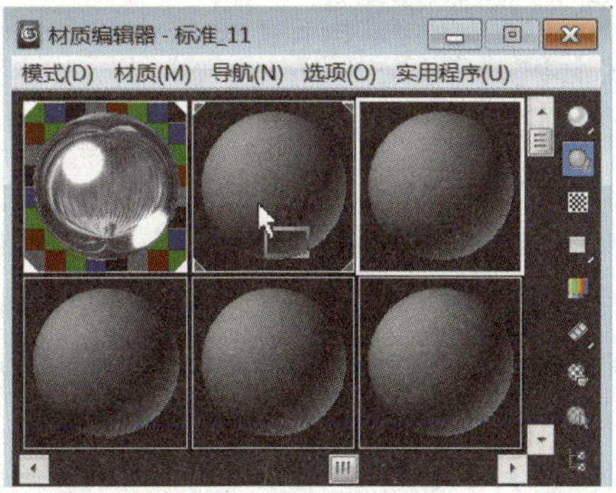

图 4-6-1　拖曳材质球

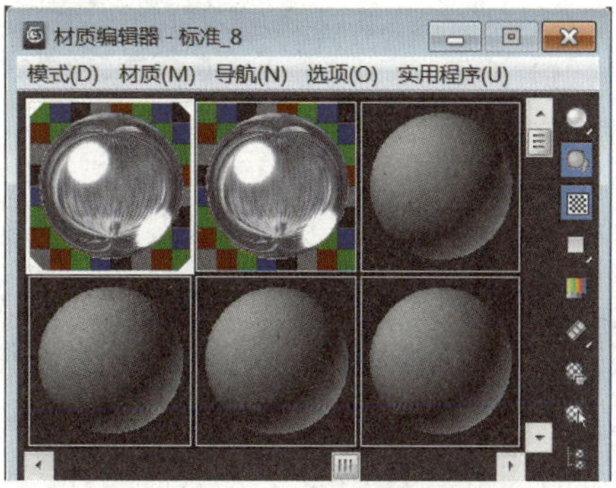

图 4-6-2　完成复制

2．赋予材质

方法一：选择场景中的物体，单击【材质编辑器】工具栏中的【将材质指定给选定的对象】按钮。

方法二：直接将设置好材质的材质球拖曳至场景中的模型上。

3．获取材质

单击【从对象拾取材质】按钮，在视图中拾取对象，如图 4-6-3 所示，对象上的材质将会被拾取到选定的材质球上，如图 4-6-4 所示。

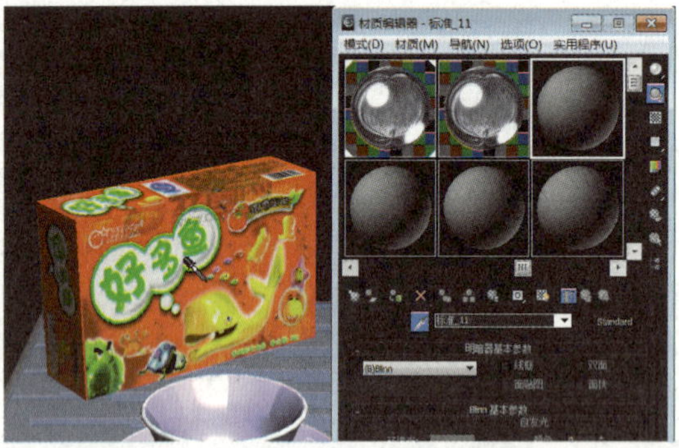

图 4-6-3　拾取材质

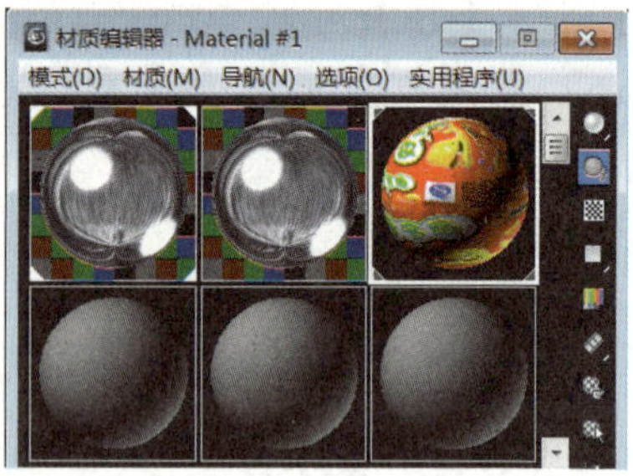

图 4-6-4　获取后的材质

4．保存材质

可以通过保存材质来保存各种材质，累积自己的材质库，从而弥补软件提供材质不足的问题。

选择需要保存的材质，单击【材质编辑器】工具栏中的【放入库】按钮，输入材质名称，单击【确定】按钮，完成材质的保存，如图 4-6-5 所示。

图 4-6-5　材质保存

5．删除材质

当不需要某种材质时，可以将材质编辑器和场景中的材质删除，或仅将材质编辑器中的材质删除，而保留场景中对象的材质。在【材质编辑器】窗口中单击【重置贴图/材质为默认设置】按钮，当删除冷材质时，将弹出【材质编辑器】对话框，提示是否删除材质，单击【是】按钮即可将材质实例窗口中的材质删除，如图 4-6-6 所示；当删除热材质时，将弹出【重置材质/贴图参数】对话框，提示在删除材质时是否影响场景中对象上的材质，根据情况选择不同的选项，如图 4-6-7 所示。

冷材质是指设置的材质球未被场景中的物体使用。

热材质是指设置的材质已被场景中的物体使用。

图 4-6-6　删冷材质

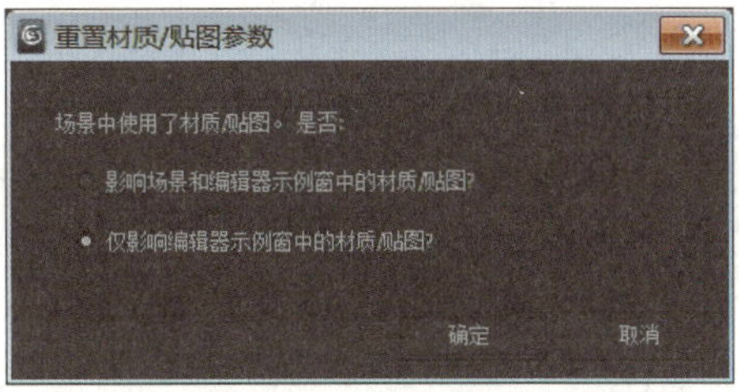

图 4-6-7　删热材质

4.7　实战演练

金属边框的近视眼镜放在一张风景照片上面，透过眼镜看到变形的纹理，根据项目所学内容，完成实例的制作，如图 4-7-1 所示。

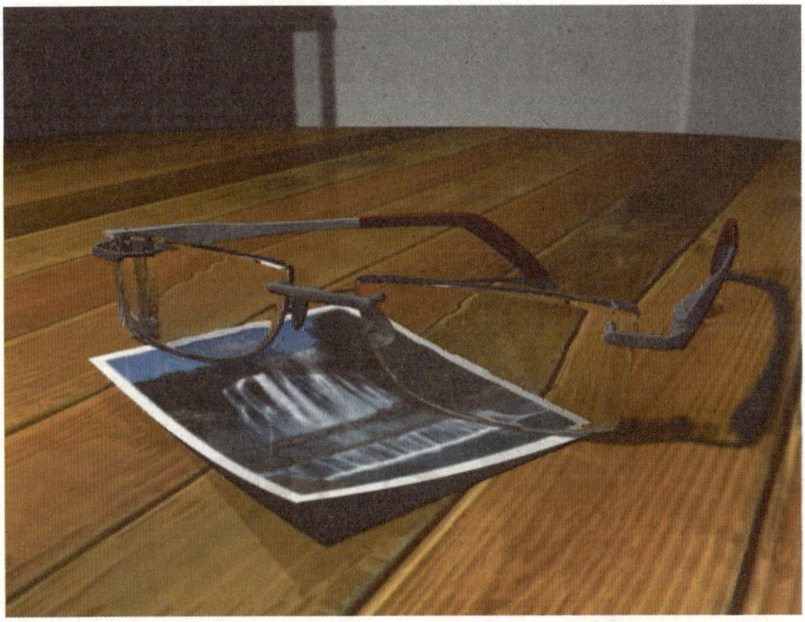

图 4-7-1　眼镜和照片

制作要求

（1）打开提供的素材文件。
（2）设置木地板、照片贴图。
（3）设置金属效果、玻璃效果。
（4）渲染输出。

制作提示

（1）金属和地板需要添加反射效果。
（2）玻璃镜片制作折射效果。
（3）调整反射和折射参数。

项目评价

项目实训评价表						
项　目	内　容		评　价			
	学 习 目 标	评 价 项 目	4	3	2	1
职业能力	能熟练掌握 UVW 展开	能给物体不同面设置不同贴图				
		能正确调整贴图区域大小				
	能熟练掌握材质编辑器的使用	能熟练对材质球进行各种操作				
		能熟练调整材质的常见参数				
	能熟练设置场景材质效果	能设置金属材质				
		能设置玻璃材质				
		能设置陶瓷材质				
	能熟练设置场景背景和环境	能设置场景背景				
		能设置场景环境				
通用能力	交流表达能力					
	与人合作能力					
	沟通能力					
	组织能力					
	活动能力					
	解决问题的能力					
	自我提高的能力					
	革新、创新的能力					
综合评价						

评定等级说明表	
等　级	说　明
4	能高质、高效地完成此学习目标的全部内容，并能解决遇到的特殊问题
3	能高质、高效地完成此学习目标的全部内容
2	能圆满完成此学习目标的全部内容，不需要任何帮助和指导
1	能圆满完成此学习目标的全部内容，但偶尔需要帮助和指导

最终等级说明表	
等　级	说　明
优秀	80%项目达到 3 级水平
良好	60%项目达到 2 级水平
合格	全部项目都达到 1 级水平
不合格	不能达到 1 级水平

项目 5 建筑效果图

项目描述

随着计算机技术的发展，使用三维软件制作建筑效果图变得越来越方便。建筑效果图因为能把施工后的实际效果用真实和直观的视图表现出来，使大家能够一目了然地看到施工后的实际效果而受到社会的普遍欢迎。本项目将完成一副建筑效果图的制作，着重讲解制作建筑模型的快捷方法，其中建筑贴图、Photoshop 后期处理不是本项目的重点，只作简单介绍，本项目的最终效果如图 5-0-1 所示。

图 5-0-1　项目效果

学习目标

- 基本物体的创建。
- 图形的可渲染设置。
- 可编辑的多边形的使用。
- 自动栅格的使用。

项目分析

从创建基本体着手，使用相关工具调整物体的子对象，从而得到所需的模型结构，为了精确制作物体模型，在建模过程中应灵活开启角度捕捉、三维捕捉。本模型主要使用了可编辑多边形的相关命令，主要需要完成以下六个环节。

（1）一楼外墙制作。

（2）飘窗制作。

（3）公共楼墙制作。

（4）整体楼墙制作。

（5）房顶制作。

（6）灯光设置。

实现步骤

5.1　一楼外墙制作

1 单击【图形】按钮，在【对象类型】卷展栏中单击【矩形】按钮，取消选中【开始新图形】复选框，在前视图中绘制一个矩形，如图 5-1-1 所示。

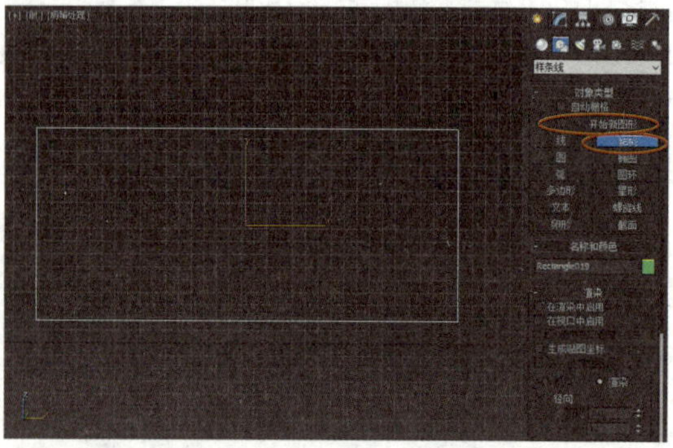

图 5-1-1　创建第一个矩形

2 继续使用【矩形】工具绘制两个矩形，如图 5-1-2 所示。

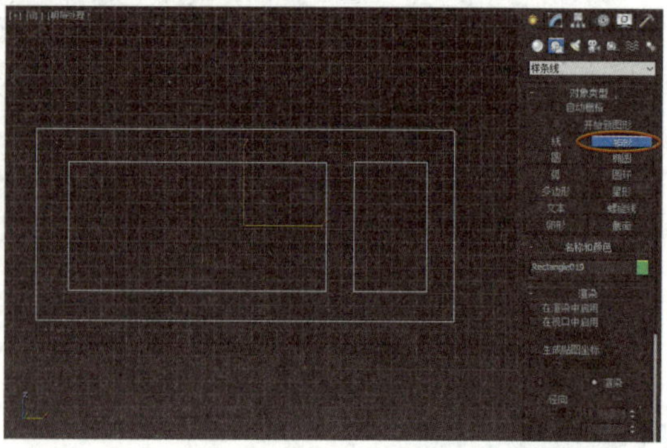

图 5-1-2　绘制矩形

3 选中图形，进入【修改】面板，增加【挤出】修改器，设置【数量】：20，按 P 键切换为透视图查看效果，如图 5-1-3 所示。

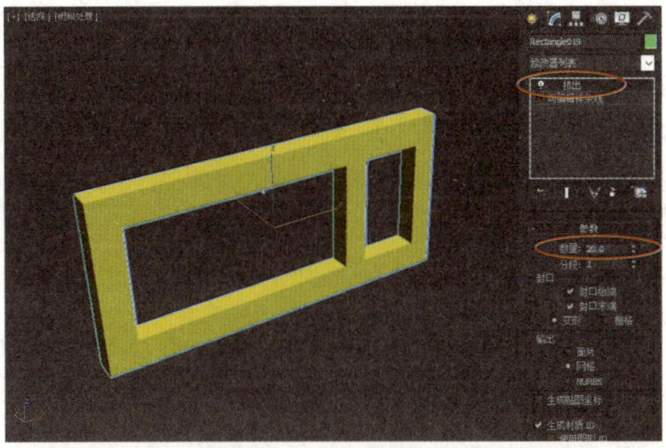

图 5-1-3 挤出

4 在【修改】面板中，回到【可编辑样条线】，进入【样条线】子对象，选择右侧的小矩形，在【命令】面板中勾选【复制】选项，单击【分离】按钮，在弹出的【分离】对话框中输入“窗框”，单击【确定】按钮退出对话框，如图 5-1-4 所示。

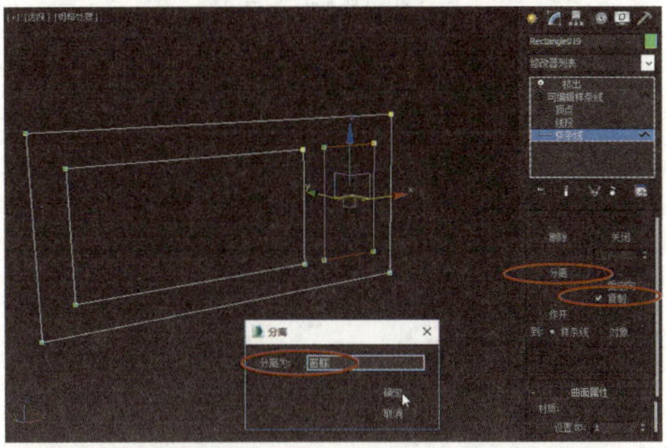

图 5-1-4 分离复制

5 单击【样条线】子对象，退出子对象，选择“窗框”图形，单击【层次】按钮进入【层次】面板，依次单击【仅影响轴】|【居中到对象】按钮，如图 5-1-5 所示。

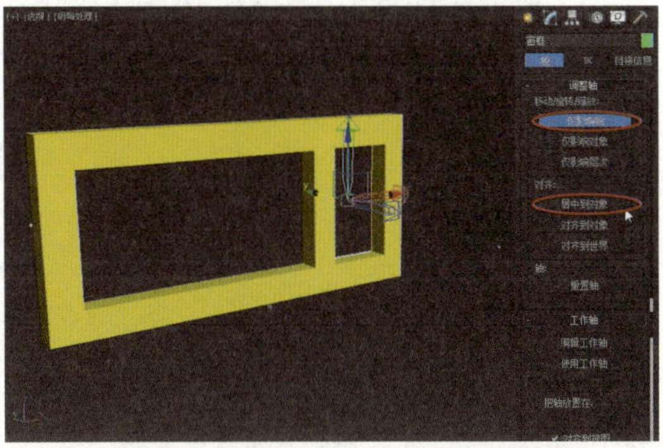

图 5-1-5 设置轴心位置

6 回到【修改】面板中，在【渲染】卷展栏中勾选【在渲染中启用】和【在视口中启用】两个选项，选中【矩形】，设置【长度】：4、【宽度】：5，如图 5-1-6 所示。

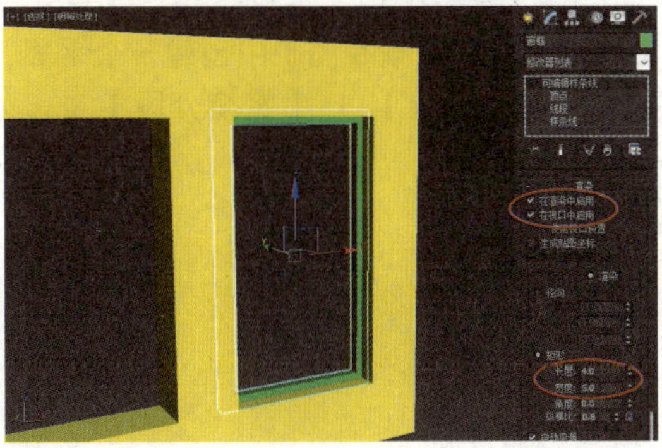

图 5-1-6 设置渲染

7 进入【线段】子对象，选择上面的线段，按住 Shift 键，使用【选择并移动】工具，沿 Z 轴向下复制一条线段，位置如图 5-1-7 所示。

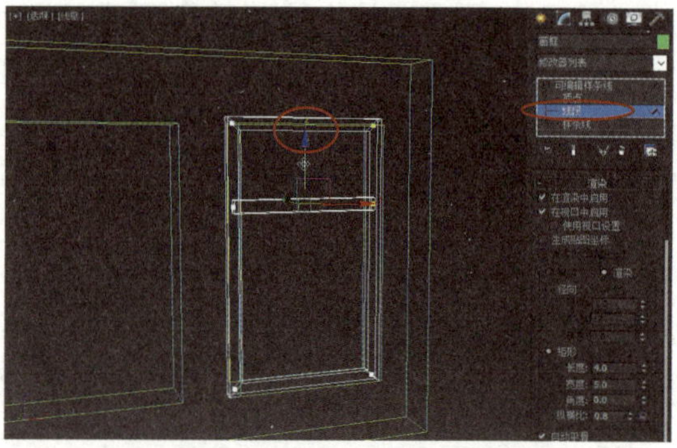

图 5-1-7　复制线段（1）

8 选择右侧的线段，按住 Shift 键，使用【选择并移动】工具，沿 X 轴水平复制一条线段，位置如图 5-1-8 所示。

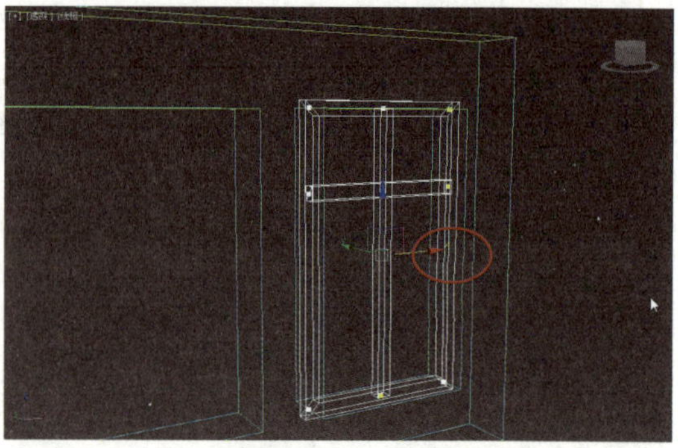

图 5-1-8　复制线段（2）

9 进入【顶点】子对象，选择中间线段上面的顶点，将其沿 Z 轴向下移动，位置如图 5-1-9 所示。

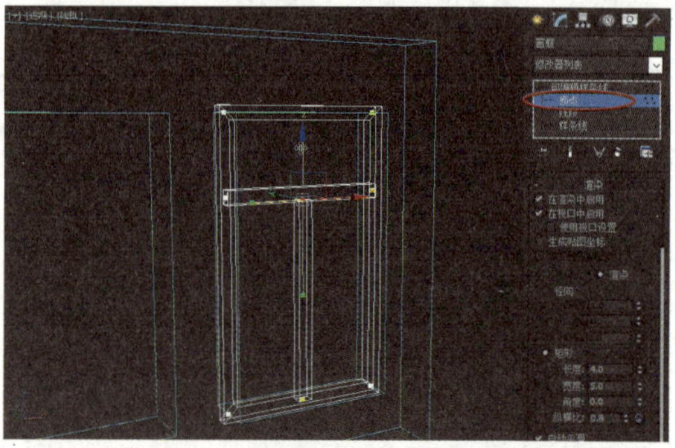

图 5-1-9　调整顶点位置

10 单击【创建】按钮，选择【平面】工具，在【前视图】中创建一个平面，设置【长度分段】：1、【宽度分段】：1，如图 5-1-10 所示。

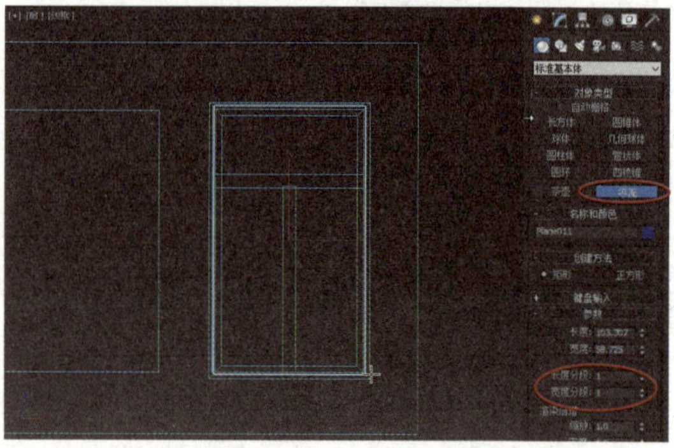

图 5-1-10　创建平面

11 切换到顶视图，使用【选择并移动】工具将平面沿 Y 轴移动，调整平面的位置，如图 5-1-11 所示。

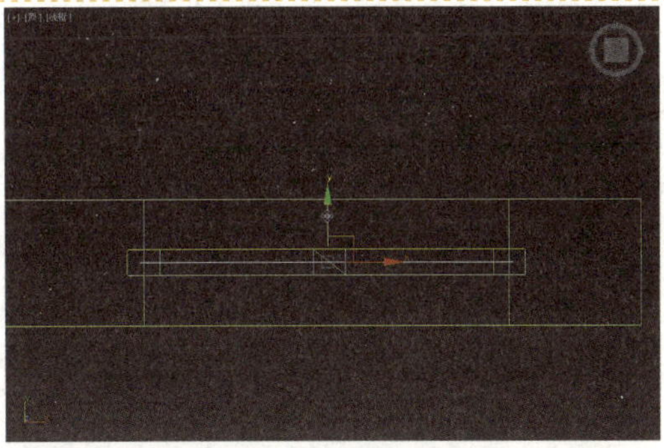

图 5-1-11 调整平面

12 切换到前视图，选择窗框物体，单击【顶点】，进入【顶点】子对象，使用【选择并移动】工具调整窗框位置，使四周大小刚好和窗洞大小一致，如图 5-1-12 所示。

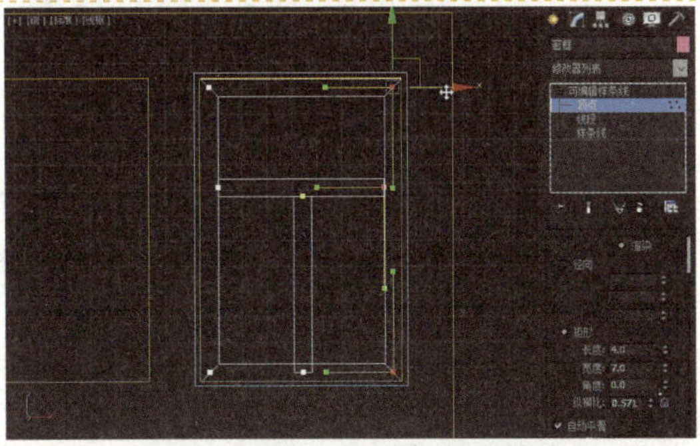

图 5-1-12 设置窗框位置和大小

13 按 M 键，弹出【材质编辑器】对话框，选择一个材质球，设置【漫反射】颜色为淡蓝色、【透明度】为 65，将材质指定给平面，其效果如图 5-1-13 所示。

图 5-1-13 设置透明度

5.2 飘窗制作

1 单击【图形】按钮，在【对象类型】卷展栏中单击【线】按钮，在顶视图中绘制一个图形，如图 5-2-1 所示。

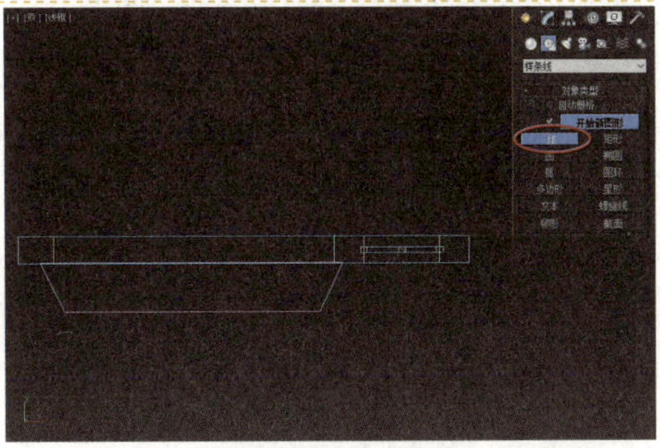

图 5-2-1 绘制图形

2 将视图切换为透视图，选中图形，进入【修改】面板，选择【挤出】命令，设置【数量】：8，如图 5-2-2 所示。

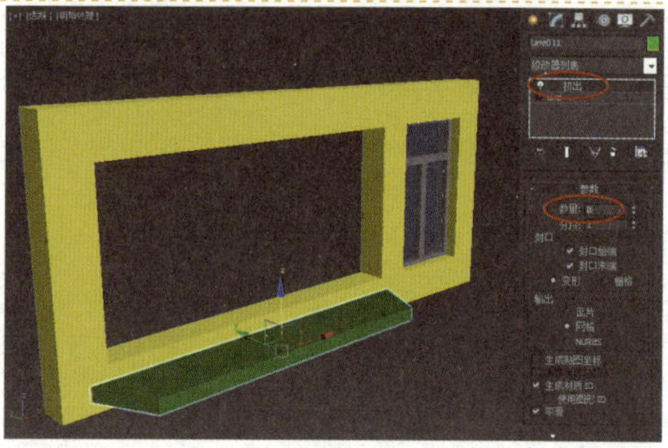

图 5-2-2　挤出

3 按住 Shift 键，使用【选择并移动】工具沿 Z 轴向上复制物体，如图 5-2-3 所示。

注意：Ctrl 键，加选物体；Alt 键，减选物体；键盘上的 1、2、3 键分别对应子对象的【顶点】、【线段】、【样条线】。在进入【修改】面板后，可用这几个键快速访问相应的子对象。

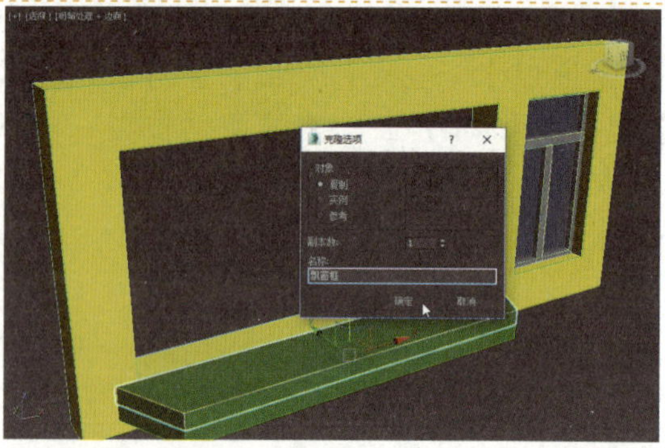

图 5-2-3　复制

4 选择复制生成的物体，进入【修改】面板，设置【数量】：115，大小如图 5-2-4 所示。（这里的挤出数量只作为参考，大家可根据自己模型的实际情况进行设置。）

注意：按 Alt+X 组合键可以将选择的物体透明显示。

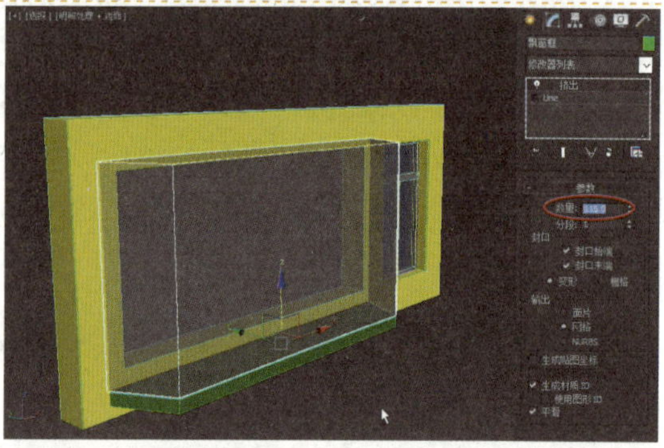

图 5-2-4　设置挤出数量

5 在视图中右击，在弹出的快捷菜单中执行【转换为】→【转换为可编辑多边形】命令，将物体转换为可编辑的多边形，进入【修改】面板，选择【多边形】子对象，在视图中选择面，将其删除，如图 5-2-5 所示。

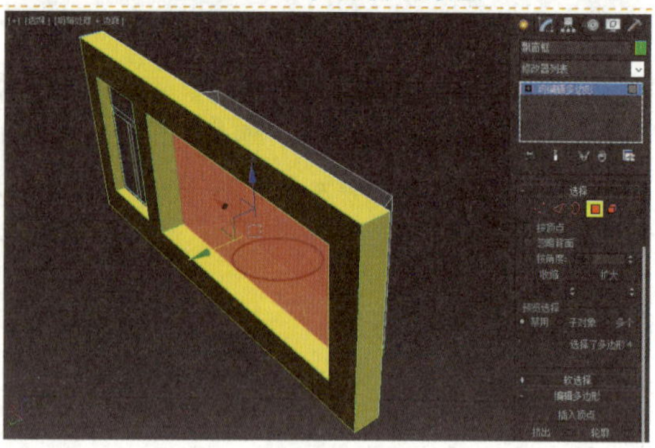

图 5-2-5　删除面

6 单击【边】按钮，进入【边】子对象，选择物体的所有边，右击，在弹出的菜单中选择【创建图形】命令，弹出【创建图形】对话框，在对话框中输入【曲线名】："飘窗框"，选中【线性】，如图 5-2-6 所示。

注意：单击视图下方的【孤立当前选择切换】按钮或按 Alt+Q 组合键，可以使选择的物体从当前场景中孤立显示。

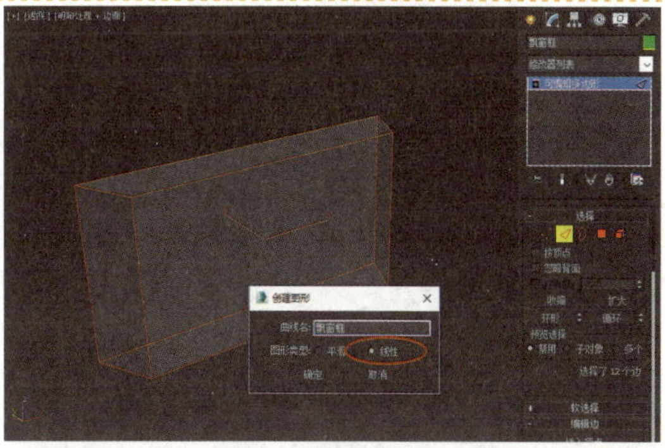

图 5-2-6 创建图形

7 选择"飘窗框"，进入【修改】面板，在【渲染】卷展栏中，勾选【在渲染中启用】和【在视口中启用】两个选项，点选【矩形】，设置【长度】：4、【宽度】：5，如图 5-2-7 所示。

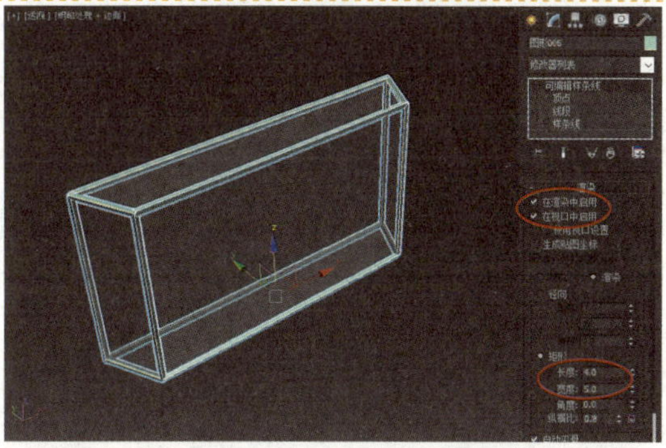

图 5-2-7 设置可渲染

8 单击【线段】按钮，进入【线段】子对象，选择视图中的三条线段，按住 Shift 键，使用【选择并移动】工具沿 Z 轴向下复制线段，如图 5-2-8 所示。

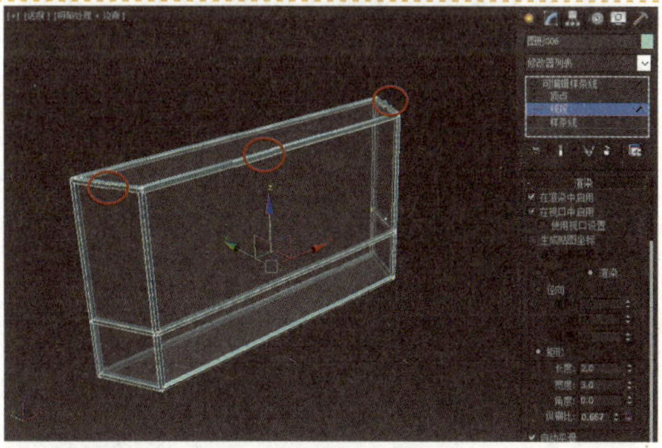

图 5-2-8 选择并复制线段（1）

9 选择视图中的两条线段，按住 Shift 键，使用【选择并移动】工具沿 X 轴向右复制两条线段，如图 5-2-9 所示。

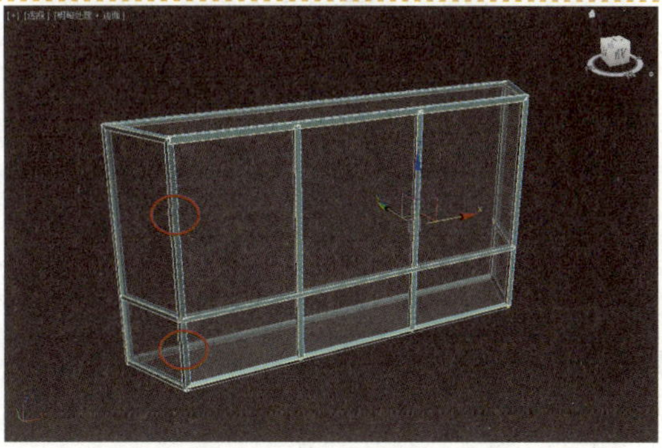

图 5-2-9 选择并复制线段（2）

10 单击【孤立当前选择切换】按钮，选择窗台板物体，进入【修改】面板，进入修改堆栈的 Line【顶点】子对象，单击【显示最终结果】按钮，使用【选择并移动】工具沿 X，Y 平面调整窗台板大小，如图 5-2-10 所示。

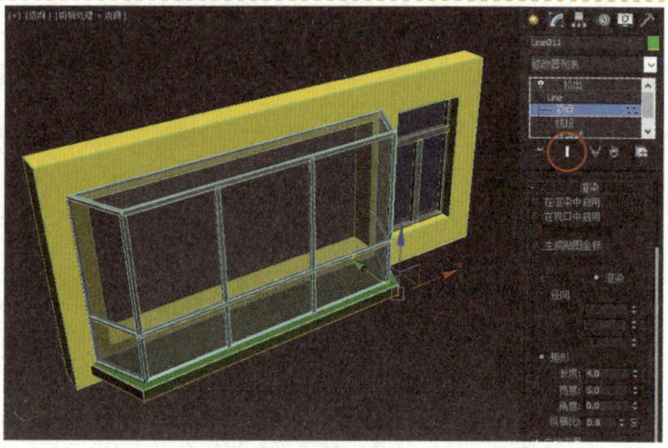

图 5-2-10　调整顶点

11 按住 Shift 键，使用【选择并移动】工具沿 Z 轴向上复制一个物体，如图 5-2-11 所示。

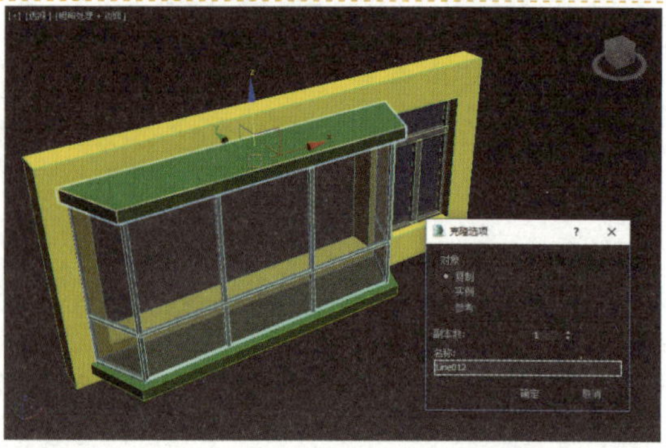

图 5-2-11　复制物体

12 按 M 键弹出【材质编辑器】对话框，选择一个材质球，设置【漫反射】颜色为白色，将材质指定给窗台板物体，效果如图 5-2-12 所示。

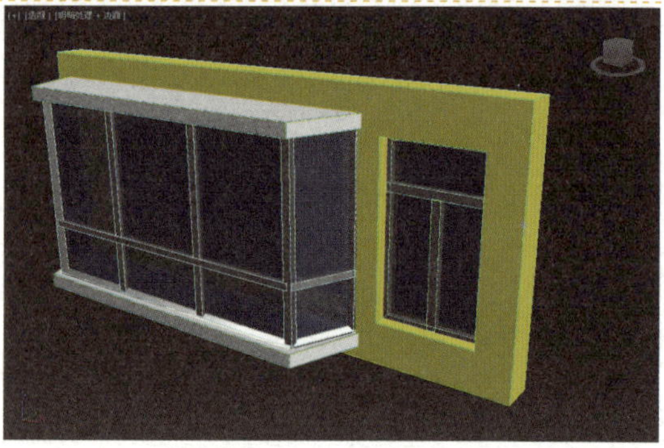

图 5-2-12　设置材质

5.3　公共楼墙制作

1 选择墙面及墙内窗户，按住 Shift 键，使用【选择并移动】工具沿 X 轴复制，如图 5-3-1 所示。

图 5-3-1　复制（1）

2 选择复制后的墙体，在【修改】面板中选中【样条线】，选择墙体左侧的样条线，按 Delete 键将其删除，如图 5-3-2 所示。

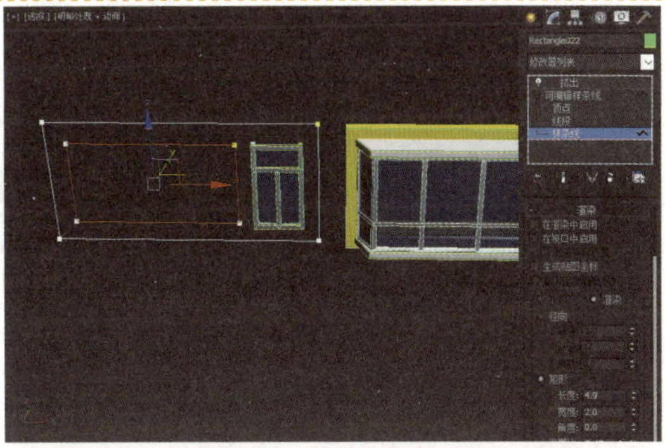

图 5-3-2　删除样条线

3 选中【线段】子对象，选择墙体的左侧线段，使用【选择并移动】工具沿 X 轴移动，如图 5-3-3 所示。设置完成后退出选中【线段】子对象状态。

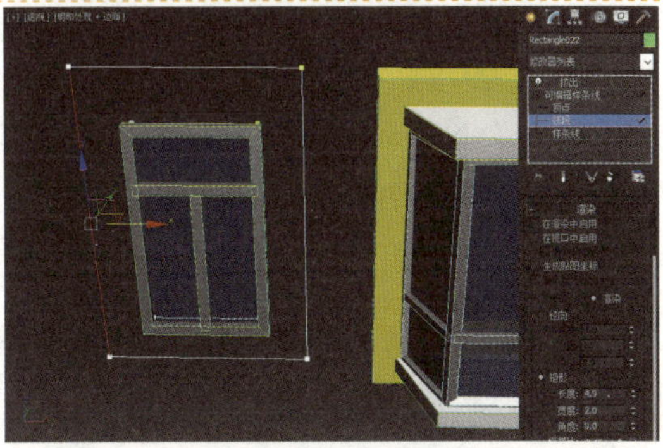

图 5-3-3　移动线段

4 使用【选择并移动】工具调整物体位置，如图 5-3-4 所示。

图 5-3-4　调整位置

5 选择窗框物体，进入【修改】面板，选择【线段】子对象，删除窗框中的一条线段，再使用【选择并移动】工具移动另一条线段，修改后的窗框效果如图 5-3-5 所示。

图 5-3-5　修改窗框结构

6 右击工具栏中的【捕捉开关】按钮，打开【栅格和捕捉设置】对话框，在【捕捉】栏中勾选【顶点】，在【选项】栏中勾选【启用轴约束】，并去除【显示橡皮筋】选项，如图 5-3-6 所示。

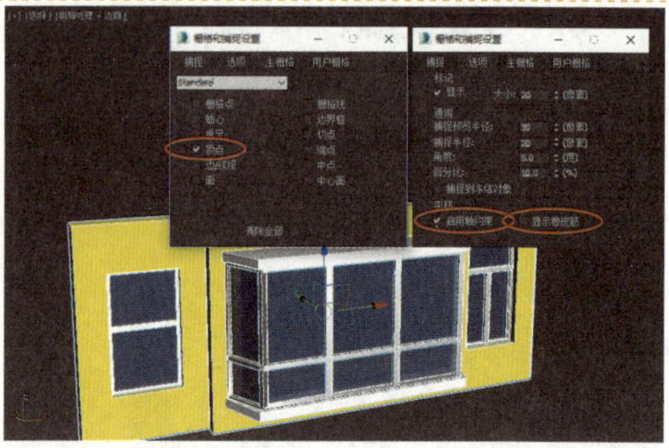

图 5-3-6　捕捉设置

7 选择场景中的所有物体，单击【捕捉开关】按钮，打开【三维捕捉】功能，按住 Shift 键，使用【选择并移动】工具沿 X 轴复制物体，在弹出的【克隆选项】对话框中设置【副本数】：3，如图 5-3-7 所示。

注意：移动复制物体的时候要捕捉物体的顶点，这样能精确复制物体。

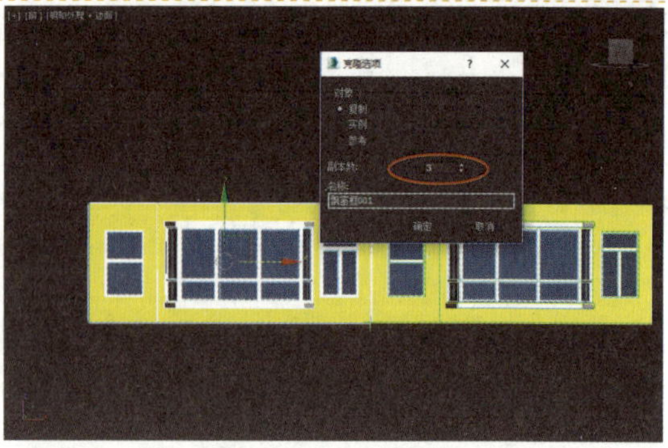

图 5-3-7　复制物体

8 选择场景中的所有物体，按住 Shift 键，使用【选择并移动】工具沿 Z 轴向上复制物体，在弹出的【克隆选项】对话框中设置【副本数】：3，效果如图 5-3-8 所示。

注意：使用 Ctrl+A 组合键可以快速选择场景中的所有物体。

图 5-3-8　复制（2）

5.4　整体楼墙制作

1 选择视图中左边的一排物体，如图 5-4-1 所示。

图 5-4-1　选择物体

2 单击工具栏中的【角度捕捉开关】按钮，打开角度捕捉功能，按住 Shift 键，使用【选择并旋转】工具沿 Z 轴旋转 90° 复制物体，如图 5-4-2 所示。

图 5-4-2 旋转复制

3 按 T 键切换到顶视图，使用【选择并移动】工具调整物体位置，如图 5-4-3 所示。

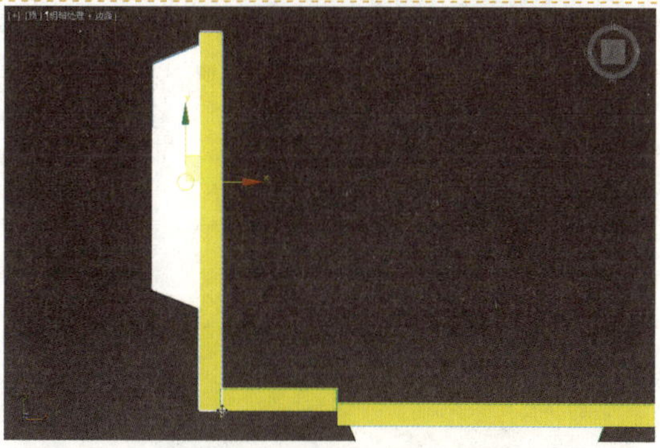

图 5-4-3 调整位置（1）

4 将墙体底部的视图放大，单击【创建】→【几何体】面板，在【对象类型】卷展栏中单击【长方体】按钮，在墙体下创建一个长方体，如图 5-4-4 所示。

图 5-4-4 创建长方体

5 在长方体上再创建一个小一些的长方体，如图 5-4-5 所示。

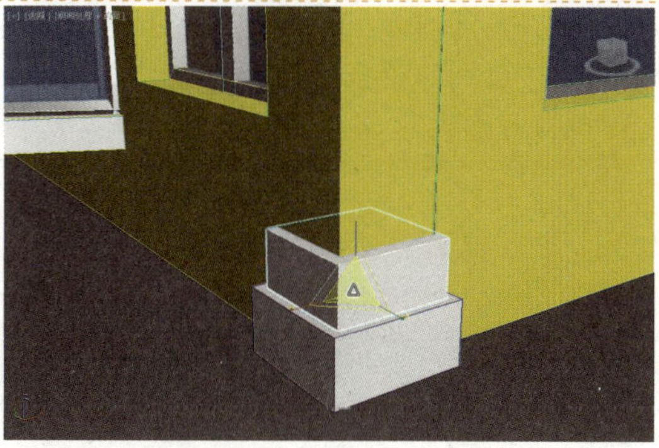

图 5-4-5 再次创建长方体

6 开启【捕捉开关】功能，切换至前视图，选择刚创建的两个长方体，按住 Shift 键，使用【选择并移动】工具沿 Z 轴向上复制物体，在弹出的【克隆选项】对话框中设置【副本数】：35，如图 5-4-6 所示。

注意：这里的副本数只是参考数，读者可根据自己创建的物体大小自行调整副本数量。

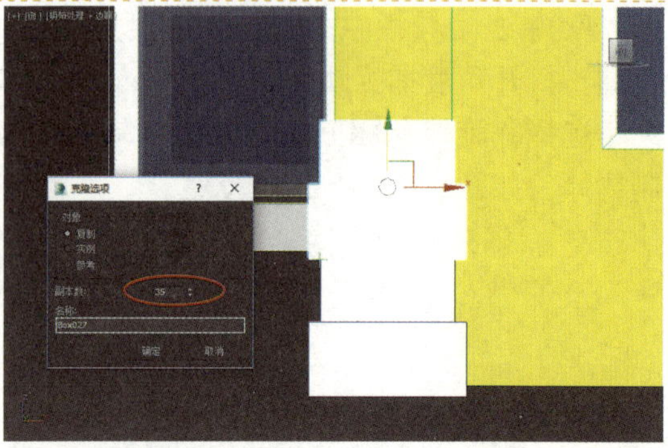

图 5-4-6　复制物体（1）

7 视图移动至楼层上方，把多复制出来的物体删除，整理后的效果如图 5-4-7 所示。

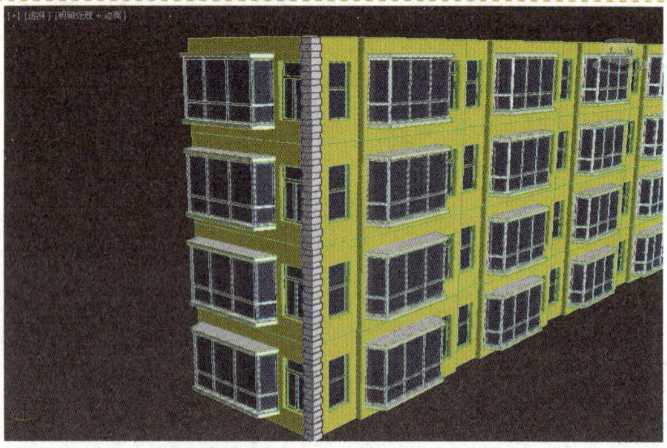

图 5-4-7　整理后的效果

8 选择视图中所有物体，单击主工具栏中的【镜像】按钮，弹出【镜像：世界坐标】对话框，设置【镜像轴】为 XY，选中【复制】，如图 5-4-8 所示。

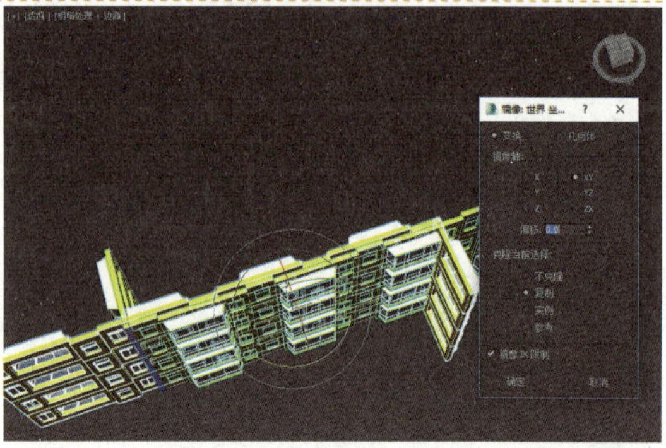

图 5-4-8　镜像复制

9 开启【捕捉开关】，使用【选择并移动】工具对镜像后的物体进行位置调整，如图 5-4-9 所示。注意捕捉顶点。

图 5-4-9　调整位置（2）

10 选择视图中的长方体，按住 Shift 键，使用【选择并移动】工具沿 Z 轴向上复制物体，如图 5-4-10 所示。

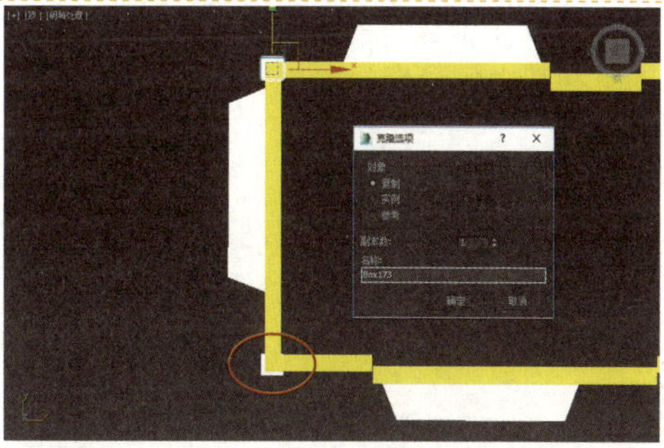

图 5-4-10　复制物体（2）

11 选择视图中的长方体，按住 Shift 键，使用【选择并移动】工具沿 Z 轴向下复制物体，如图 5-4-11 所示。

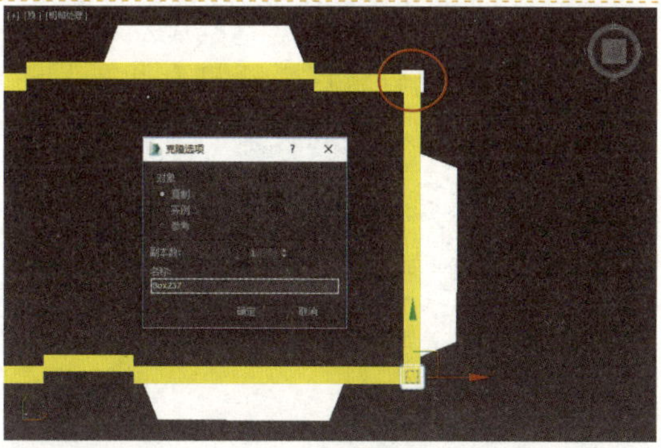

图 5-4-11　复制物体（3）

12 按 P 键切换至透视图，显示整体墙体和窗的效果，如图 5-4-12 所示。

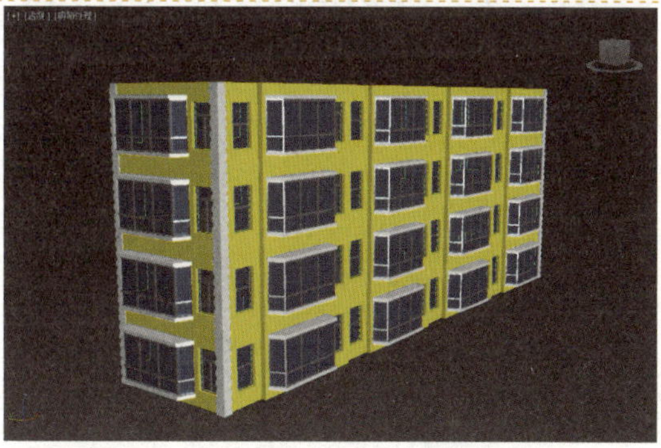

图 5-4-12　整体效果

5.5　房顶制作

1 单击【创建】→【几何体】面板按钮，在【对象类型】卷展栏中单击【长方体】按钮，在顶视图中创建一个长方体，如图 5-5-1 所示。

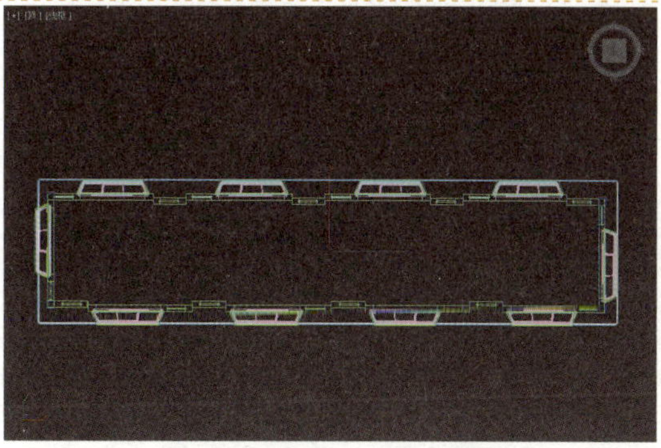

图 5-5-1　创建长方体（1）

2 使用【选择并移动】工具将长方体移动至视图中的位置，如图 5-5-2 所示。

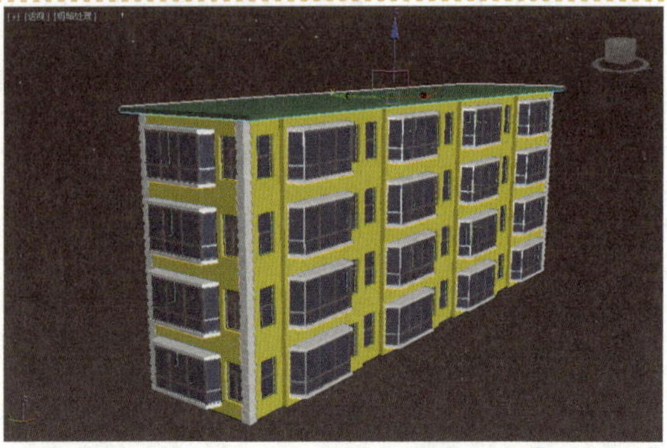

图 5-5-2　调整位置（1）

3 选择长方体，进入【修改】面板，在【参数】卷展栏中设置【长度分段】为 3，右击，在弹出的菜单中选择【转换为可编辑多边形】，如图 5-5-3 所示。

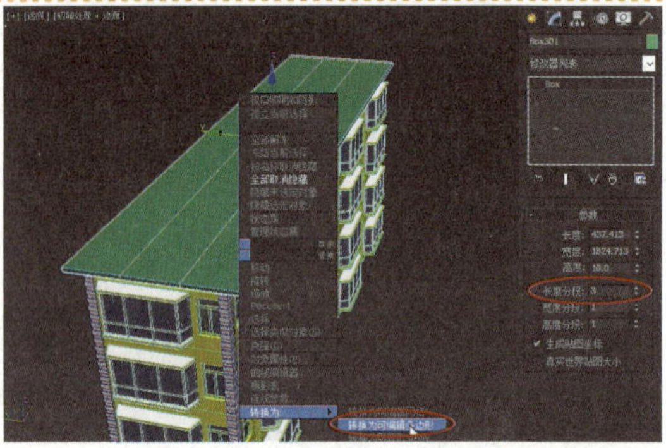

图 5-5-3　设置参数

4 进入【修改】面板，选中【顶点】子对象，选择长方体中间的顶点，使用【选择并移动】工具沿 Z 轴向上移动，如图 5-5-4 所示。

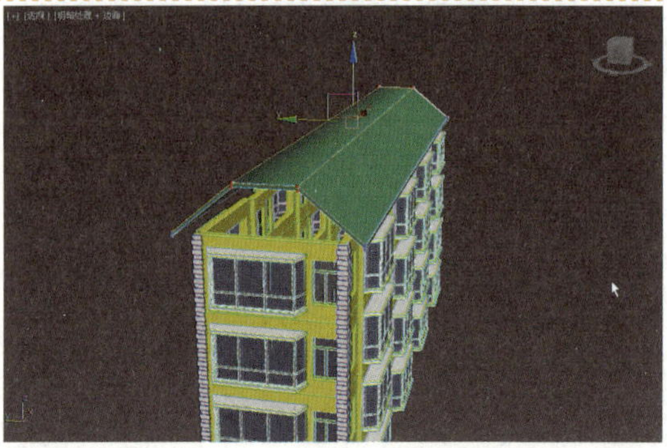

图 5-5-4　调整点（1）

5 按 L 键切换至左视图，选择物体底部的顶点，使用【选择并移动】工具调整物体顶点位置，如图 5-5-5 所示。

图 5-5-5　调整点（2）

6 单击【图形】按钮，在【对象类型】卷展栏中单击【线】按钮，选中【自动栅格】复选框，在视图中创建图形，如图 5-5-6 所示。

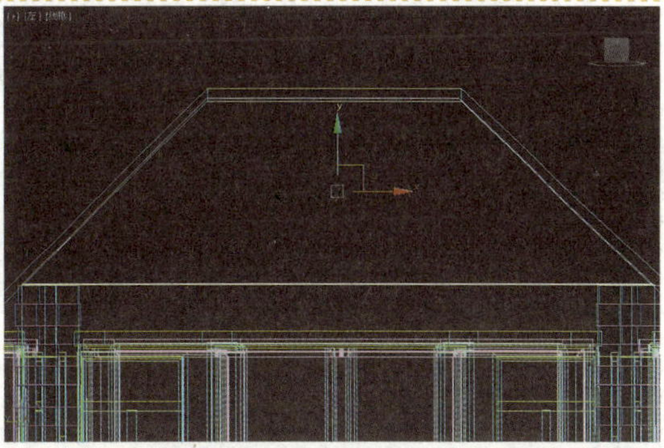

图 5-5-6 创建图形

7 选择绘制的图形，进入【修改】面板，单击【修改器列表】，选择【挤出】修改器，设置【数量】为 20，使用【选择并移动】工具调整物体位置，如图 5-5-7 所示。

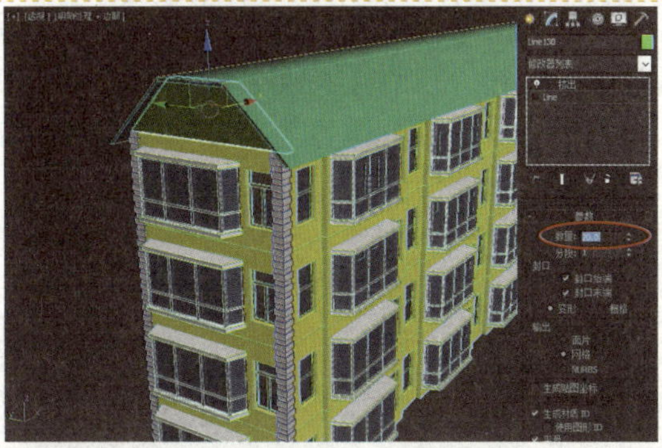

图 5-5-7 调整位置（2）

8 单击【几何体】按钮，在【对象类型】卷展栏中单击【圆柱体】按钮，选中【自动栅格】复选框，在视图中创建圆柱体，使用【选择并移动】工具调整圆柱体位置，使其穿过物体，如图 5-5-8 所示。

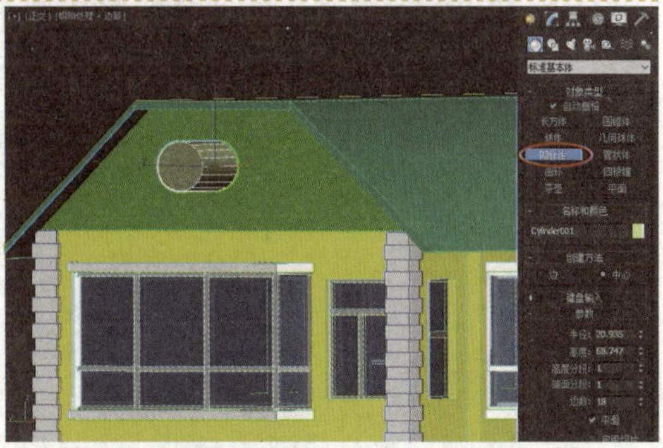

图 5-5-8 创建并调整圆柱体

9 选择梯形物体，选择创建【几何体】下方的下拉列表，选中【复合对象】，在【对象类型】卷展栏中单击【ProBoolean】按钮，单击【开始拾取】按钮，选择视图中的圆柱体，结果如图 5-5-9 所示。

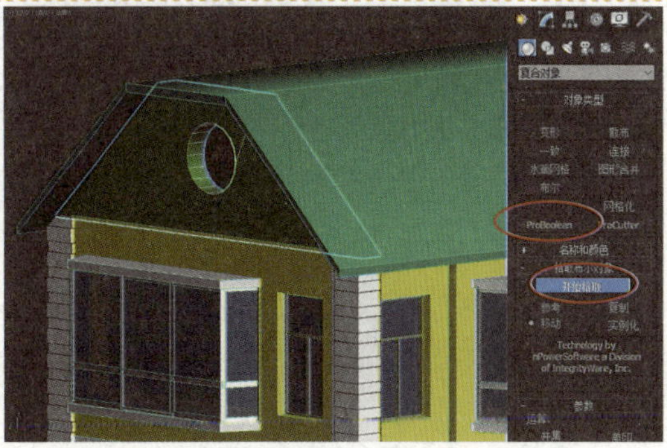

图 5-5-9 布尔运算

10 单击【几何体】按钮，在【对象类型】卷展栏中单击【管状体】按钮，在视图中创建一个圆管体，调整位置和大小，如图 5-5-10 所示位置。

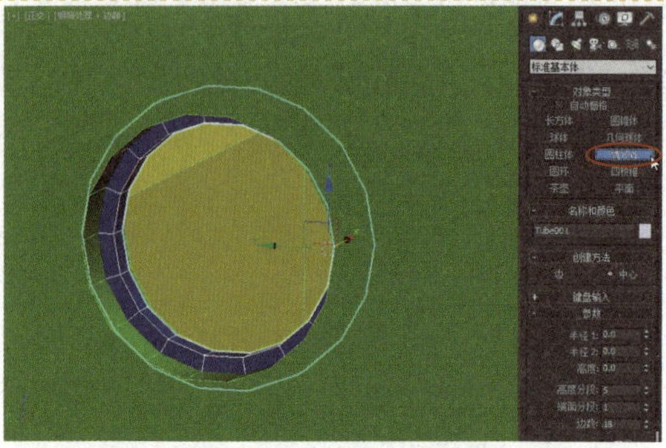

图 5-5-10　创建圆管体

11 在【对象类型】卷展栏中单击【圆柱体】按钮，设置【高度分段】为 1，在视图中创建一个圆柱体作为圆窗玻璃，调整圆管体和圆柱体位置，如图 5-5-11 所示。

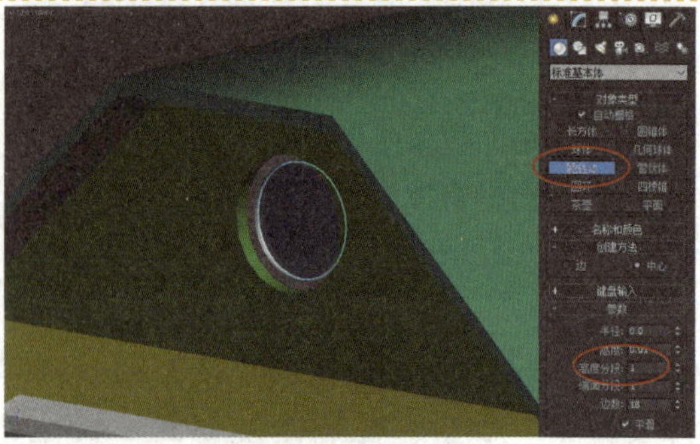

图 5-5-11　创建平面物体

12 按 M 键弹出【材质编辑器】对话框，分别将材质指定给墙体、圆管体、圆柱体，如图 5-5-12 所示。

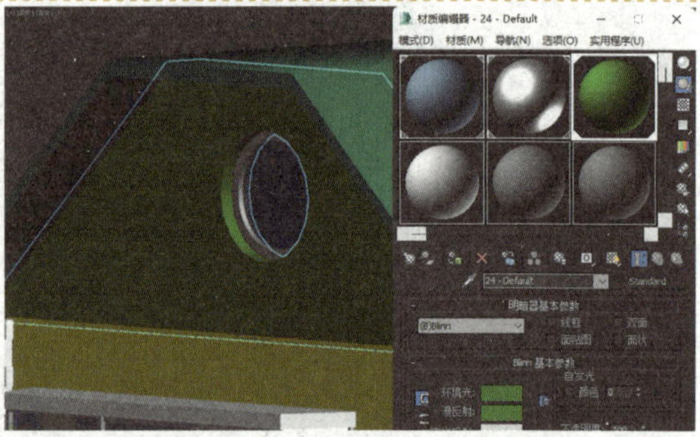

图 5-5-12　圆形窗效果

13 切换至【前】视图，单击【几何体】按钮，在【对象类型】卷展栏中单击【长方体】按钮，在视图中创建一个长方体，如图 5-5-13 所示。

图 5-5-13　创建长方体（2）

14 切换至透视图，使用【选择并移动】工具调整长方体位置，右击，在弹出的菜单中选择【转换为可编辑多边形】，如图 5-5-14 所示。

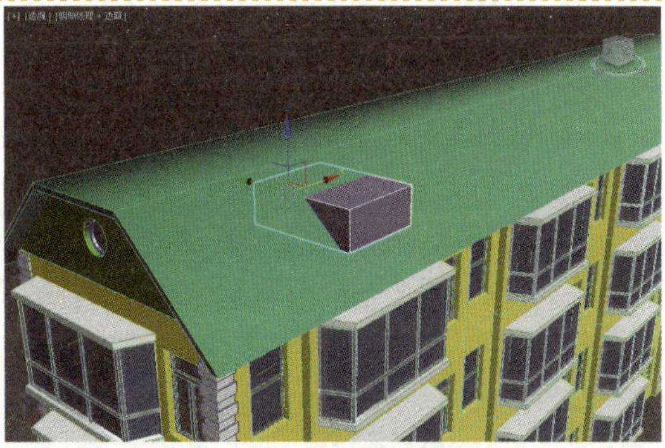

图 5-5-14 调整位置（3）

15 进入【修改】面板，选中【边】子对象，选择长方体正面的上下两条边，右击，在弹出的菜单中选择【连接】左侧的按钮，设置【连接边分段】：2，如图 5-5-15 所示。

图 5-5-15 生成连接边

16 单击【多边形】按钮，进入【多变形】子对象，选择正面的三个面，右击，在弹出的菜单中选择【插入】左侧的按钮，设置【插入数量】：3，单击按钮退出对话框，如图 5-5-16 所示。

图 5-5-16 插入多边形

17 右击，在弹出的菜单中选择【挤出】左侧的按钮，设置【挤出多边形高度】：-5，单击按钮退出对话框，如图 5-5-17 所示。

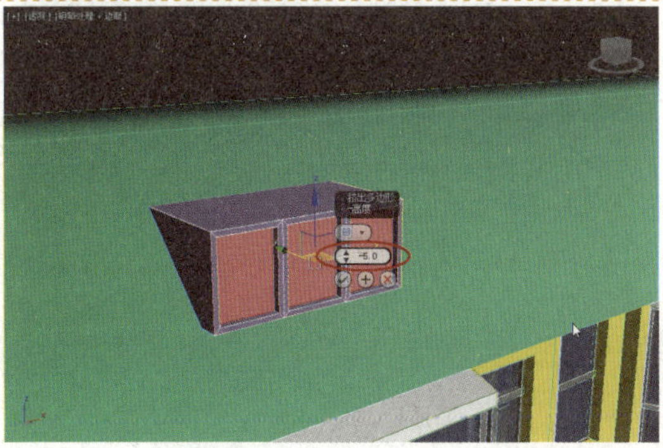

图 5-5-17 挤出多边形

18 单击【编辑几何体】卷展栏中的【分离】按钮，弹出【分离】对话框，输入“顶玻璃”，如图 5-5-18 所示。

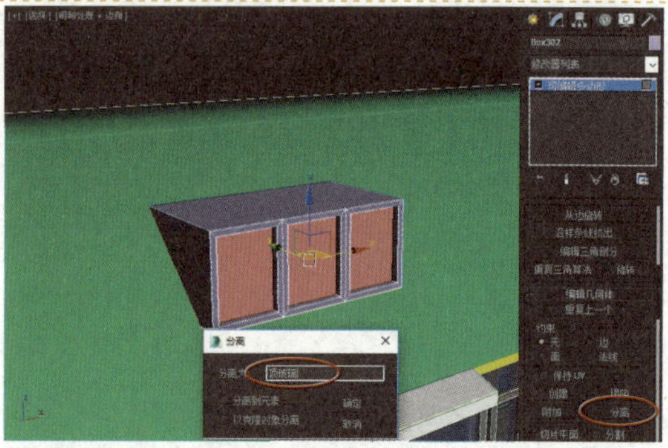

图 5-5-18　分离平面

19 退出多边形子对象，给窗体和玻璃设置相应的材质，如图 5-5-19 所示。

图 5-5-19　设置基本材质

20 切换至顶视图，选择顶部窗体和顶玻璃，单击主工具栏中的【镜像】按钮，弹出【镜像：屏幕坐标】对话框，设置【镜像轴】为 Y，并选择【复制】方式，如图 5-5-20 所示。

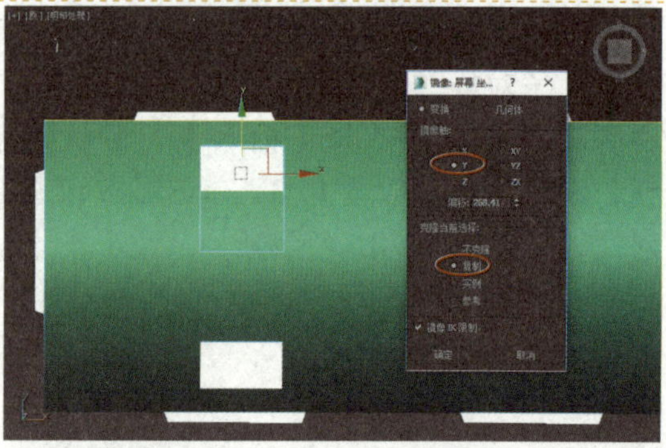

图 5-5-20　镜像复制

21 切换至前视图，选择顶部窗体和顶玻璃，按住 Shift 键，使用【选择并移动】工具沿 X 轴向右复制物体，如图 5-5-21 所示。

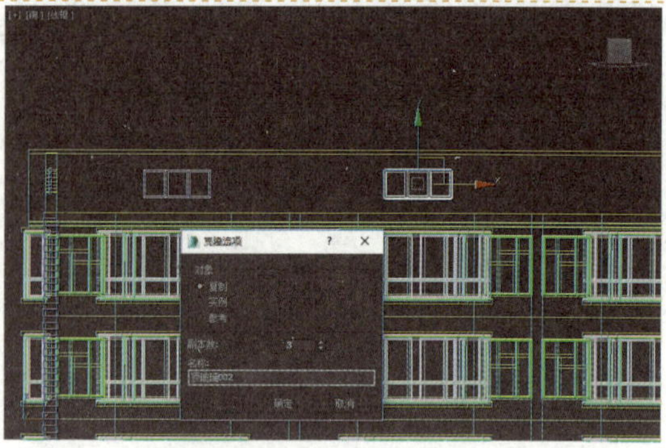

图 5-5-21　复制物体（1）

22 参考第三章贴图的设置相关内容，完成墙体，顶部瓦片纹理的贴图制作，调整完成后的效果，如图 5-5-22 所示。

注意：在材质编辑器中，可以通过单击【按材质选择】按钮，选择所有设置了共同材质的物体，比如玻璃，墙体，然后将这些物体塌陷为一个整体，可以最大限度地减少场景中模型的个数，便于后期管理。

图 5-5-22 顶部窗体效果

23 切换至顶视图，选择场景中的所有物体，按住 Shift 键，使用【选择并移动】工具沿 Y 轴向上复制物体，如图 5-5-23 所示。

图 5-5-23 复制物体（2）

24 切换至透视图，调整透视图角度，按 Ctrl+C 组合键将调整好的透视图创建为摄像机视图，如图 5-5-24 所示。

图 5-5-24 创建摄像机视图

5.6 灯光设置

1 将视图切换为顶视图，显示所有建筑，单击【创建】→【灯光】按钮，在下拉列表中选择【标准】选项，单击【目标聚光灯】按钮，在视图中创建一个目标聚光灯，如图 5-6-1 所示。

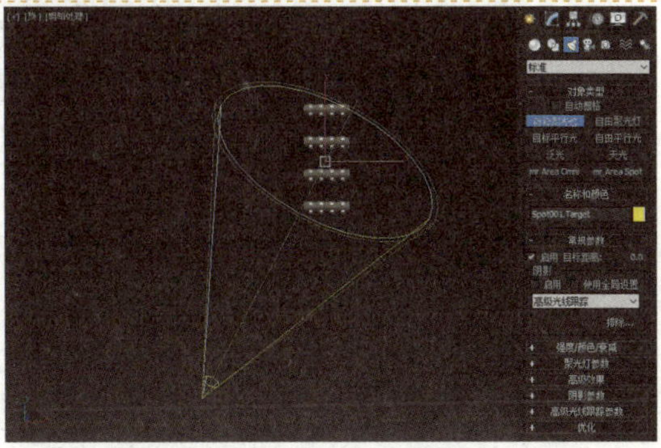

图 5-6-1 创建目标聚光灯

2 将视图切换为前视图，使用【选择并移动】工具沿 Z 轴将聚光灯的起始点往上移动，选中【启用】复选框，在下拉列表中选择【高级光线跟踪】选项，如图 5-6-2 所示。

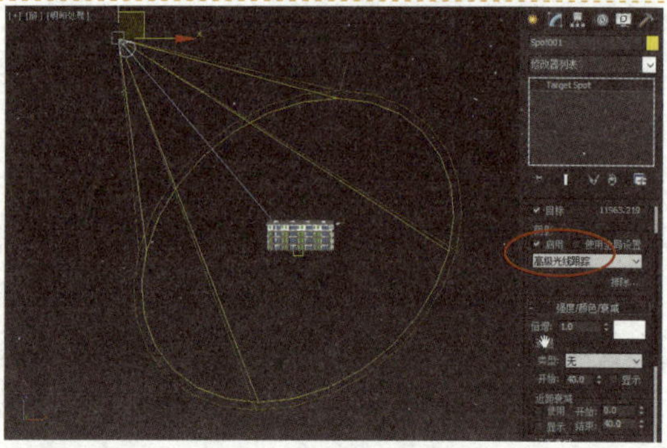

图 5-6-2　设置参数

3 选择聚光灯，进入【修改】面板，在【强度/颜色/衰减】卷展栏中，单击颜色区域，弹出【颜色选择器：灯光颜色】对话框，设置【红】为 255、【绿】为 244、【蓝】为 231，如图 5-6-3 所示。

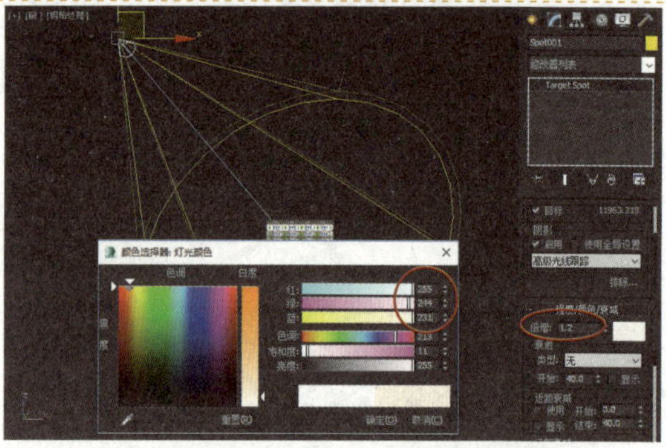

图 5-6-3　设置颜色

4 单击【天光】按钮，在视图中创建一个天光，进入【修改】面板，设置【倍增】为 0.5，选中【投射阴影】复选框，如图 5-6-4 所示。

注意：天光对位置没有具体要求，可以放在场景中的任何位置。

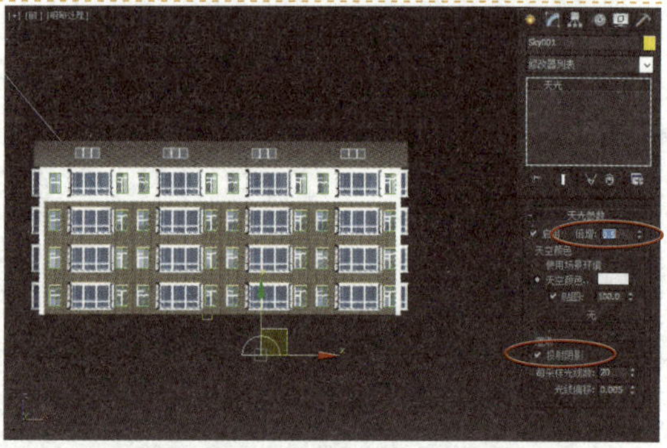

图 5-6-4　创建天光

5 执行【渲染】→【渲染设置】命令，弹出【渲染设置】对话框，设置【宽度】为 1000、【高度】为 600，在【查看到渲染】右侧的下拉列表中选择【Camera001】选项，如图 5-6-5 所示。

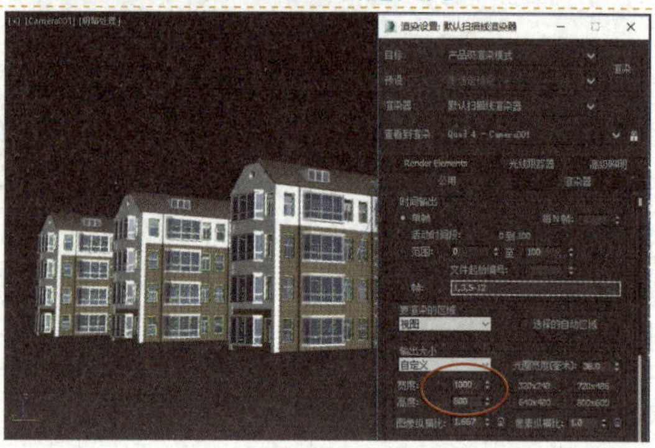

图 5-6-5　渲染设置

6 单击【渲染】按钮，渲染后的场景如图 5-6-6 所示，将图像保存成 jpg 格式。

图 5-6-6 渲染图

7 使用 Photoshop 给场景添加配景后的效果如图 5-6-7 所示。

注意：Photoshop 操作部分不在本书的范围，请大家根据提供的素材自行完成。

图 5-6-7 生成的效果图

5.7 相关知识

1 选中【边】子对象，选择视图中的一条边，单击【选择】卷展栏中的【循环】按钮，可以选择一圈循环边，如图 5-7-1 所示。

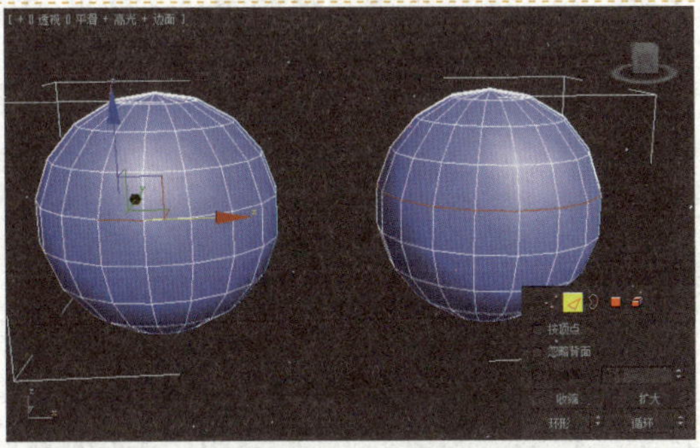

图 5-7-1 选择循环边

2 选中【边】子对象，选择视图中的一条边，单击【选择】卷展栏中的【环形】按钮，可以选择一圈间隔边，如图 5-7-2 所示。

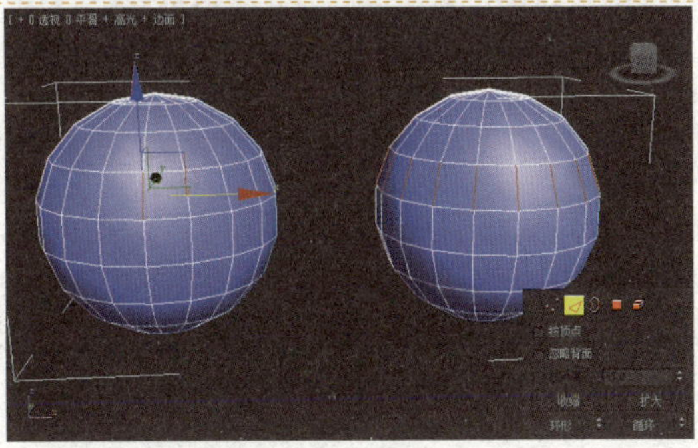

图 5-7-2 环形边

3 选择环形边并右击，在弹出的快捷菜单中执行【转换到面】命令，可以选择相关的一圈面，如图 5-7-3 所示。

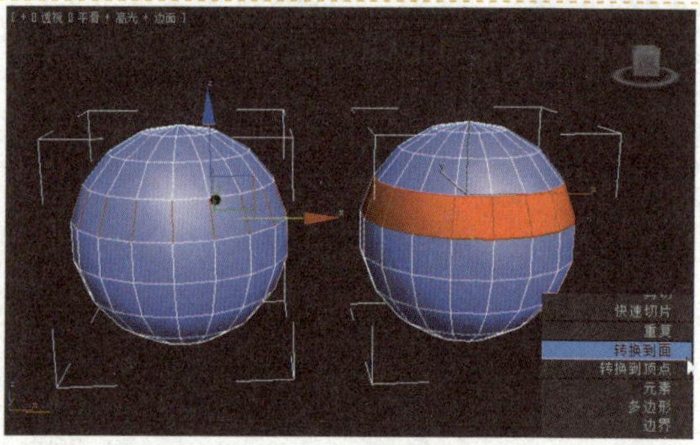

图 5-7-3 转换到面

4 选择环形边并右击，在弹出的快捷菜单中执行【转换到顶点】命令，可以选择相关的顶点，如图 5-7-4 所示。

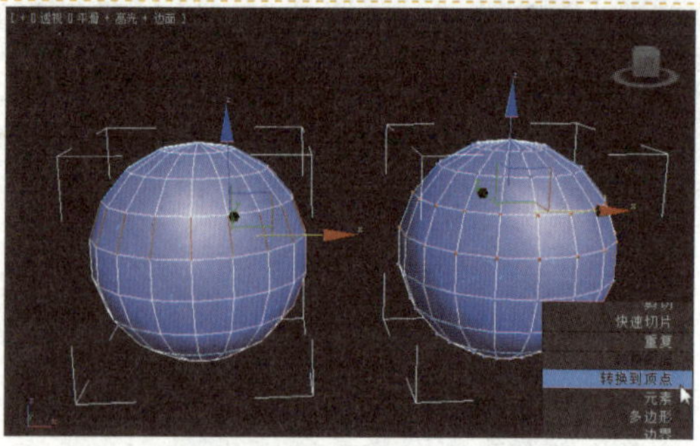

图 5-7-4 转换到顶点

5 选择一条边，按住 Shift 键，单击旁边的一条边可以选中一圈边，单击间隔的一条边，可以选择一圈间隔的边；多边形和顶点选择的操作类似，如图 5-7-5 所示。

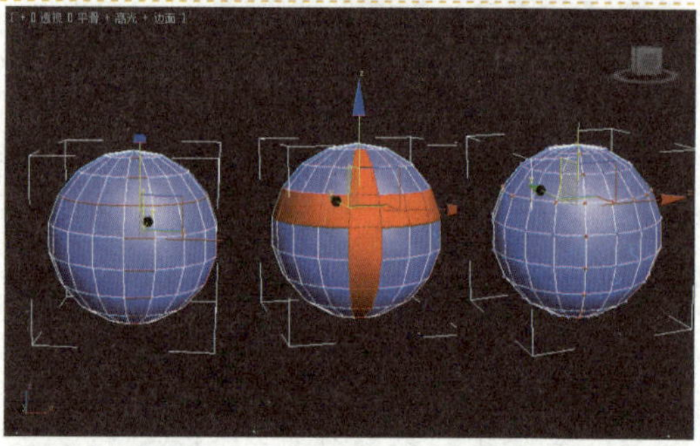

图 5-7-5 选择间隔的边

6 在【边】子对象中双击某一条边，能选择所在的一圈边，可按住 Ctrl 键加选其他循环边，如图 5-7-6 所示。

注意：双击选择循环子对象只有对【边】子对象有效。

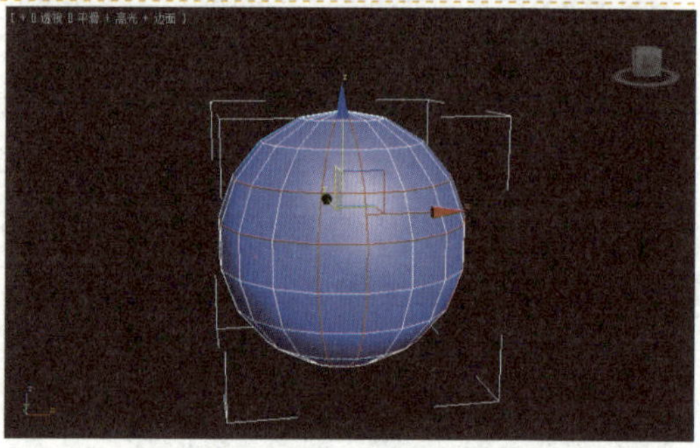

图 5-7-6 选择循环边

5.8 实战演练

当完成了建筑效果图制作后，相信用户一定对效果图制作的过程比较熟悉了，但是不是对自己制作效果图的能力充满信心了呢？

某厂房白天效果图如图 5-8-1 所示，请动手试着制作。

制作要求

（1）模型建立准确，命名合理。

（2）材质表现较生动，灯光有主次之分，层次比较明显。

（3）能在 Photoshop 中进行简单的图片合成及颜色调整。

制作提示

（1）从墙面建模入手，通过【线】和【矩形】工具结合【挤压】修改器完成墙面的建模。

（2）窗户的建模可通过【编辑多边形】完成。

（3）楼梯的建模直接用 3ds Max 提供的标准【楼梯】模型完成。

图 5-8-1　某厂房白天效果图

项目评价

项目实训评价表						
项　目	内　容		评定等级			
	学习目标	评价项目	4	3	2	1
职业能力	能熟练掌握效果图的建模过程	能看懂模型结构				
		能找到建模的突破口				
	能熟练掌握效果图的制作技术	能创建位置准确的模型				
		能灵活使用可编辑多边形				
	能熟练设置场景灯光效果	能使用不同的灯光				
		能设置灯光参数				
		能对场景灯光进行整体把握				
	能熟练设置摄像机	能设置合适的渲染视图				
		能设置摄像机参数				

续表

项目实训评价表						
项　目	内　容		评定等级			
	学习目标	评价项目	4	3	2	1
通用能力	交流表达能力					
	与人合作能力					
	沟通能力					
	组织能力					
	活动能力					
	解决问题的能力					
	自我提高的能力					
	革新、创新的能力					
综合评价						

评定等级说明表	
等　级	说　明
4	能高质、高效地完成此学习目标的全部内容，并能解决遇到的特殊问题
3	能高质、高效地完成此学习目标的全部内容
2	能圆满完成此学习目标的全部内容，不需要任何帮助和指导
1	能圆满完成此学习目标的全部内容，但偶尔需要帮助和指导

最终等级说明表	
等　级	说　明
优秀	80%项目达到 3 级水平
良好	60%项目达到 2 级水平
合格	全部项目都达到 1 级水平
不合格	不能达到 1 级水平

项　目

6 游戏道具——战锤

项目描述

随着计算机游戏和手机游戏的迅猛发展，需要越来越多的人从事相关的三维制作工作，在各种三维游戏中，游戏道具是非常重要的，游戏道具虽然在很大程度上只是“配角”，但它们也是不可或缺的，好的游戏道具，能突出主要角色的特点，增强游戏的吸引力。为了让游戏运行流畅，需要用最少的面来表现物体，模型的大部分细节可用贴图表现，本项目的最终效果如图 6-0-1 所示。

图 6-0-1　项目效果

学习目标

- 可编辑多边形运用。
- 【UVW 展开】修改器的运用。
- 道具效果的表现。

项目分析

仔细分析战锤模型，可以从制作圆柱体开始，通过修改相关的子对象制作战锤的模型结构，然后使用【UVW 展开】修改器来设置战锤的贴图，最后编辑多边形，修改或增加战锤的细节，主要需要完成以下四个环节。

（1）战锤头部造型创建。

（2）战锤握柄结构制作。

（3）战锤贴图展开。

（4）战锤效果表现。

实现步骤

6.1 战锤头部造型创建

1 单击【创建】→【几何体】面板按钮，单击【长方体】按钮，在【创建方法】卷展栏中选择【立方体】选项。在【键盘输入】卷展栏中设置【长度】【宽度】【高度】均为 50.0，单击【创建】按钮，在前视图中创建一个立方体，如图 6-1-1 所示。

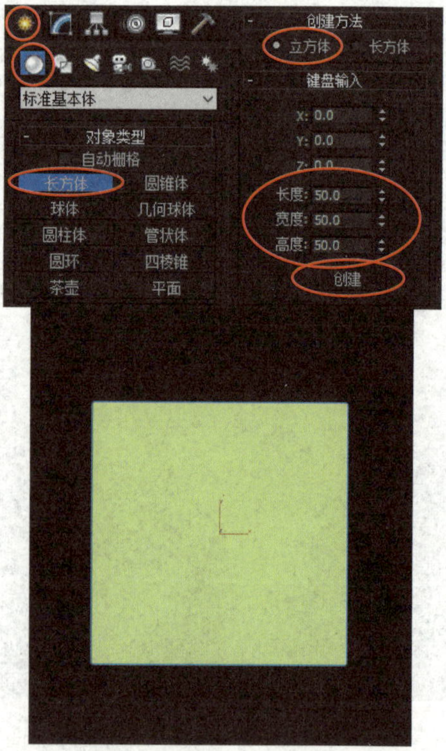

图 6-1-1 创建立方体

2 右击，在弹出的快捷菜单中执行【转换为】→【转换为可编辑多边形】命令，将长方体转换为可编辑多边形，如图 6-1-2 所示。

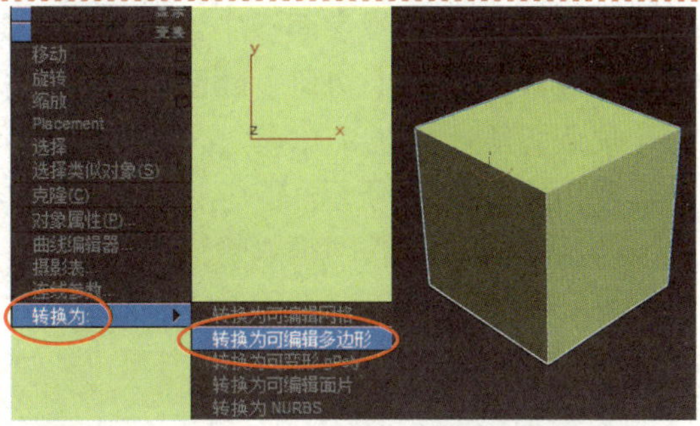

图 6-1-2 转换为可编辑多边形

3 在右侧【编辑】面板中，选中【多边形】对象，按住 Ctrl 键，依次选中立方体的左面、右面及底面，如图 6-1-3 所示。

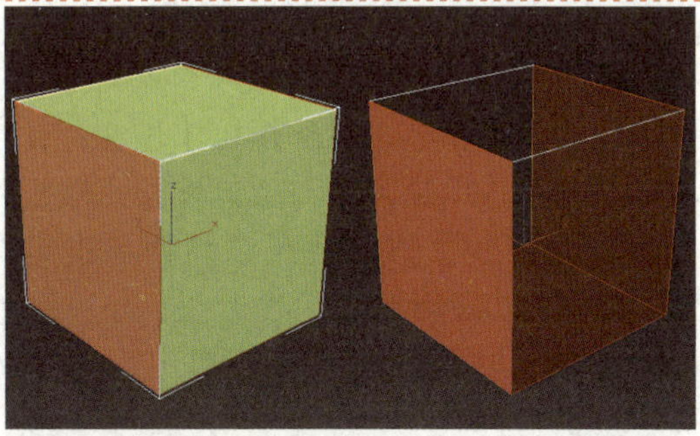
图 6-1-3 选择左面、右面及底面

4 在右侧【编辑】面板中，单击【编辑多边形】卷展栏下的【倒角】窗口按钮，分别设置【倒角类别】为“按多边形”,【高度】为 13.0、【轮廓】为-10.0，单击“√”按钮确定选择，如图 6-1-4 所示。

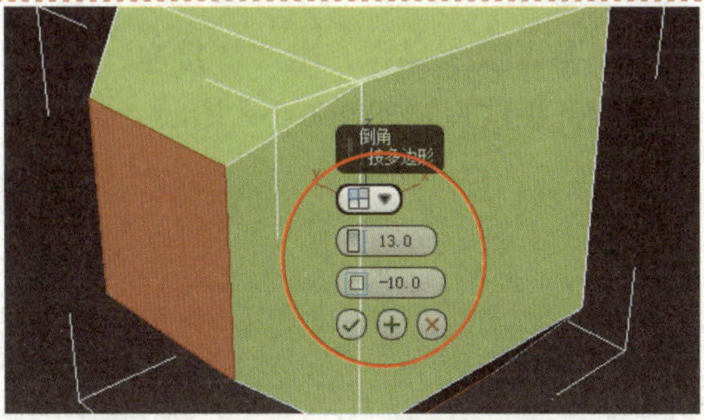

图 6-1-4 倒角选择的部分面

5 在右侧【编辑】面板中，选中【顶点】对象，按住 Ctrl 键，依次选中立方体左面及右面的各个顶点，如图 6-1-5 所示。

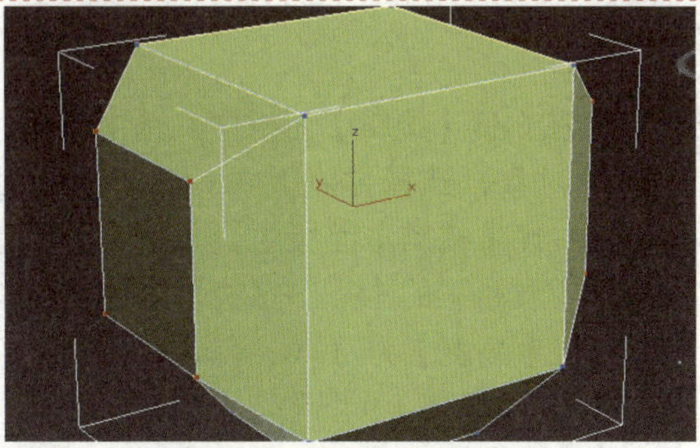
图 6-1-5 选择左、右两面的顶点

6 在右侧【编辑】面板中，单击【编辑顶点】卷展栏下的【切角】窗口按钮，设置【顶点切角量】为 9.0，单击“√”按钮确定选择，如图 6-1-6 所示。

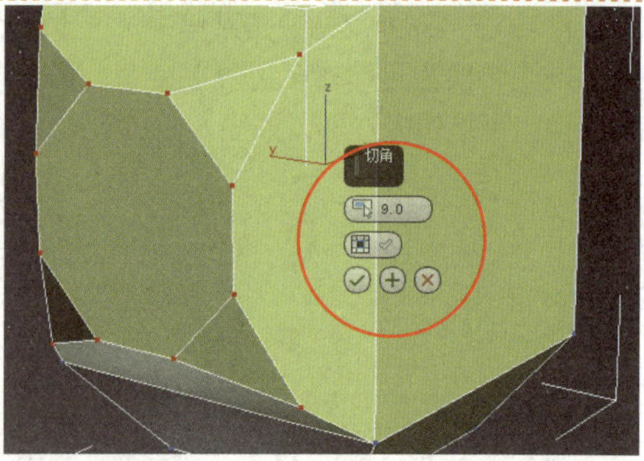

图 6-1-6　切角选择的顶点

7 在右侧【编辑】面板中，单击【编辑顶点】卷展栏下的【目标焊接】按钮，依次单击切角生成的顶点中与立方体顶点较近的点，即对应的立方体顶点，将两者进行焊接，如图 6-1-7 所示。

图 6-1-7　焊接对应的点

8 参考以上操作，逐个焊接左、右两面边缘的各组顶点，如图 6-1-8 所示。

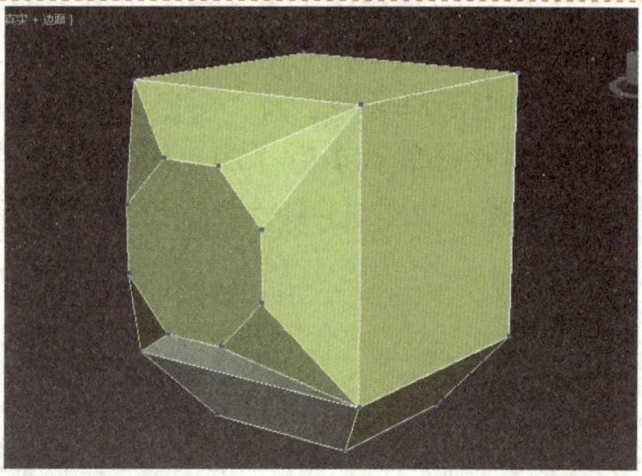
图 6-1-8　依次焊接周围的点

9 在右侧【编辑】面板中，选中【多边形】对象，选择左右其中一侧的八边形面，在右侧【编辑】面板中，单击【编辑多边形】卷展栏下的【挤出多边形】窗口按钮，设置【高度】为 13.0，单击“√”按钮确定选择，如图 6-1-9 所示。

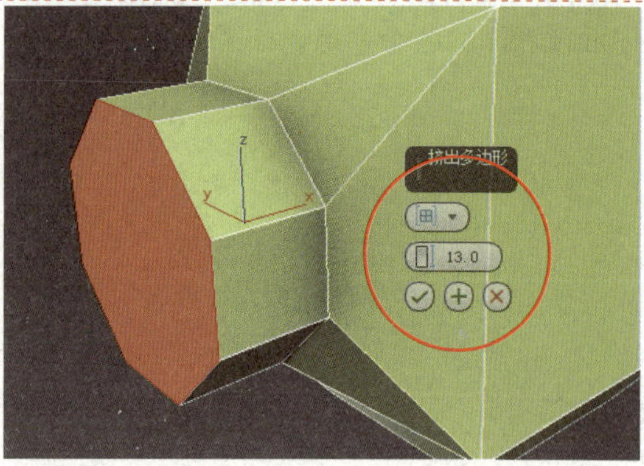

图 6-1-9　挤出其中一侧面

10 右击工具栏中的【选择并均匀缩放】按钮，在弹出的【缩放变换输入】对话框中设置【偏移】为 185%，如图 6-1-10 所示。

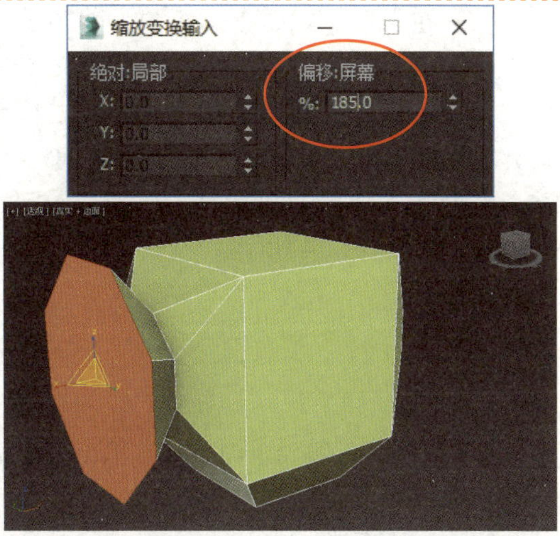

图 6-1-10　放大选择面

11 按 Delete 键删除所选面，在右侧【编辑】面板中，选中【边界】对象，选择删除面之后余下的边界，按 Shift 键，使用【选择并均匀缩放】工具，将边界扩大至 115%，如图 6-1-11 所示。

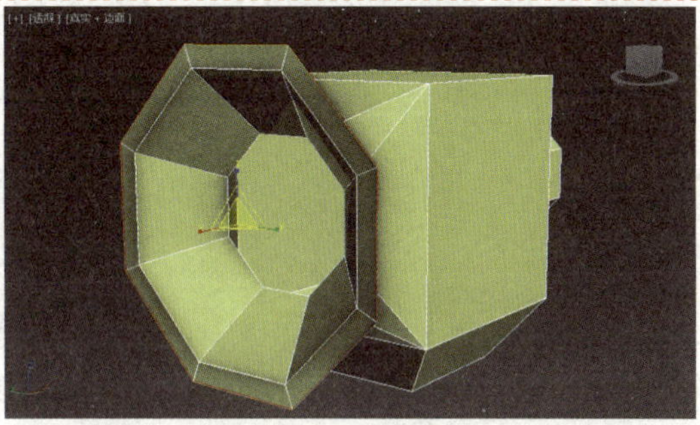
图 6-1-11　放大选择边界

12 在右侧【编辑】面板中，选中【边】对象，选择缺口中的顶边与底边，使用【选择并均匀缩放】工具，将所选边的宽度扩大至 185%，如图 6-1-12 所示。

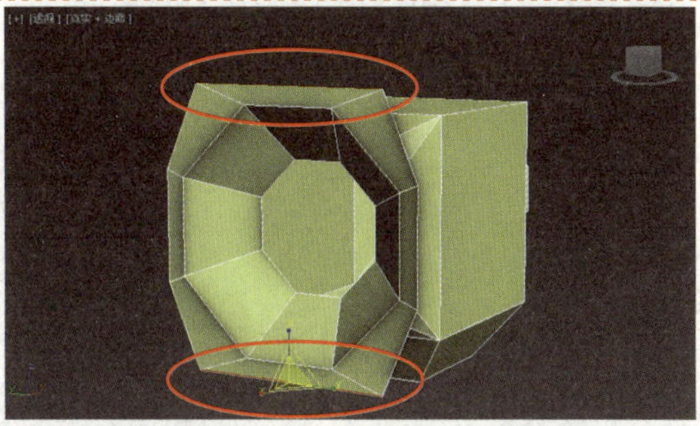
图 6-1-12　放大选择边（1）

13 参考以上操作，将缺口中的左侧边与右侧边宽度扩大至 185%，如图 6-1-13 所示。

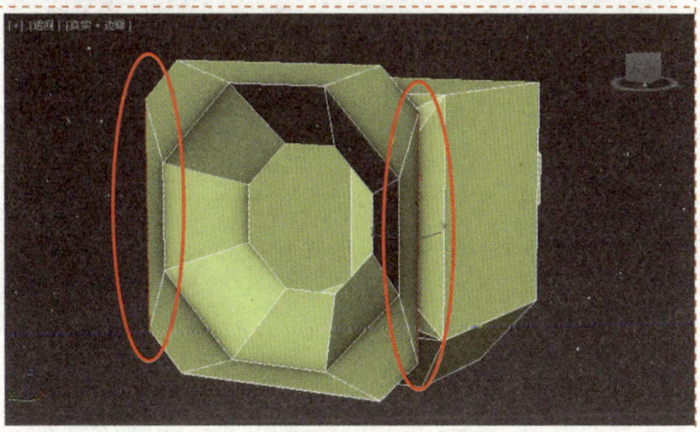
图 6-1-13　放大选择边（2）

14 在右侧【编辑】面板中，选中【边界】对象，选择缺口中的边界，按 Shift 键，使用【选择并移动】工具，通过移动边界创建新的面，并在界面下方的 X 轴坐标输入框中将 X 轴坐标参数设为-64.0，确定边界位置，如图 6-1-14 所示。

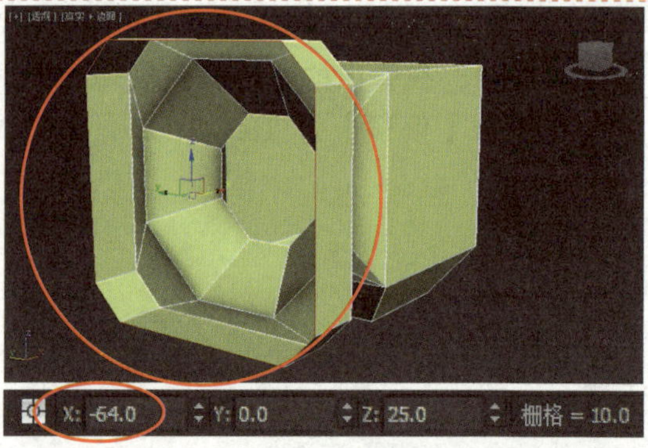

图 6-1-14　通过移动边界创建面

15 在右侧【编辑】面板中，单击【编辑边界】卷展栏下的【封口】按钮，将缺口封闭，如图 6-1-15 所示。

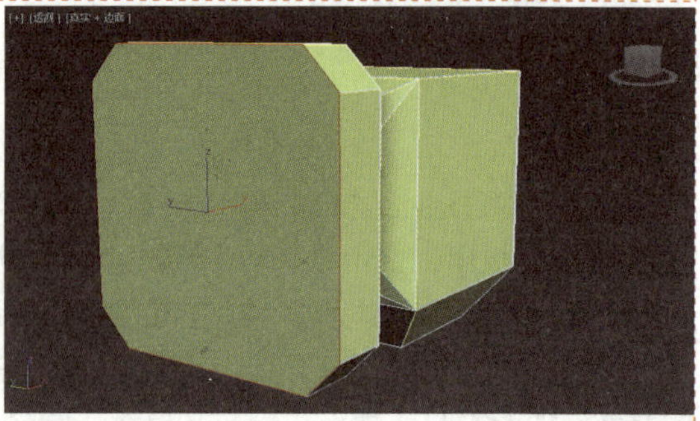

图 6-1-15　封闭缺口

16 在右侧【编辑】面板中，选中【边】对象，选择缺口侧面的其中一条边，单击【选择】卷展栏下的【环形】按钮，选择所有的平行边，如图 6-1-16 所示。

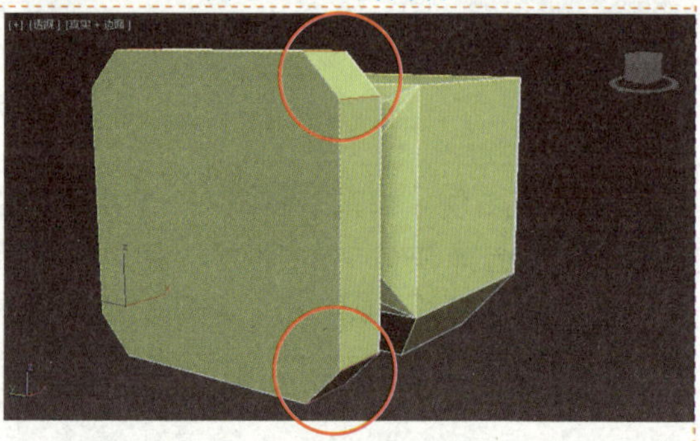

图 6-1-16　选择所有平行边

17 在右侧【编辑】面板中，单击【编辑边】卷展栏下的【连接边】窗口按钮，设置【分段】为 2，单击“√”按钮确定选择，如图 6-1-17 所示。

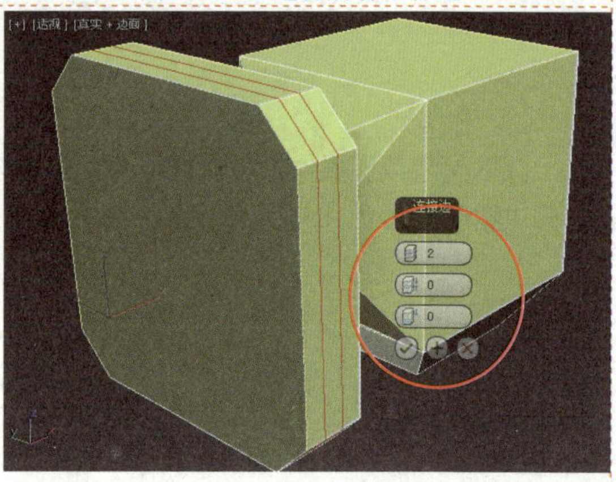

图 6-1-17　添加分段线

18 在右侧【编辑】面板中，选中【多边形】■对象，在前视图中框选分段后中间段的所有面，在右侧【编辑】面板中，单击【编辑多边形】卷展栏下的【挤出多边形】■窗口按钮，设置挤出类型为【局部法线】、【高度】为-2.0，单击“√”按钮确定选择，如图 6-1-18 所示。

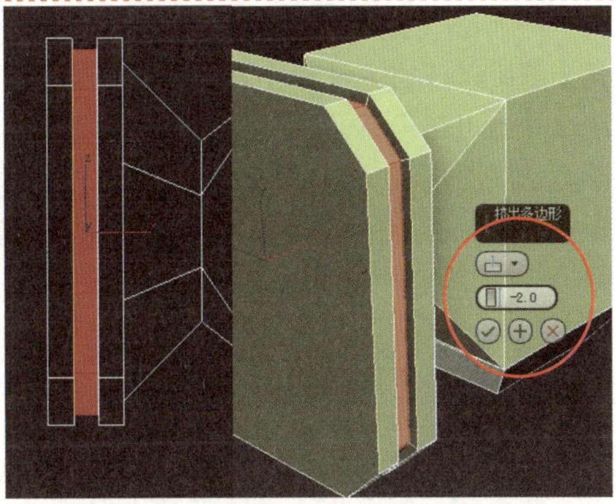

图 6-1-18 挤出选择面

19 参考以上操作，完成战锤头部另一侧结构的制作，如图 6-1-19 所示。

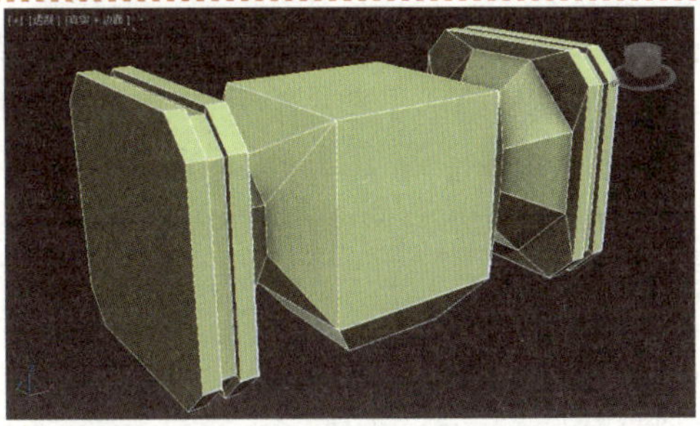
图 6-1-19 完成战锤头部结构的创建

6.2 战锤握柄结构制作

1 在右侧【编辑】面板中，选中【多边形】■对象，选择战锤头部结构的底面，在右侧【编辑】面板中，单击【编辑多边形】卷展栏下的【插入】■窗口按钮，设置【数量】为 3.0，单击“√”按钮确定选择，如图 6-2-1 所示。

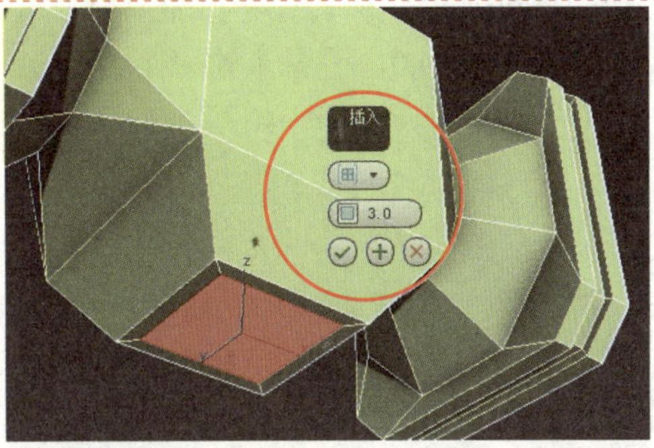

图 6-2-1 插入选择面

2 单击【编辑多边形】卷展栏下的【挤出多边形】■窗口按钮，设置【高度】为 25.0，单击“√”按钮确定选择，如图 6-2-2 所示。

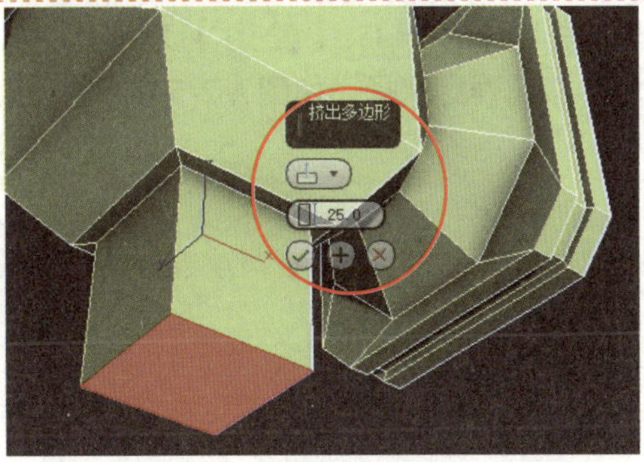

图 6-2-2 挤出选择面

3 单击【编辑多边形】卷展栏下的【倒角】窗口按钮，设置【高度】为 5.0，【轮廓】为-6.0，单击“√”按钮确定选择，如图 6-2-3 所示。

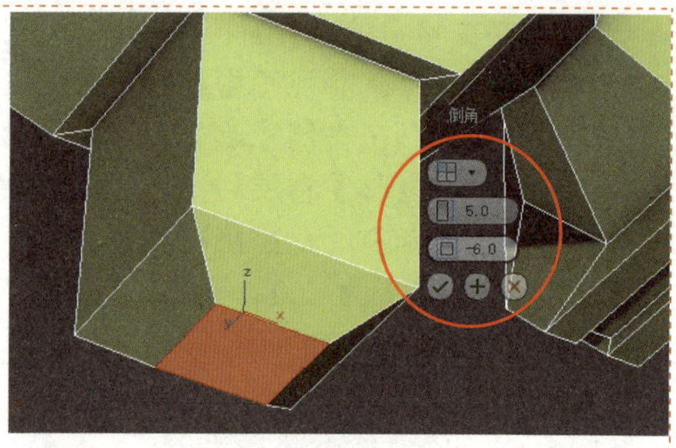

图 6-2-3 倒角选择面（1）

4 参考以上操作，单击【编辑多边形】卷展栏下的【挤出多边形】窗口按钮，设置【高度】为 35.0，单击“√”按钮确定选择；单击【编辑多边形】卷展栏下的【倒角】窗口按钮，设置【高度】为 4.0、【轮廓】为 5.0，单击“√”按钮确定选择，如图 6-2-4 所示。

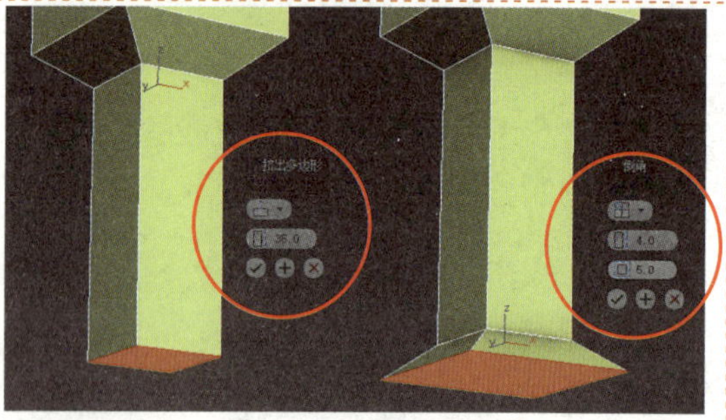

图 6-2-4 挤出与倒角选择面（1）

5 单击【编辑多边形】卷展栏下的【挤出多边形】窗口按钮，设置【高度】为 25.0，单击“√”按钮确定选择；单击【编辑多边形】卷展栏下的【倒角】窗口按钮，设置【高度】为 4.0、设置【轮廓】为-5.0，单击“√”按钮确定选择，如图 6-2-5 所示。

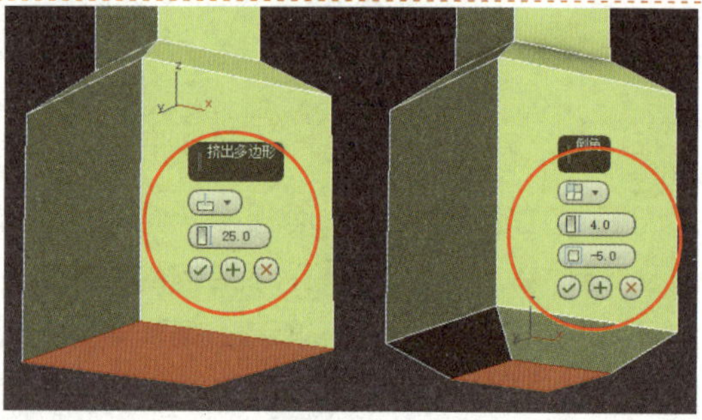

图 6-2-5 挤出与倒角选择面（2）

6 单击【编辑多边形】卷展栏下的【挤出多边形】窗口按钮，设置【高度】为 40.0，单击“√”按钮确定选择；单击【编辑多边形】卷展栏下的【倒角】窗口按钮，设置【高度】为 7.0、【轮廓】为 6.0，单击“√”按钮确定选择，如图 6-2-6 所示。

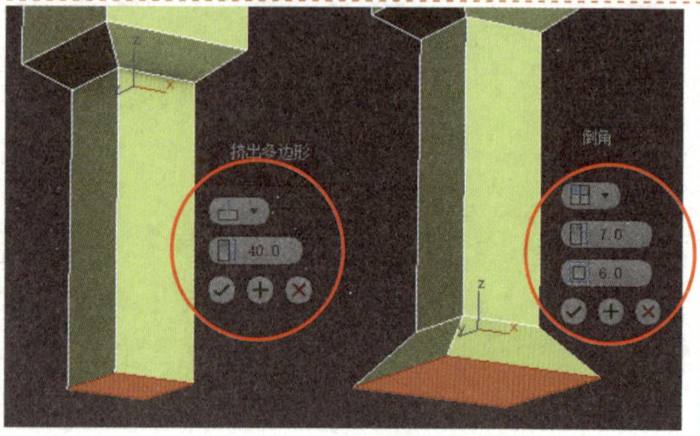

图 6-2-6 挤出与倒角选择面（3）

7 单击【编辑多边形】卷展栏下的【倒角】窗口按钮，设置【高度】为 28.0、【轮廓】为 4.0，单击“√”按钮确定选择；继续单击【编辑多边形】卷展栏下的【倒角】窗口按钮，设置【高度】为 7.0、【轮廓】为 -7.0，单击“√”按钮选择，如图 6-2-7 所示，完成战锤握柄部分的制作。

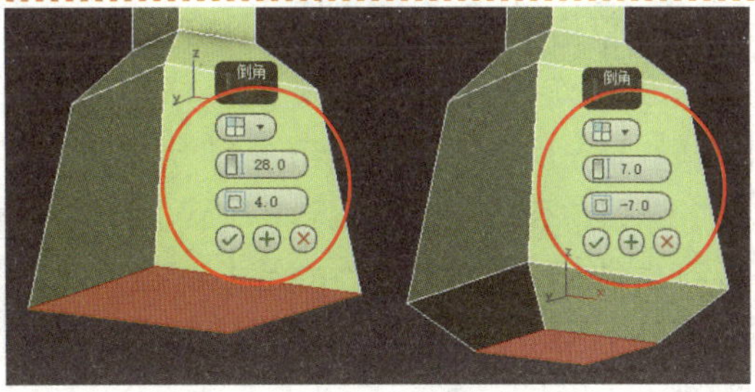

图 6-2-7　倒角选择面（2）

6.3　战锤贴图展开

1 按 M 键弹出【材质编辑器】对话框，选择战锤对象，选择第一个材质球，单击【将材质指定给选定对象】按钮，将材质球赋予模型，如图 6-3-1 所示。

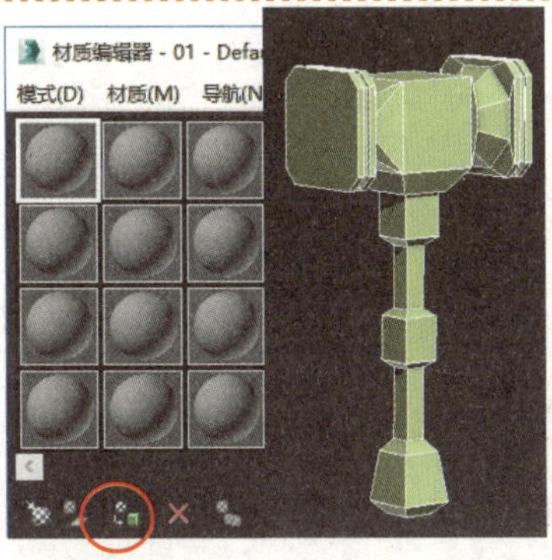

图 6-3-1　赋予材质

2 单击漫反射颜色右侧的贴图按钮，弹出【材质/贴图浏览器】对话框，选择【位图】贴图，弹出【选择位图图像文件】对话框，选择战锤贴图文件，如图 6-3-2 所示。

图 6-3-2　选择贴图

3 单击【在视口中显示标准贴图】按钮，将贴图显示在模型表面上。进入【修改】面板，单击【修改器列表】下拉按钮，在下拉列表中选择【UVW 贴图】修改器，在【参数】卷展栏下的【贴图】单选框中选择【长方体】，如图 6-3-3 所示。

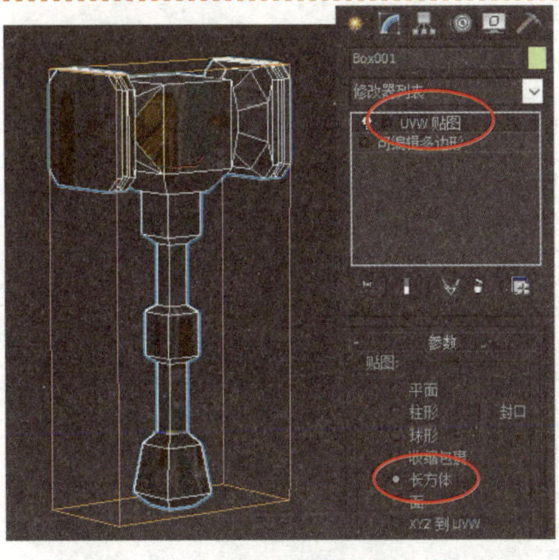

图 6-3-3　添加【UVW 贴图】修改器

4 单击【修改器列表】下拉按钮，在下拉列表中选择【UVW 展开】修改器，在【编辑 UV】卷展栏下单击【打开 UV 编辑器】按钮，在弹出的【编辑 UVW】窗口中单击右上角的【CheckerPattern（棋盘格）】下拉按钮，在下拉列表中选择【贴图#0（贴图.jpg）】贴图，将贴图纹理显示在窗口背景上，如图 6-3-4 所示。

图 6-3-4　添加【UVW 展开】修改器

5 在【编辑 UVW】窗口中，打开菜单栏中的【选项】下拉菜单，单击【首选项】按钮，在弹出的【展开选项】窗口中，勾选【显示首选项】复选框中的【平铺位图】选项，如图 6-3-5 所示。

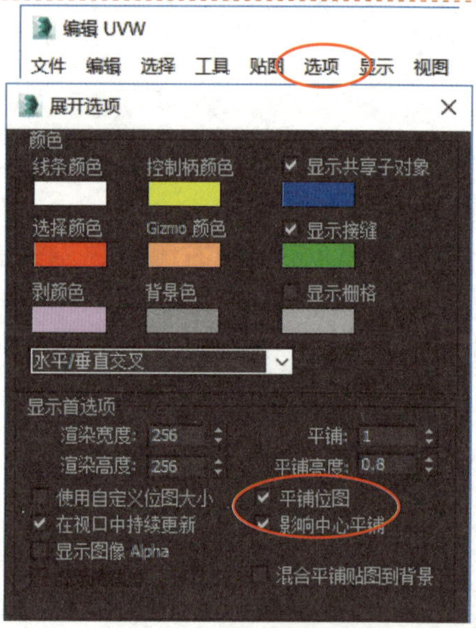

图 6-3-5　勾选【平铺位图】选项

6 在透视窗口中选择战锤头部的面，在【编辑 UVW】窗口中，按 Ctrl+B 组合键将面断开；使用【自由形式模式】工具调整面的大小、角度与位置，使其与贴图上的对应纹理对齐，如图 6-3-6 所示。

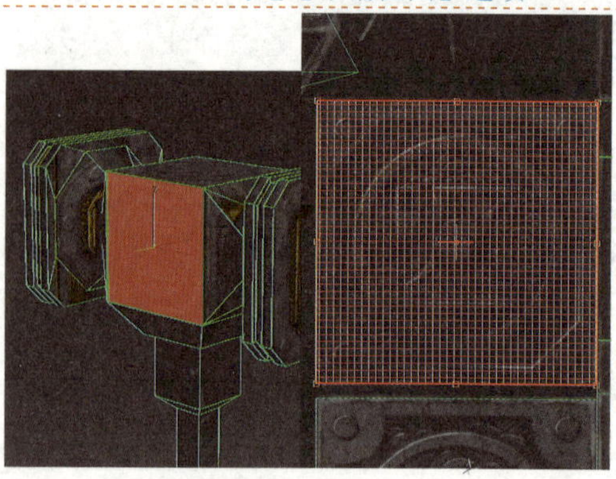
图 6-3-6　调整侧面贴图纹理

7 在【编辑 UVW】窗口中，打开菜单栏中的【编辑】下拉菜单，单击【复制】按钮；在透视窗口中选择战锤头部相对称的另一面，在【编辑 UVW】窗口中，打开菜单栏中的【编辑】下拉菜单，单击【粘贴】按钮，将贴图纹理进行复制、粘贴，如图 6-3-7 所示。

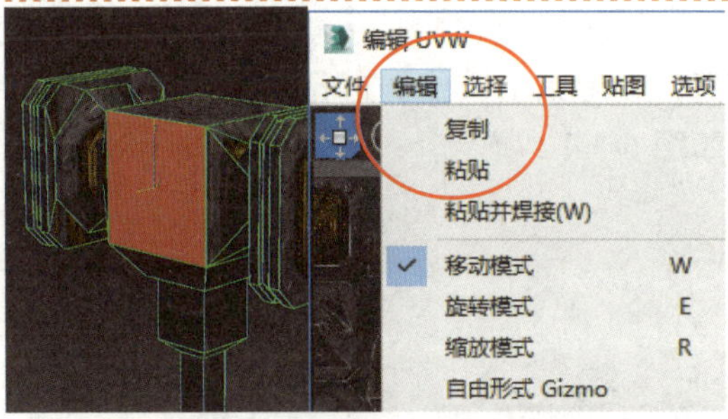

图 6-3-7 复制、粘贴贴图纹理

8 参考以上操作，完成战锤顶部贴图纹理的调整，如图 6-3-8 所示。

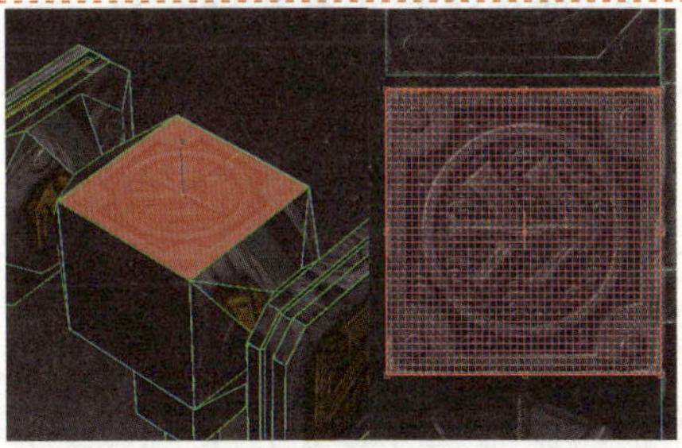

图 6-3-8 调整顶部贴图纹理

9 参考以上操作，完成战锤头部前后侧贴图纹理的调整，如图 6-3-9 所示。

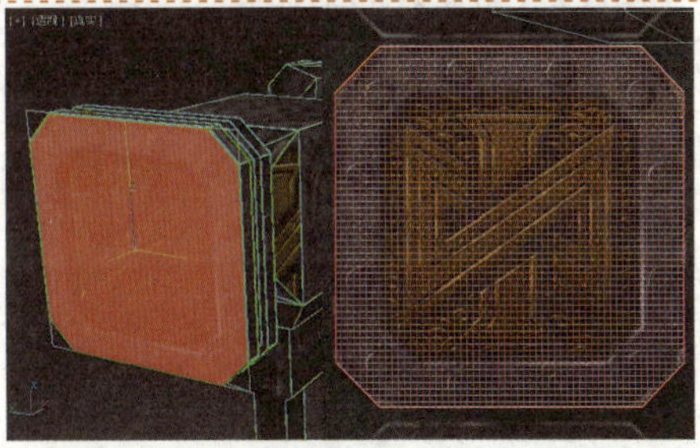

图 6-3-9 调整前后侧贴图纹理

10 在前视图中框选锤头侧边装饰面，参考以上操作，将侧面结构与对应纹理对齐，完成锤头侧边装饰结构的纹理调整，如图 6-3-10 所示。

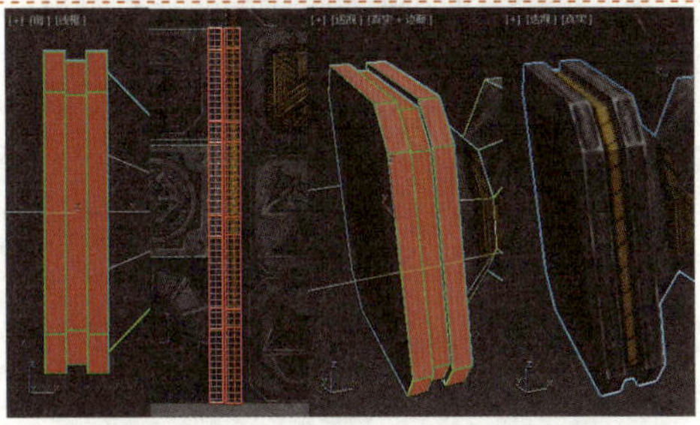

图 6-3-10 调整侧边装饰贴图纹理

11 在透视图中选择锤头后部面，参考以上操作，进行贴图纹理的调整，如图 6-3-11 所示。

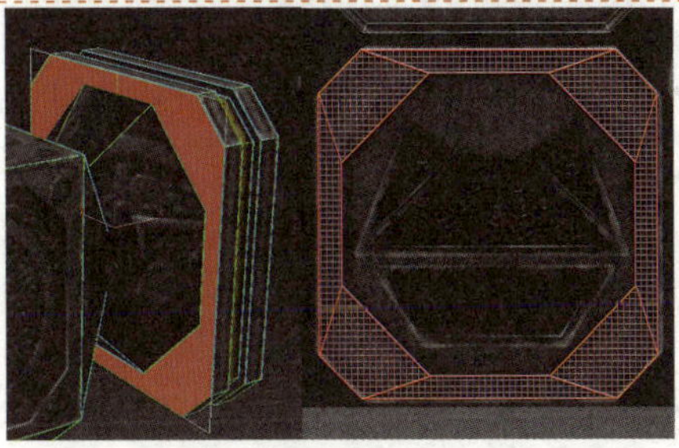

图 6-3-11 调整锤头后部贴图纹理

12 继续选择锤头后方，连接部分表面，参考以上操作，进行贴图纹理的调整，如图 6-3-12 所示。

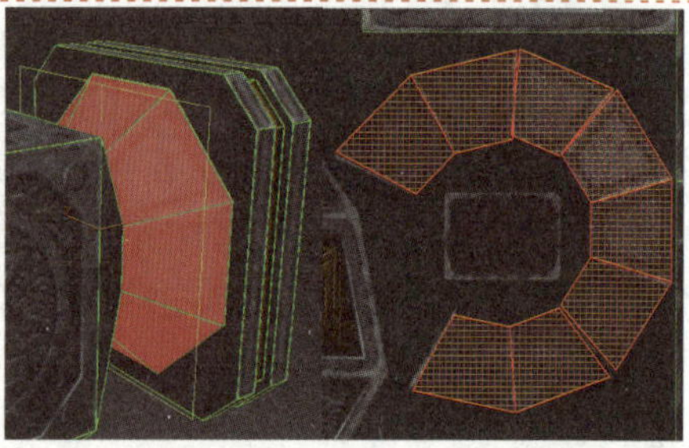

图 6-3-12 调整连接侧贴图纹理（1）

13 继续选择锤头后方，连接部分表面，参考以上操作，进行贴图纹理的调整，如图 6-3-13 所示。

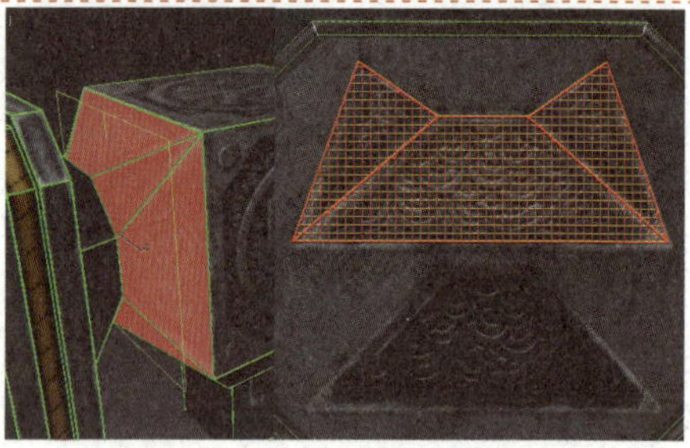

图 6-3-13 调整连接侧贴图纹理（2）

14 在前视图中框选锤头底部面，参考以上操作，调整底部结构的纹理贴图，如图 6-3-14 所示。

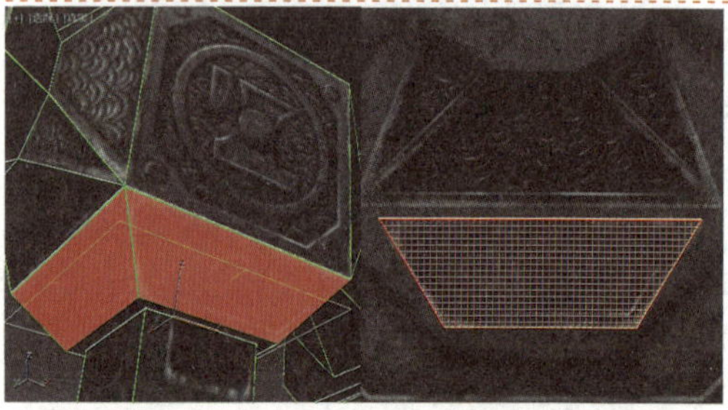

图 6-3-14 调整锤头底部贴图纹理

15 参考以上操作，完成所有战锤头部面纹理贴图的调整，如图 6-3-15 所示。

图 6-3-15 完成锤头部分所有贴图调整

16 选择战锤握柄上半部分的面，参考以上操作，调整握柄上半部分的纹理贴图，如图 6-3-16 所示。

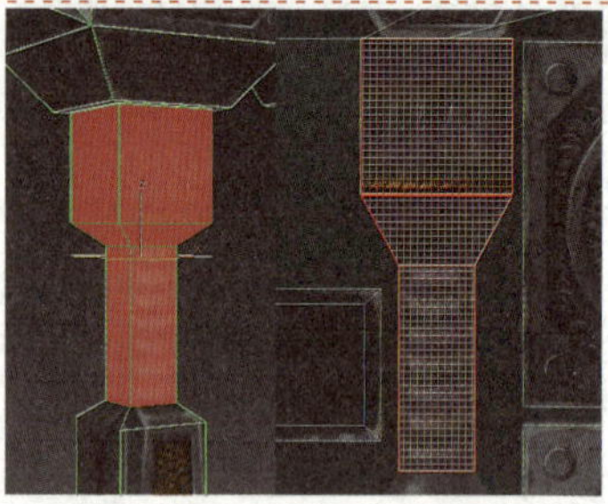

图 6-3-16 调整握柄上部贴图纹理

17 选择战锤握柄中部的面，参考以上操作，调整握柄中部的纹理贴图，如图 6-3-17 所示。

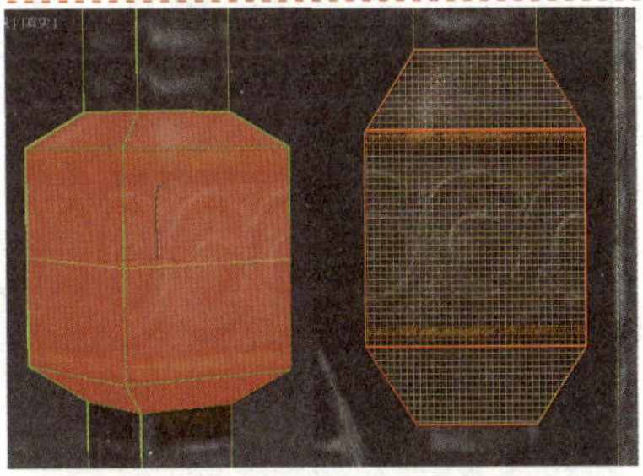

图 6-3-17　调整握柄中部贴图纹理

18 选择战锤握柄下半部分的面，参考以上操作，调整握柄下半部分的纹理贴图，如图 6-3-18 所示。

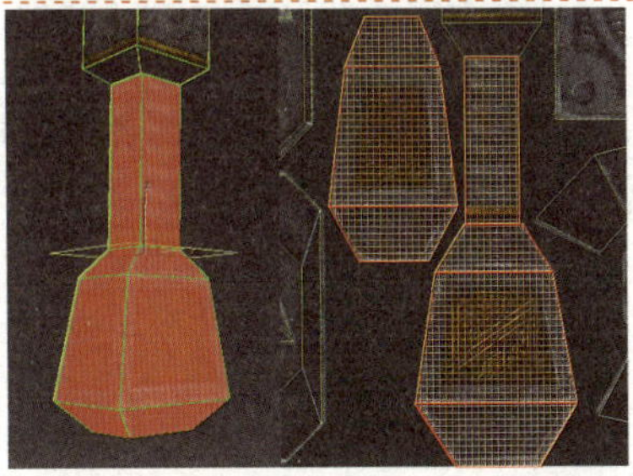

图 6-3-18　调整握柄下部贴图纹理

19 完成战锤模型全部的贴图纹理制作，如图 6-3-19 所示。

图 6-3-19　战锤贴图完成效果

6.4　战锤效果表现

1 按 M 键弹出【材质编辑器】对话框，如图 6-4-1 所示。

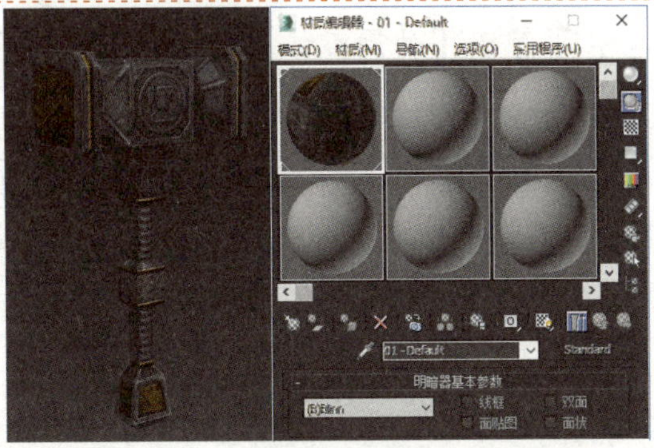

图 6-4-1　【材质编辑器】对话框

2 在【贴图】卷展栏中将【漫反射颜色】通道中的贴图拖动到【反射】通道中进行复制，在弹出的【复制（实例）贴图】对话框中选中【实例】单选按钮，单击【确定】按钮，如图 6-4-2 所示。

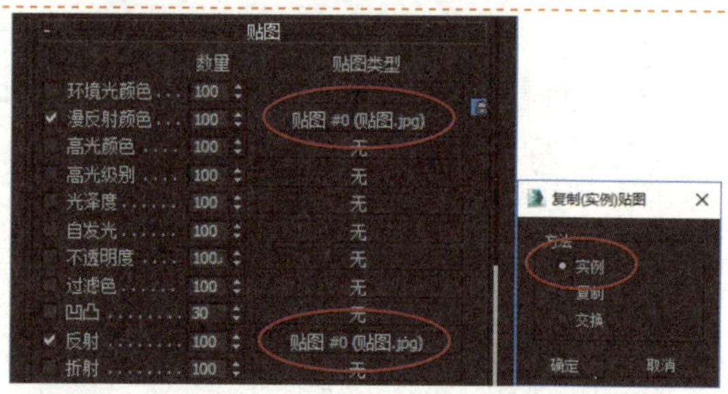

图 6-4-2　复制贴图

3 在【Blinn 基本参数】卷展栏中，设置【反射高光】选项组中的参数数值，设置其【高光级别】为 70、【光泽度】为 45，如图 6-4-3 所示。

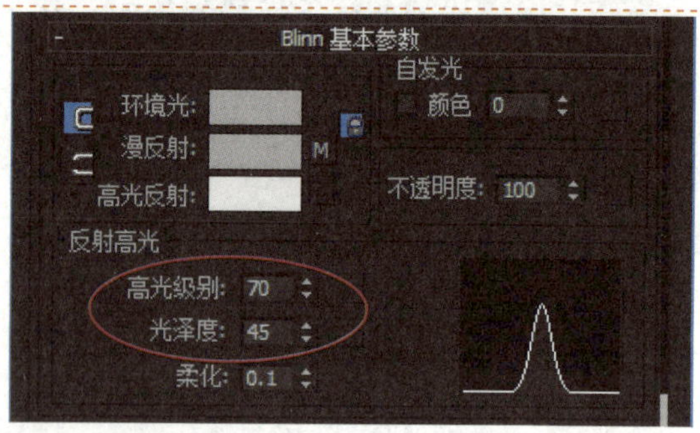

图 6-4-3　设置材质球参数

4 按键盘上的数字键 8，弹出【环境和效果】窗口，如图 6-4-4 所示。

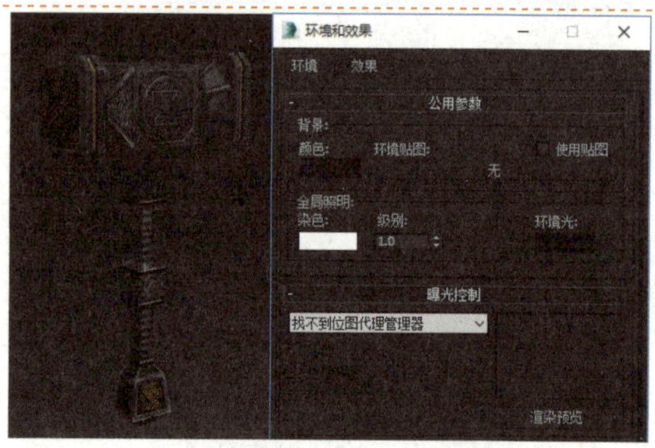

图 6-4-4　【环境和效果】窗口

5 单击【公用参数】卷展栏下的【环境光】颜色选项，在弹出的【颜色选择器：环境光】对话框中设置为灰色，如图 6-4-5 所示。

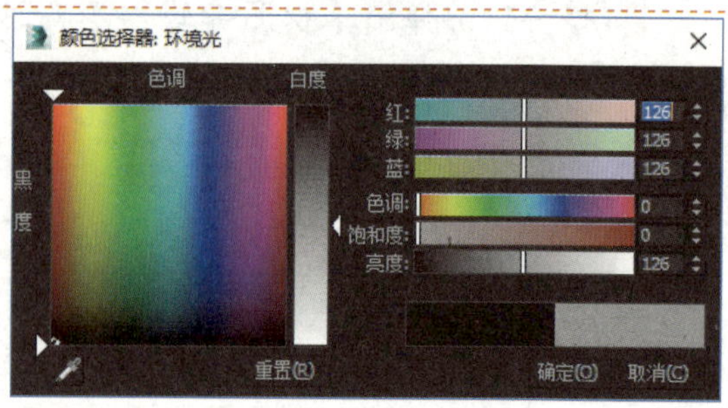

图 6-4-5　设置环境光

6 单击【公用参数】卷展栏下的【环境贴图】按钮，在弹出的【材质/贴图浏览器】对话框中选择【渐变】贴图，如图 6-4-6 所示。

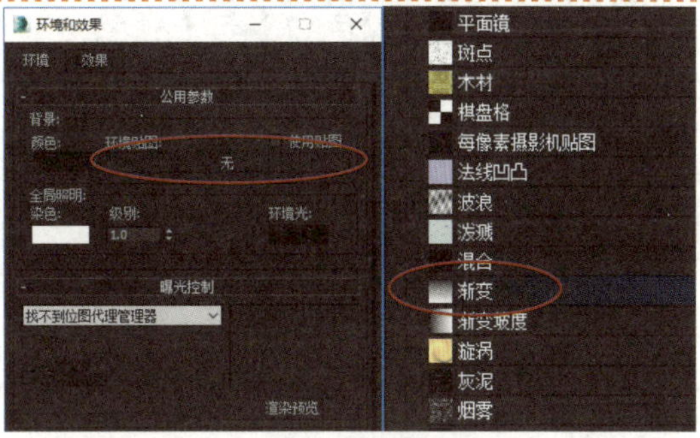

图 6-4-6　设置背景贴图

7 按 M 键弹出【材质编辑器】对话框，将【环境贴图】按钮中的【贴图 #1(Gradient)】贴图拖动至新的材质球中，在弹出的【实例（副本）贴图】对话框中选中【实例】单选按钮，单击【确定】按钮，如图 6-4-7 所示。

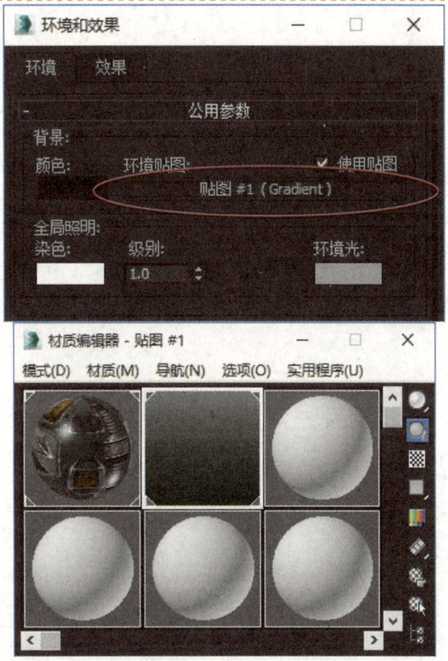

图 6-4-7　关联贴图

8 在【材质编辑器】对话框中，单击【渐变参数】卷展栏中的【颜色#1】颜色选项，在弹出的【颜色选择器：颜色 1】对话框中将其设置为浅灰色，如图 6-4-8 所示。

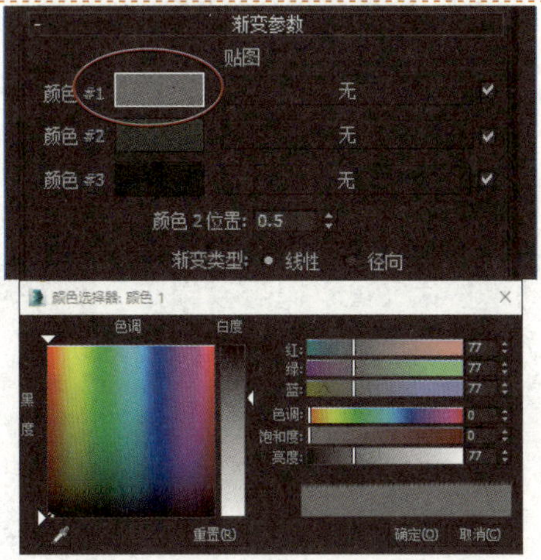

图 6-4-8　设置颜色 1 的颜色

9 继续设置【颜色#2】与【颜色#3】的颜色，将其分别设置为浅绿色与墨绿色，如图 6-4-9 所示。

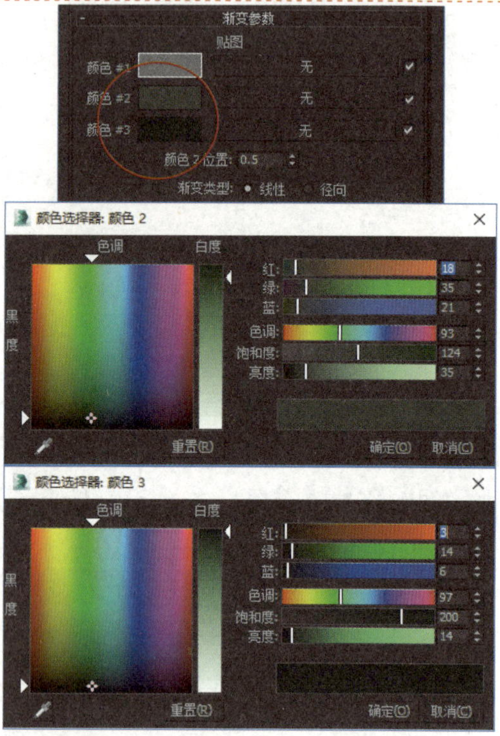

图 6-4-9　设置颜色 2 与颜色 3 的颜色

10 渲染完成战锤效果，如图 6-4-10 所示。

图 6-4-10　战锤效果图

6.5　相关知识

1. 移动选定的子对象

在【编辑 UVW】窗口中使用【移动选定的子对象】工具拖动，可以使对象进行位置移动，按住 Shift 键可以锁定使子对象沿单轴向进行移动，如图 6-5-1 所示。

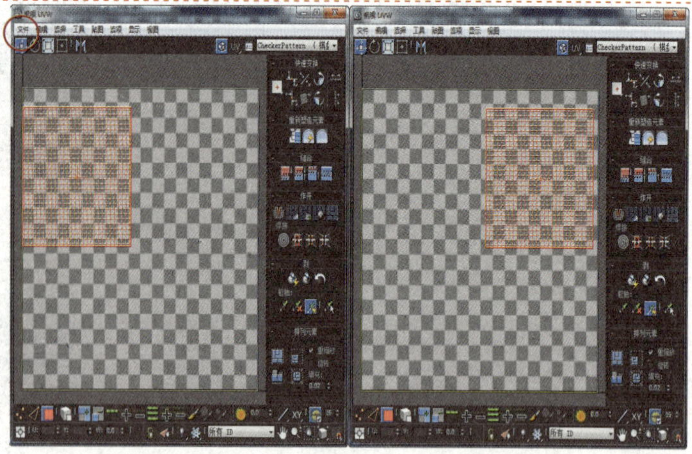

图 6-5-1　移动选定的子对象

2. 旋转选定的子对象

在【编辑 UVW】窗口中使用【旋转选定的子对象】工具拖动，可以使对象进行旋转操作，如图 6-5-2 所示。

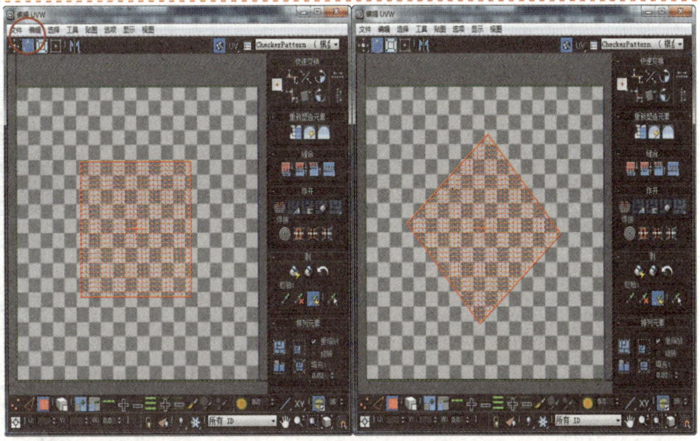

图 6-5-2 旋转选定的子对象

3. 缩放选定的子对象

在【编辑 UVW】窗口中使用【缩放选定的子对象】工具拖动，可以使对象进行等比例缩放，按住 Shift 键可以锁定使子对象沿左右/上下缩放，如图 6-5-3 所示。

图 6-5-3 缩放选定的子对象

4. 自由形式模式

在【编辑 UVW】窗口中使用【自由形式模式】工具在对象内部进行拖动，可以进行位置移动，按住 Shift 键可以锁定使子对象沿单轴向进行移动。

使用该工具在对象边的中点进行拖动，可以进行旋转操作。

使用该工具在对象顶点进行拖动，可以进行自由缩放，按住 Shift 键可以锁定使子对象沿左右/上下方向缩放；按住 Ctrl 键可以锁定等比例缩放；按住 Alt 键可以锁定沿中心点进行缩放，如图 6-5-4 所示。

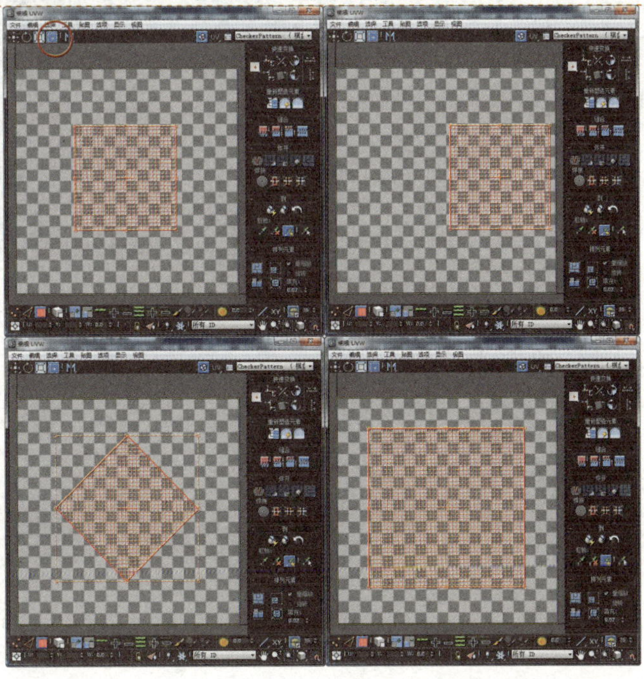

图 6-5-4 自由形式模式

5. 扩大：UV 选择

在【编辑 UVW】窗口中单击【扩大：UV 选择】按钮，可以使对象的选择范围扩大一圈，如图 6-5-5 所示。

图 6-5-5　扩大：UV 选择

6. 循环 UV

在【编辑 UVW】窗口中单击【循环 UV】按钮，可以选中当前对象以及与其成循环关系的对象，如图 6-5-6 所示。

图 6-5-6　循环 UV

7. 环 UV

在【编辑 UVW】窗口中单击【环 UV】按钮，可以选中当前对象以及与其成环形关系的对象，如图 6-5-7 所示。

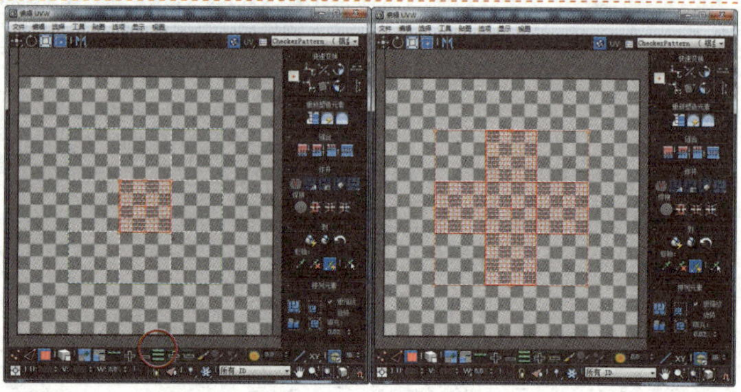

图 6-5-7　环 UV

6.6　实战演练

分析所给的油桶贴图，制作相关的模型，设置油桶的贴图，并能表现油桶表面的粗糙纹理，油桶的效果图如图 6-6-1 所示。

图 6-6-1 油桶效果图

制作要求

（1）创建精简的模型结构。
（2）贴图设置准确合理。
（3）材质表现到位。

制作提示

（1）创建一个圆柱体，高度段数为 1。
（2）使用【UVW 展开】修改器设置圆柱体的贴图。
（3）将漫反射贴图复制到凹凸贴图上。

项目评价

项目实训评价表

项 目	内 容		评 定 等 级			
	学 习 目 标	评 价 项 目	4	3	2	1
职业能力	能熟练创建游戏道具的简模	能灵活使用可编辑多边形工具				
		能创建最精简的道具模型				
	能熟练设置贴图效果	能灵活使用【UVW 展开】修改器				
		能设置游戏道具的贴图				
	能熟练表现道具的材质	能灵活使用常见的材质				
		能制作各种道具材质				
	能熟练制作渐变背景	能设置渐变背景				
		能修改渐变贴图的参数				

续表

项目实训评价表						
项　目	内　容		评定等级			
	学习目标	评价项目	4	3	2	1
通用能力	交流表达能力					
	与人合作能力					
	沟通能力					
	组织能力					
	活动能力					
	解决问题的能力					
	自我提高的能力					
	革新、创新的能力					
综合评价						

评定等级说明表	
等　级	说　明
4	能高质、高效地完成此学习目标的全部内容，并能解决遇到的特殊问题
3	能高质、高效地完成此学习目标的全部内容
2	能圆满完成此学习目标的全部内容，不需要任何帮助和指导
1	能圆满完成此学习目标的全部内容，但偶尔需要帮助和指导

最终等级说明表	
等　级	说　明
优秀	80%项目达到 3 级水平
良好	60%项目达到 2 级水平
合格	全部项目都达到 1 级水平
不合格	不能达到 1 级水平

项 目 7

卡通角色制作——小老鼠

项目描述

三维角色动画在当今时代已经不是什么新鲜事物，我们经常可以看到通过三维建模制作的卡通形象出现在身边的各种影视作品中。作为一部动画作品的主角，卡通角色的塑造对激发观众的观赏兴趣和整部动画的总体质量起着举足轻重的作用。一个优秀的三维卡通角色不仅应具有吸引人的外表，还需要合适的结构比例来体现它的特点。本项目的最终效果如图 7-0-1 所示。

图 7-0-1 项目效果

学习目标

- 多边形建模的应用。
- 低模平滑表面处理。
- 角色的结构与比例。
- 卡通角色细节刻画。

项目分析

在本项目的制作中，主要使用多边形建模来制作角色模型，需要完成以下五个环节。

（1）小老鼠头部制作。

（2）添加脸部五官细节。

（3）身体躯干制作。

（4）创建小老鼠四肢。

（5）添加手掌与脚掌。

实现步骤

7.1 小老鼠头部制作

1 单击【创建】→【几何体】面板，单击【球体】按钮，在前视图中创建一个球体，设置其【半径】为 50.0、【分段】为 16。

2 使用【选择并移动】工具，右击窗口下方的坐标调整箭头按钮，使坐标归零，如图 7-1-1 所示。

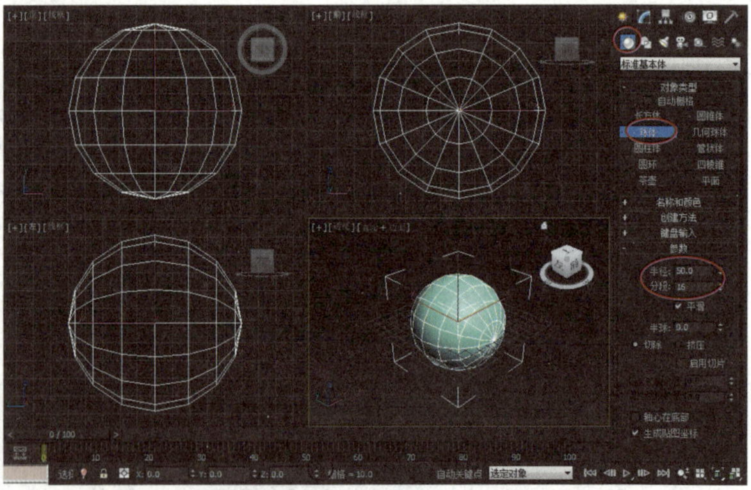

图 7-1-1 创建球体

3 在左视图中使用【选择并旋转】工具，将球体旋转少许角度。

4 单击【实用程序】卷展栏中的【重置变换】按钮，单击【重置选定内容】按钮，重置球体的坐标轴方向，如图 7-1-2 所示。

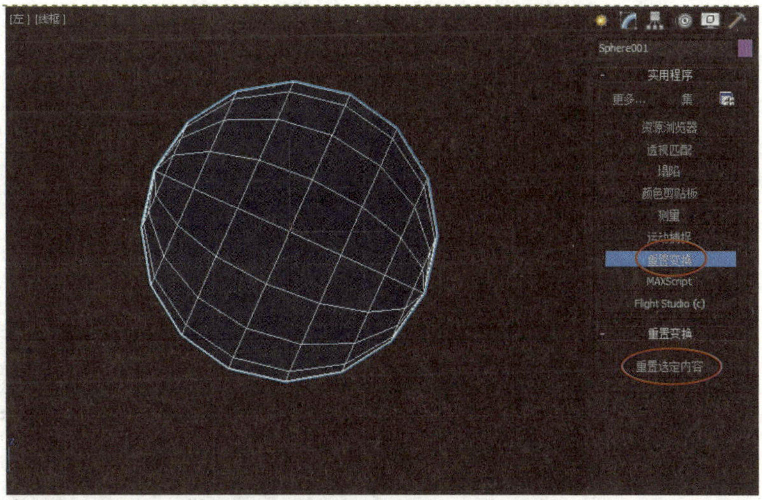

图 7-1-2 重置选定内容

5 进入【修改】面板，右击【X 变换】修改器，在弹出的快捷菜单中执行【塌陷到】命令，将球体塌陷为可编辑网格，如图 7-1-3 所示。

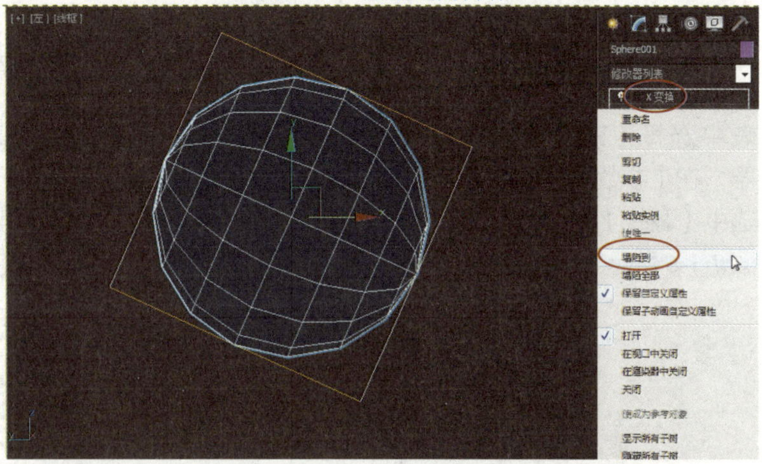

图 7-1-3 塌陷为可编辑网格

6 右击【可编辑网格】修改器，在弹出的快捷菜单中执行【可编辑多边形】命令，将球体塌陷为可编辑多边形，如图 7-1-4 所示。

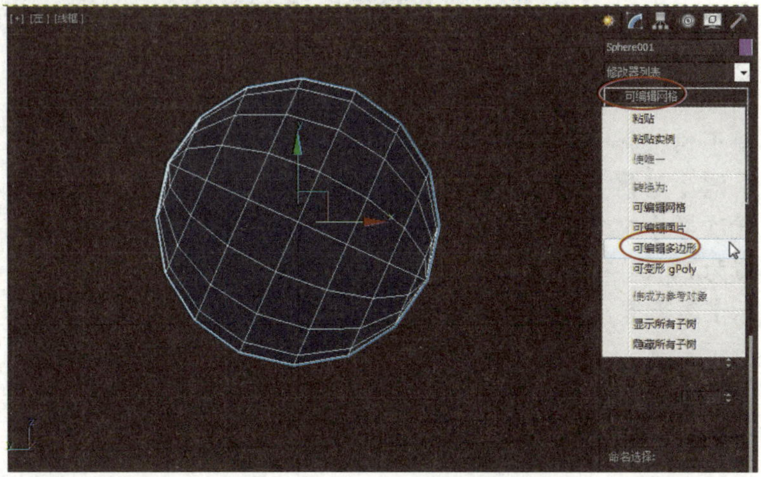

图 7-1-4 塌陷为可编辑多边形

7 选中【顶点】对象，框选球体右半边的顶点，按 Delete 键删除，如图 7-1-5 所示。

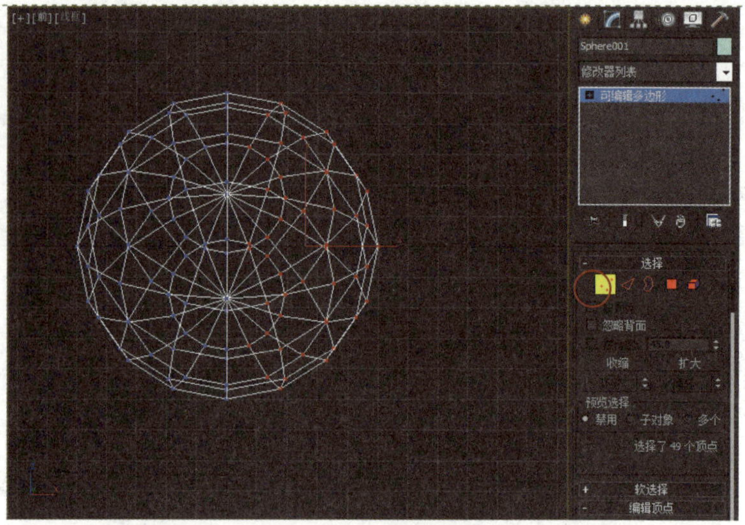

图 7-1-5　删除右半边顶点

8 单击【修改器列表】下拉按钮，在下拉列表中选择【对称】修改器，在【参数】卷展栏中选中【翻转】复选框，如图 7-1-6 所示。

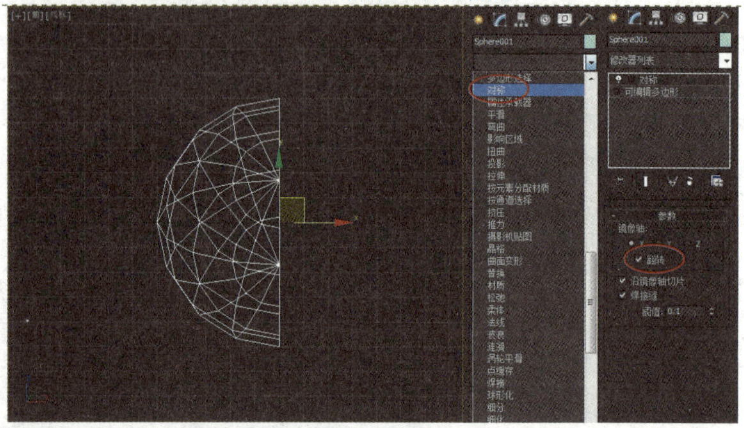

图 7-1-6　添加【对称】修改器

9 单击【修改器列表】下拉按钮，在下拉列表中选择【涡轮平滑】修改器，在【涡轮平滑】卷展栏中将【迭代次数】文本框的值设置为 2，选中【等值线显示】复选框，如图 7-1-7 所示。

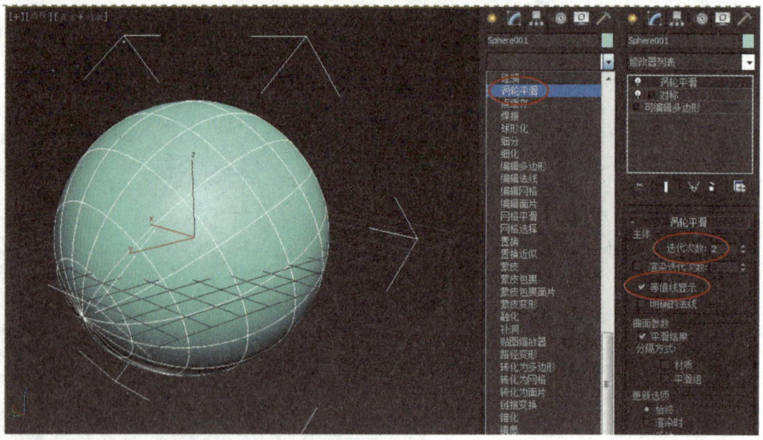

图 7-1-7　添加【涡轮平滑】修改器

10 单击【可编辑多边形】修改器，单击【显示最终结果开/关切换】按钮，使其在子修改器中显示最高层修改器结果。

11 在【软选择】卷展栏中选中【使用软选择】复选框，将【衰减】文本框的值设置为 60.0；移动并旋转球体顶端的顶点，改变小老鼠头部的外形，如图 7-1-8 所示。

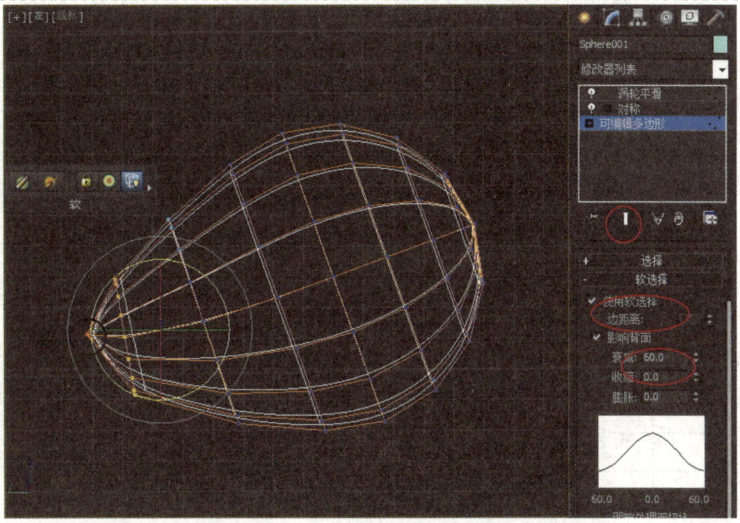

图 7-1-8　调整头部外形

7.2　添加脸部五官细节

1 单击【创建】→【几何体】面板，单击【球体】按钮，在左视图中创建一个球体作为小老鼠的鼻子，设置其【半径】为 15.0、【分段】为 16，如图 7-2-1 所示。

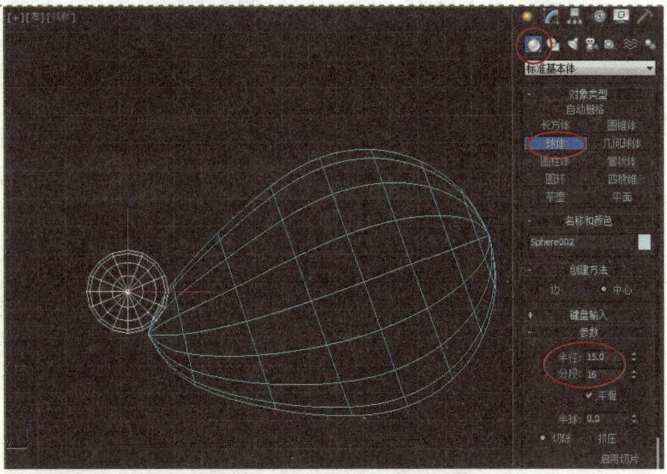

图 7-2-1　创建小老鼠的鼻子

2 进入【创建】面板，在【对象类型】卷展栏中选中【自动栅格】复选框，单击【创建】→【几何体】面板，单击【球体】按钮，在透视图中脸部位置创建一个球体作为小老鼠的眼睛，设置其【半径】为 10.0、【分段】为 8，如图 7-2-2 所示。

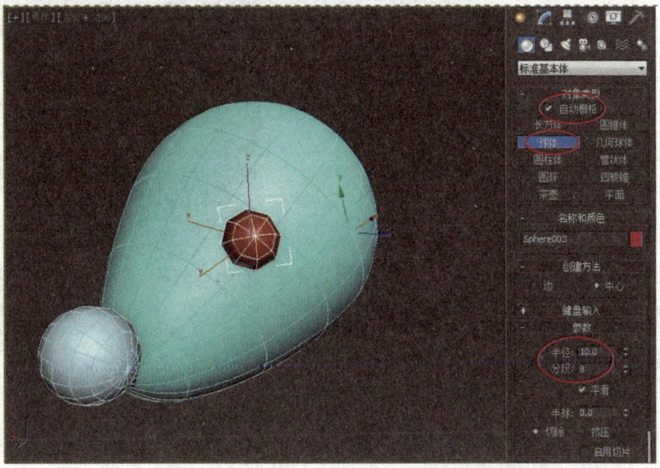

图 7-2-2　创建小老鼠的眼睛

3 单击主工具栏中的【选择并均匀缩放】按钮，单击【参考坐标系】下拉按钮，在下拉列表中选择【局部】选项，改变球体的高度。

4 选择老鼠头部对象，进入【修改】面板，选中【可编辑多边形】子对象，在【编辑几何体】卷展栏中单击【附加】按钮，单击眼睛对象，将其附加到头部上，如图 7-2-3 所示。

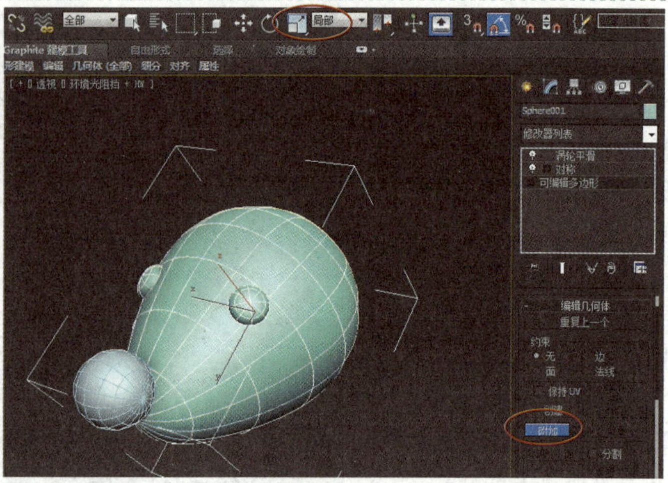

图 7-2-3　将眼睛附加到头部上

5 选择【可编辑多边形】修改器，选中【多边形】子对象，在【软选择】卷展栏中取消选中【使用软选择】复选框，选择生成耳朵的面，在【编辑多边形】卷展栏中单击【挤出】按钮，设置【高度】为 20.0，如图 7-2-4 所示。

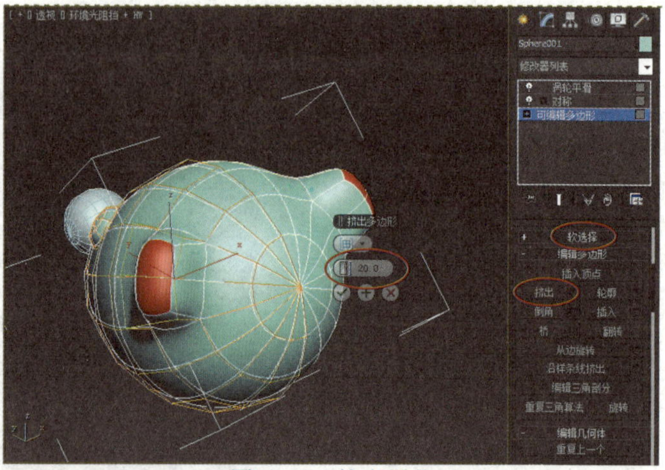

图 7-2-4　挤出耳朵

6 单击主工具栏中的【选择并均匀缩放】按钮，单击【参考坐标系】下拉按钮，在下拉列表中选择【局部】选项，调整面的位置，修改耳朵的长度。

7 选中【边】对象，选择耳朵侧面的边，在【编辑边】卷展栏中单击【连接】按钮，在耳朵中部创建新的边，如图 7-2-5 所示。

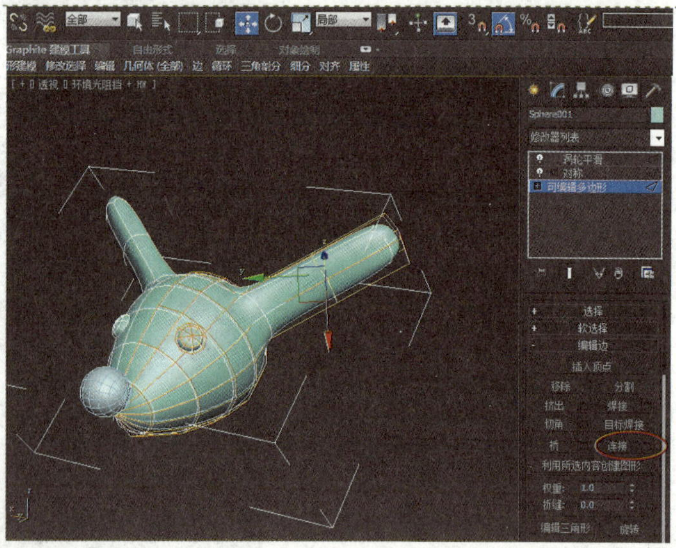

图 7-2-5　创建新边

8 选中【顶点】对象，选择耳朵上的顶点并调整其位置，使其成为耳朵的形状，如图 7-2-6 所示。

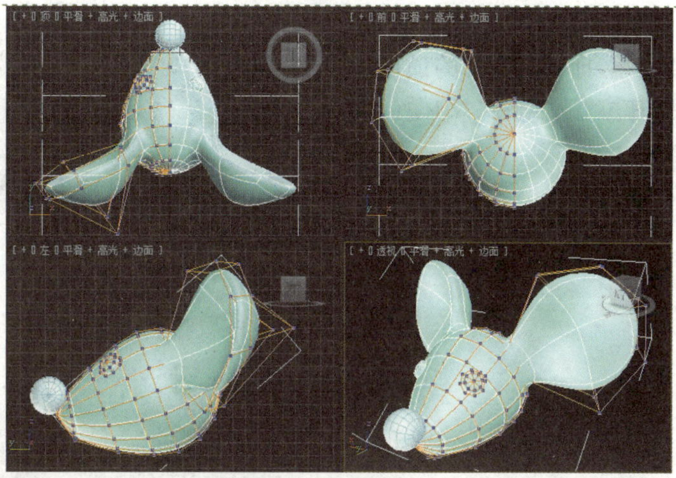

图 7-2-6 调整耳朵

9 选中【多边形】对象，选择生成嘴巴的面，在【编辑多边形】卷展栏中单击【挤出】按钮，设置【高度】为 20.0，如图 7-2-7 所示。

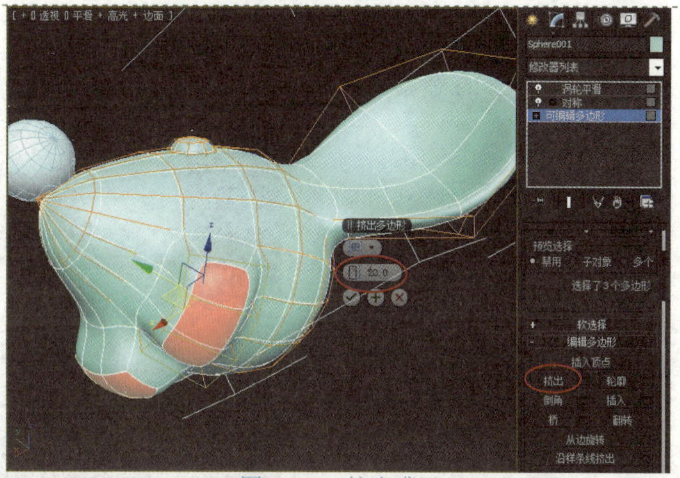

图 7-2-7 挤出嘴巴

10 选择嘴巴内侧的面，按 Delete 键删除，如图 7-2-8 所示。

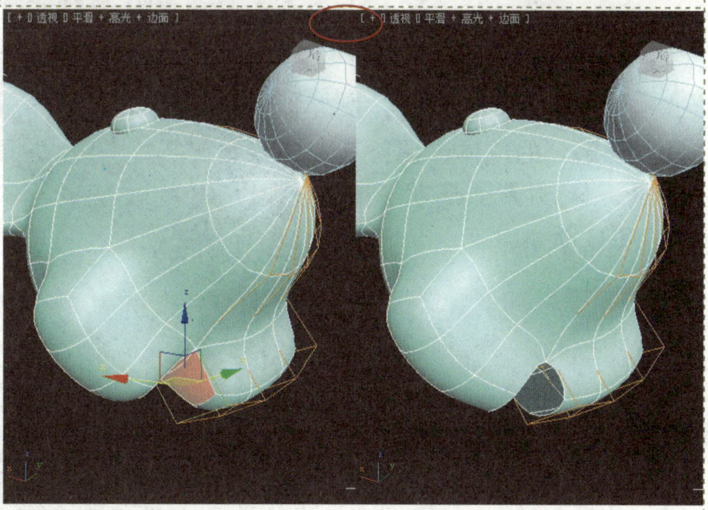

图 7-2-8 删除面

11 选中【顶点】对象，选择嘴巴底部的顶点，调整其位置，如图 7-2-9 所示。

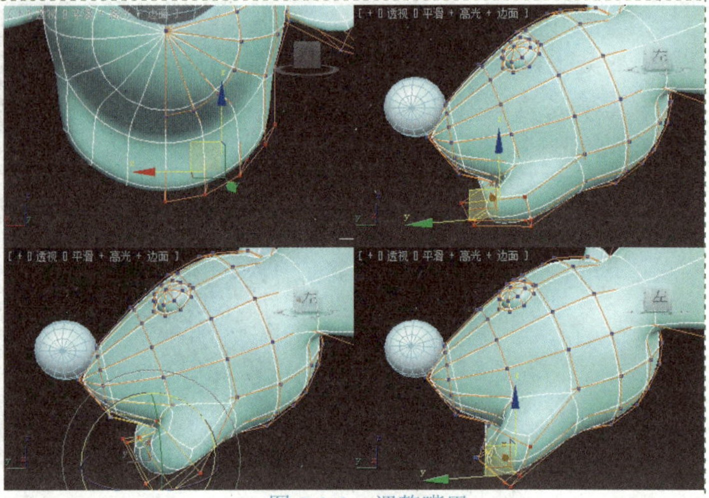

图 7-2-9　调整嘴巴

12 继续调整嘴巴周围的点，修改下巴的造型，如图 7-2-10 所示。

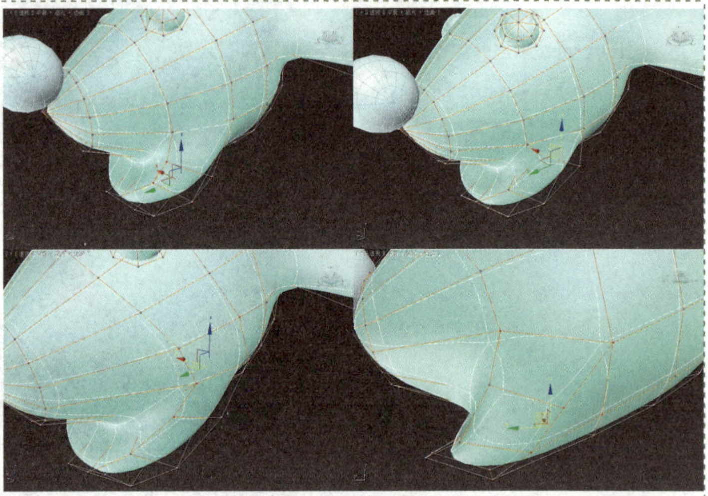

图 7-2-10　修改下巴造型

13 选择头部前端的点，调整位置使其向前突出，选择鼻子部分的球体，调整其位置，修改鼻子形状，如图 7-2-11 所示。

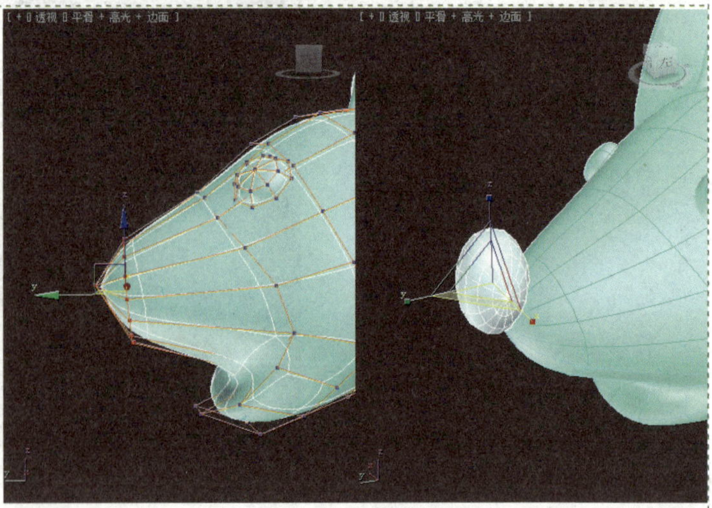

图 7-2-11　调整鼻子形状

14 右击，在弹出的快捷菜单中执行【剪切】命令，在鼻子下方增加两条线段，如图 7-2-12 所示。

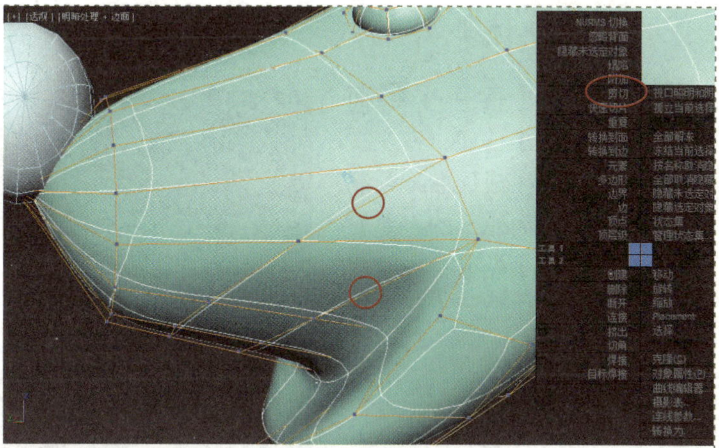

图 7-2-12 增加线段

15 选择新产生的点，依次调整这些点的位置，修改上嘴唇形状，如图 7-2-13 所示。

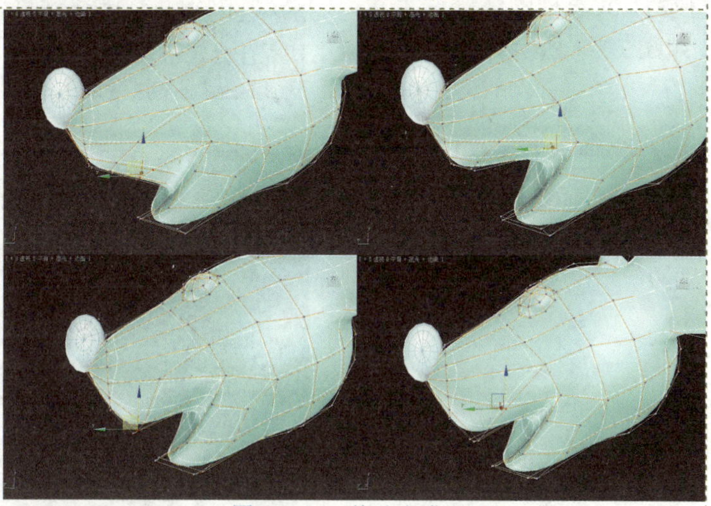

图 7-2-13 修改上嘴唇形状

16 选择嘴角位置的点，逐步调整位置，修改嘴角形状，如图 7-2-14 所示。

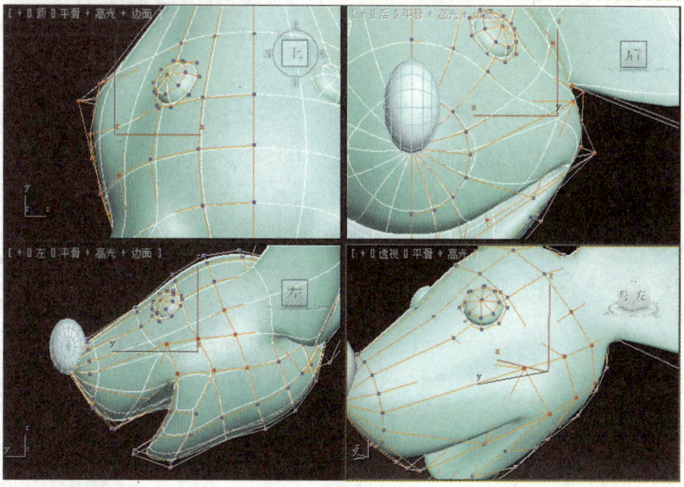

图 7-2-14 修改嘴角形状

7.3 身体躯干制作

1 单击【图形】面板，单击【线】按钮，在左视图中依次单击生成顶点，绘制一条线段，作为躯干的大致轮廓，在【渲染】卷展栏中依次选中【在渲染中启用】和【在视口中启用】复选框，设置渲染模式为【径向】，将【厚度】文本框的值设置为100.0，【边】文本框的值设置为8，如图7-3-1所示。

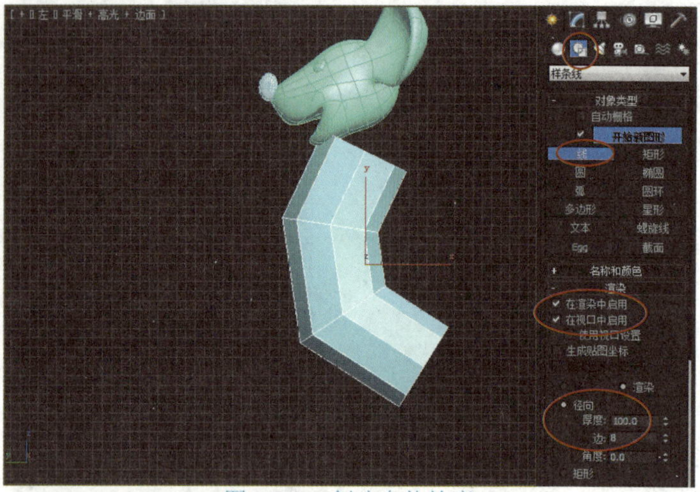

图 7-3-1　创建身体轮廓

2 选中【顶点】对象，调整各个顶点的位置，修改身体形状，如图7-3-2所示。

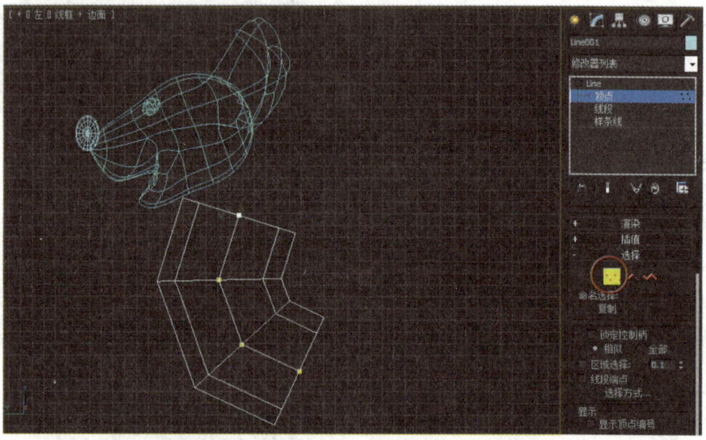

图 7-3-2　调整身体轮廓

3 继续创建线段作为小老鼠的尾巴，将【厚度】文本框的值设置为10.0，【边】文本框的值设置为8，如图7-3-3所示。

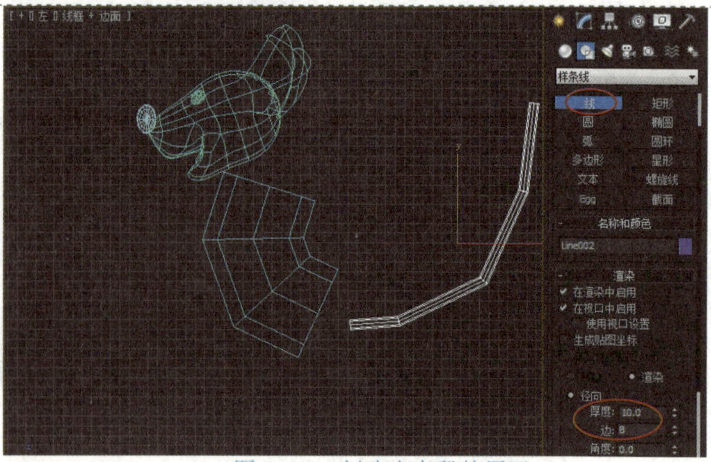

图 7-3-3　创建小老鼠的尾巴

4 继续创建线段作为小老鼠的脖子，将【厚度】文本框的值设置为 25.0，【边】文本框的值设置为 8，如图 7-3-4 所示。

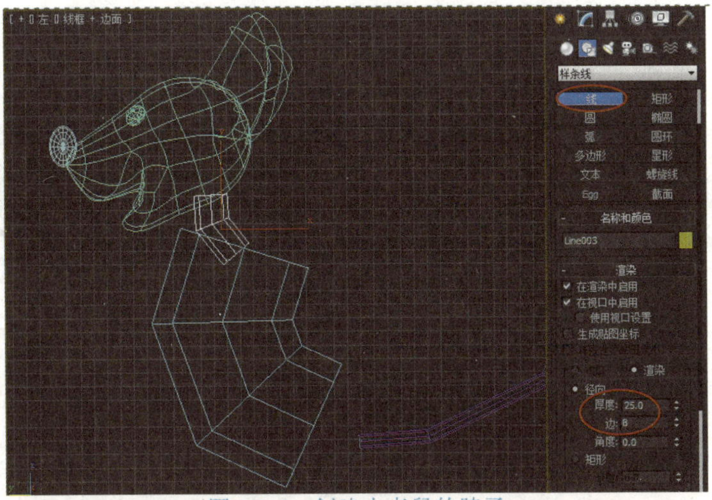

图 7-3-4 创建小老鼠的脖子

5 选中身体部分并右击，在弹出的快捷菜单中执行【转换为】→【转换为可编辑多边形】命令，将其转换为可编辑多边形，如图 7-3-5 所示。

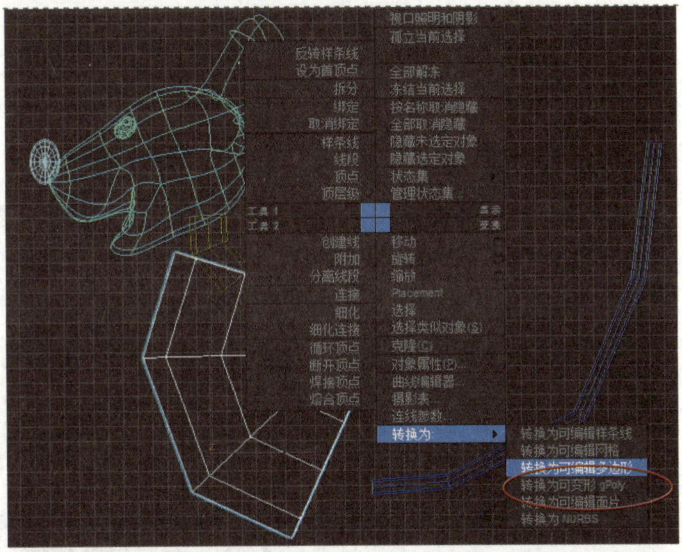

图 7-3-5 将身体转换为可编辑多边形

6 进入【修改】面板，选中【顶点】对象，在透视图中选择身体顶部的一圈点，使用【选择并移动】工具调整上下位置，在顶视图中使用【选择并均匀缩放】工具调整其大小，如图 7-3-6 所示。

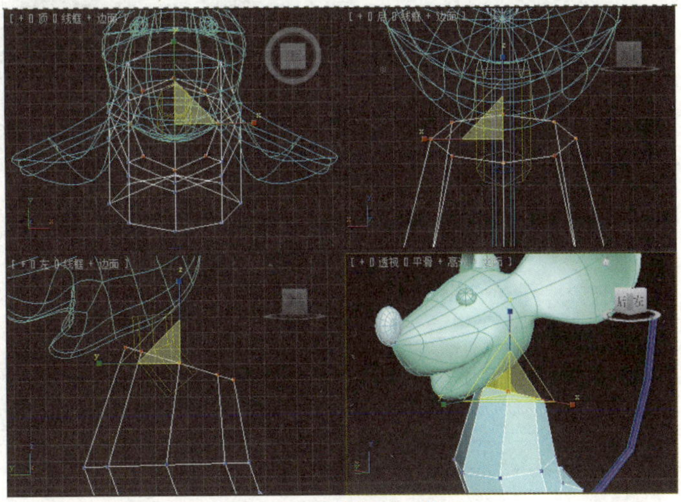

图 7-3-6 调整顶点位置

7 参考以上操作，调整身体上其余点的位置，如图 7-3-7 所示。

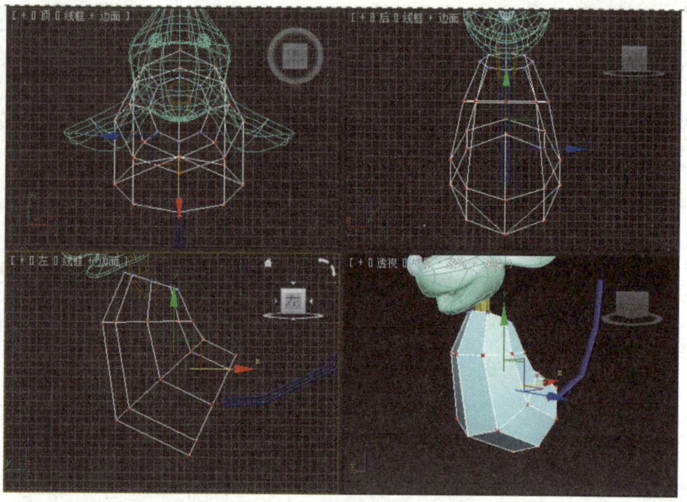

图 7-3-7　调整其余点的位置

8 选中【边】对象，在透视图中选择身体后面部分的线，按 Backspace 键删除，如图 7-3-8 所示。

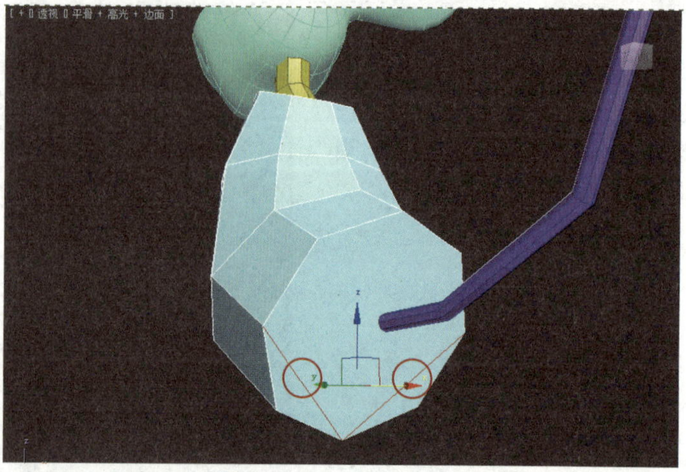

图 7-3-8　删除多余线段

9 选中【多边形】对象，选择身体背后的面，在【编辑多边形】卷展栏中单击【挤出】按钮，设置【高度】为 50.0，如图 7-3-9 所示。

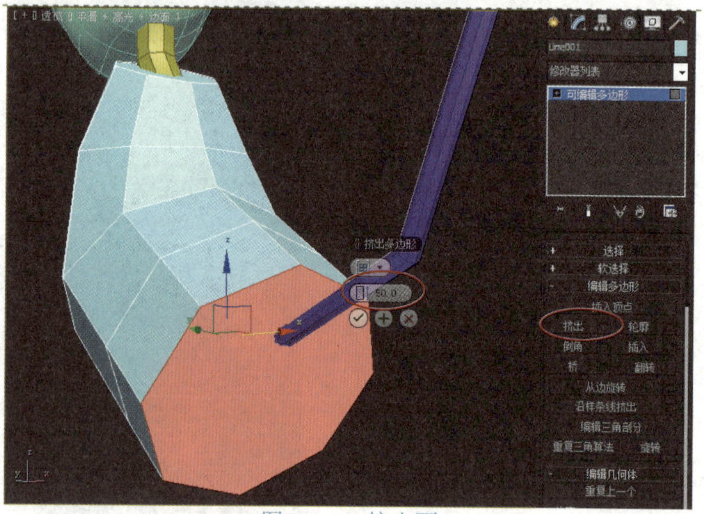

图 7-3-9　挤出面

10 调整该面的大小与位置，如图 7-3-10 所示。

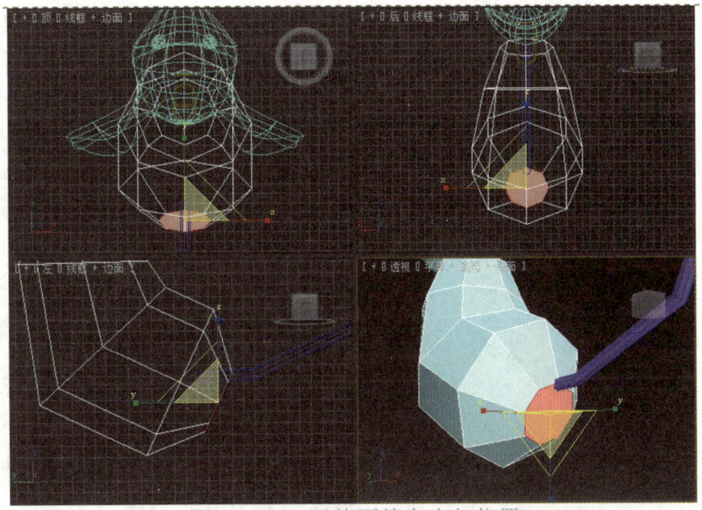

图 7-3-10　调整面的大小与位置

11 右击，在弹出的快捷菜单中执行【剪切】命令，在身体后方添加两条线段。

选中【顶点】■对象，选择新生成的点，调整其位置，如图 7-3-11 所示。

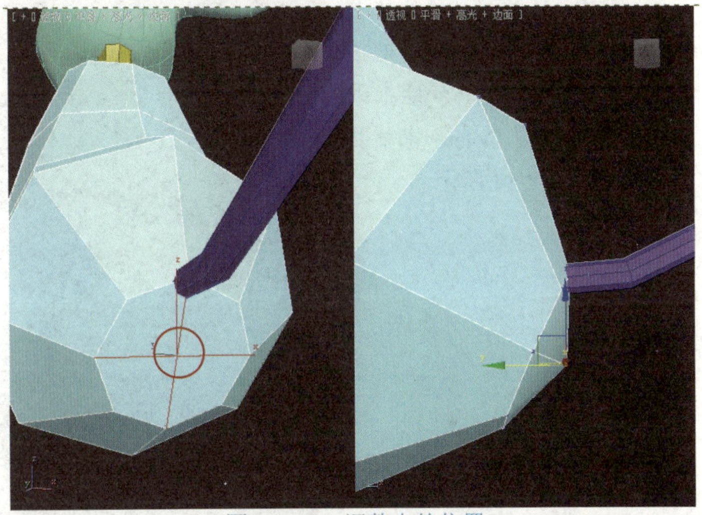

图 7-3-11　调整点的位置

12 选择小老鼠的头部与颈部右击，在弹出的快捷菜单中执行【隐藏选定对象】命令，参考上一步操作，调整身体顶部的形状，如图 7-3-12 所示。

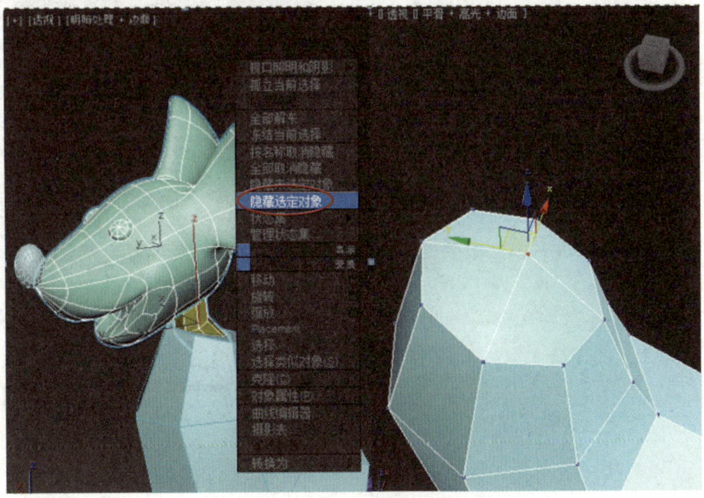

图 7-3-12　调整身体顶部的形状

13 在视图空白部分右击，在弹出的快捷菜单中执行【全部取消隐藏】命令，选择小老鼠颈部并右击，在弹出的快捷菜单中执行【隐藏未选定对象】命令，如图 7-3-13 所示。

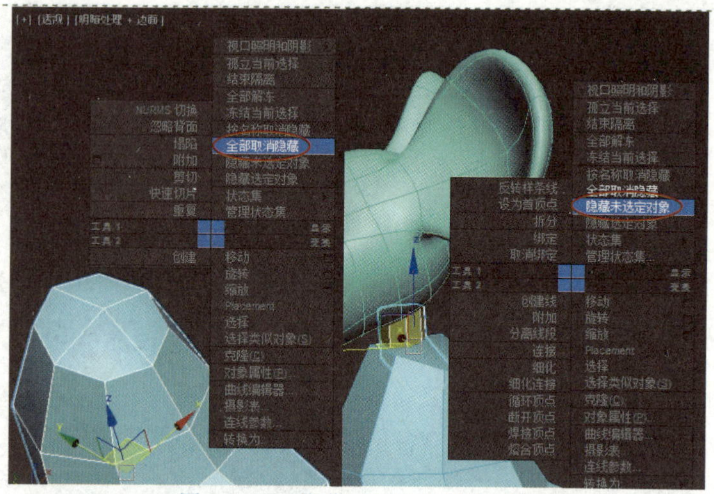

图 7-3-13　隐藏颈部以外其他对象

14 将颈部对象转换为可编辑多边形，选中【多边形】■对象，选择颈部管状体顶部与底部的面，按 Delete 键将其删除，如图 7-3-14 所示。

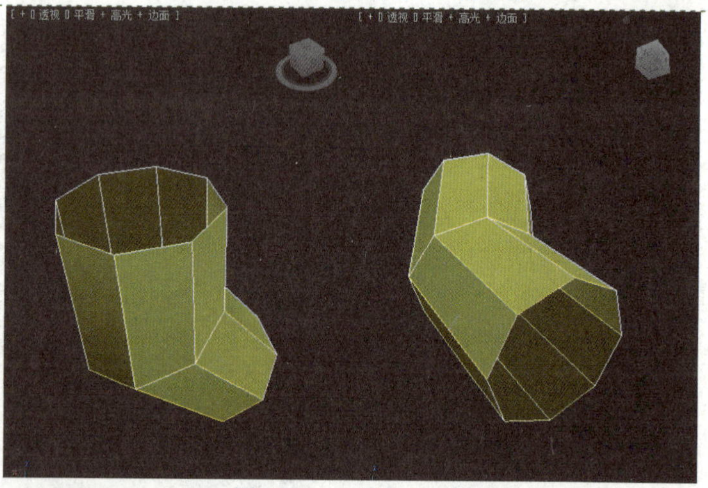

图 7-3-14　删除多余面

15 取消其他部位的隐藏，选择小老鼠头部，选择【可编辑多边形】编辑器并右击，在弹出的快捷菜单中执行【附加】命令，将其他部件与头部附加到一起，如图 7-3-15 所示。

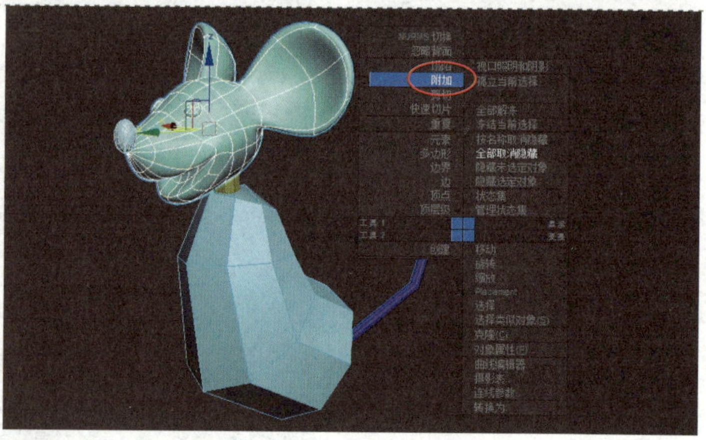

图 7-3-15　附加各部件

16 选中【顶点】对象，选择尾巴末梢的一圈点并右击，在弹出的快捷菜单中执行【塌陷】命令，如图 7-3-16 所示。

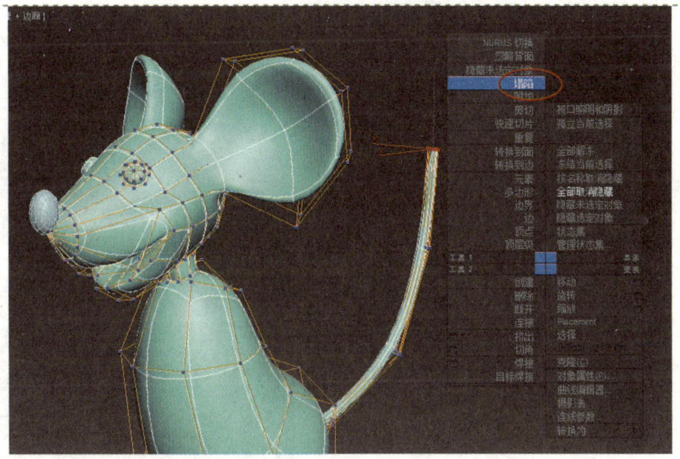
图 7-3-16 塌陷尾部

7.4 创建小老鼠四肢

1 单击【创建】→【图形】面板，单击【线】按钮，在前视图中创建小老鼠的手臂，将【厚度】设置为 25.0、【边】设置为 8，如图 7-4-1 所示。

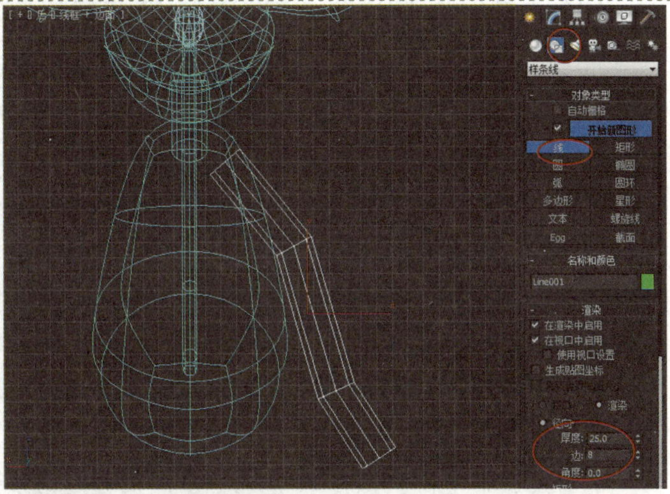
图 7-4-1 创建小老鼠的手臂

2 参考以上操作，创建小老鼠的腿部，如图 7-4-2 所示。

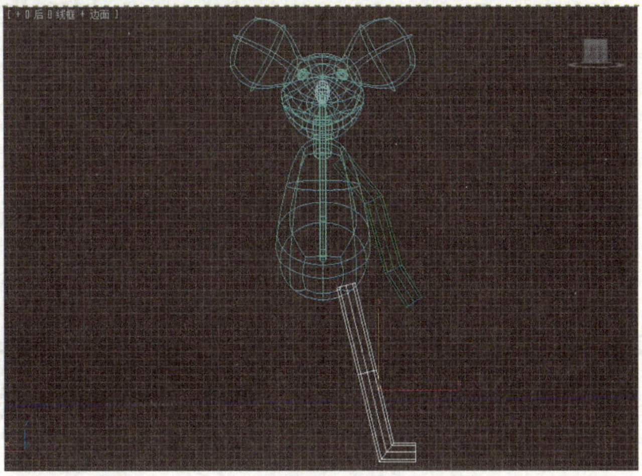
图 7-4-2 创建小老鼠的腿部

3 进入【修改】面板，选中【顶点】对象并右击，在弹出的快捷菜单中执行【细化】命令，在手臂上添加点，如图 7-4-3 所示。

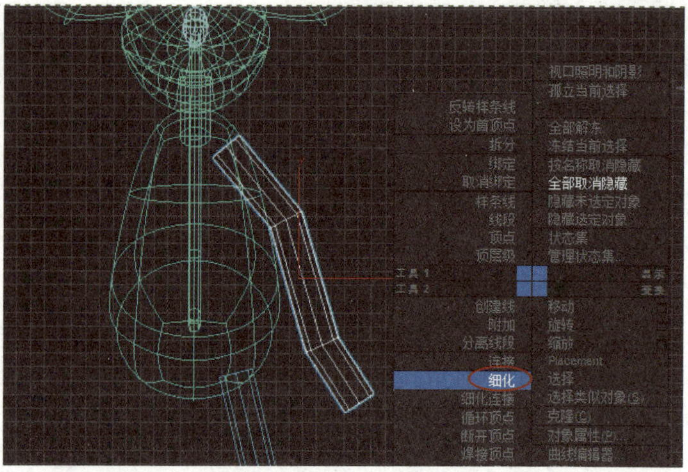

图 7-4-3　添加点

4 调整手臂各个顶点的位置，修改手臂的形状，如图 7-4-4 所示。

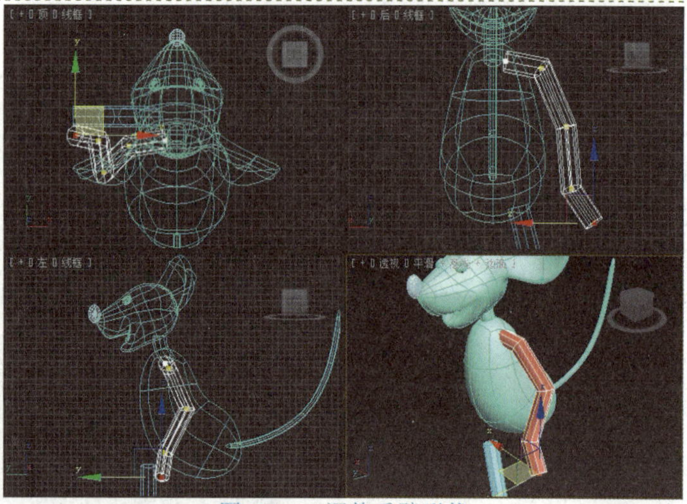
图 7-4-4　调整手臂形状

5 参考以上操作，调整腿部各个顶点的位置，修改腿部的形状，如图 7-4-5 所示。

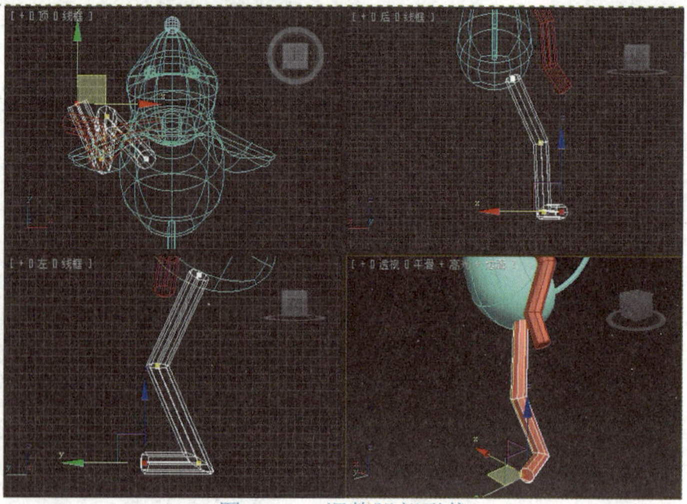
图 7-4-5　调整腿部形状

6 在透视图中依次选择手臂上的每一圈点，使用【选择并均匀缩放】工具调整其大小，使用【选择并移动】工具调整其位置，修改手臂的细节，如图 7-4-6 所示。

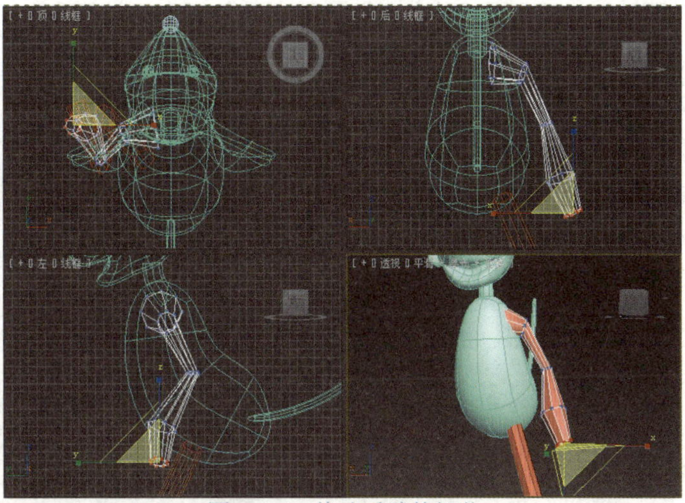
图 7-4-6　修改手臂的细节

7 参考以上操作，修改腿部细节，如图 7-4-7 所示。

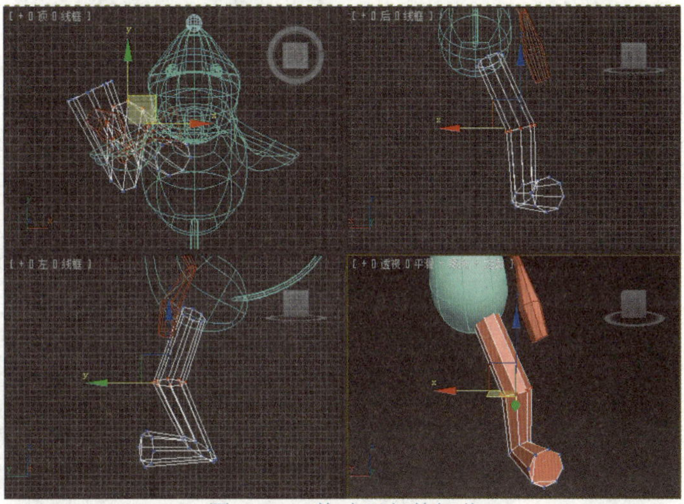
图 7-4-7　修改腿部的细节

8 按 Alt+Q 组合键，孤立腿部对象，选中【多边形】对象，选择大腿顶部的面，按 Delete 键删除，如图 7-4-8 所示。

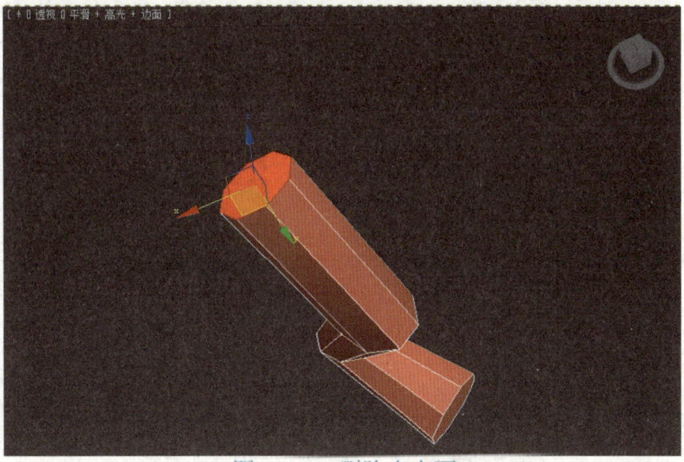
图 7-4-8　删除多余面

9 按 Alt+Q 组合键，解除对象孤立，选中【边】对象并右击，在弹出的快捷菜单中执行【连接】命令，在大腿位置创建新的一圈边，如图 7-4-9 所示。

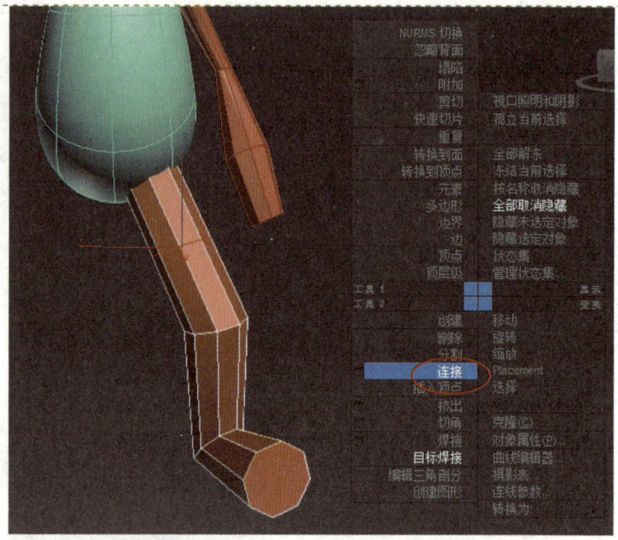

图 7-4-9　连接边

10 参考以上操作，在小腿及脚的位置创建新的边，如图 7-4-10 所示。

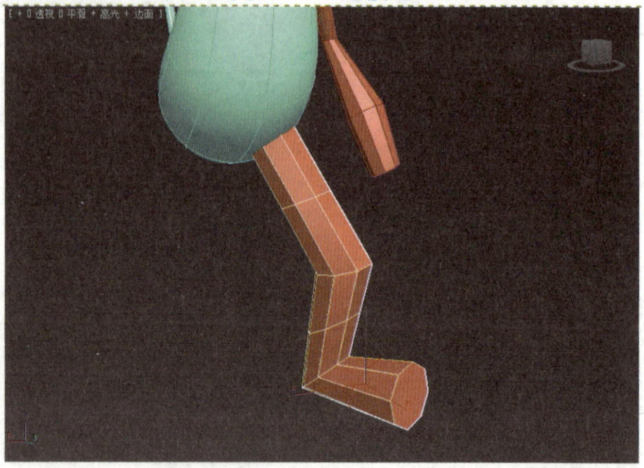

图 7-4-10　创建边

11 选择身体对象，将手臂与腿附加到身体上，如图 7-4-11 所示。

图 7-4-11　附加四肢

7.5　添加手掌与脚掌

1 选中【顶点】对象，选择大腿与小腿中部的两圈点，使用【选择并均匀缩放】工具调整其大小，如图 7-5-1 所示。

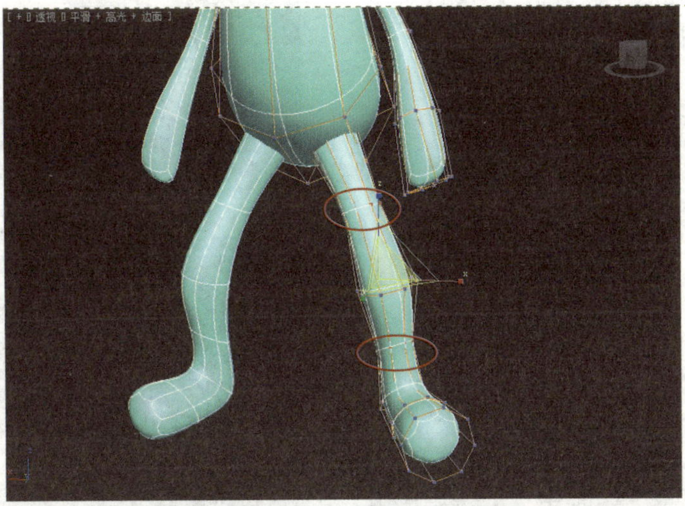

图 7-5-1　调整腿部大小

2 选择脚部中间的一圈点，在左视图中调整其大小与位置，如图 7-5-2 所示。

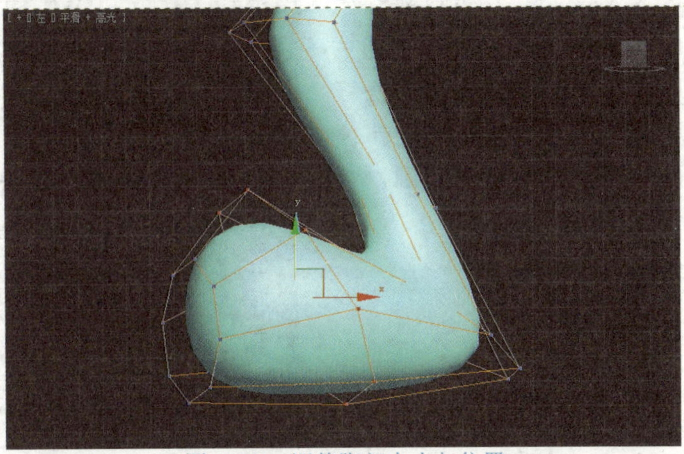

图 7-5-2　调整脚部大小与位置

3 右击，在弹出的快捷菜单中执行【剪切】命令，在脚的前端添加两条边，如图 7-5-3 所示。

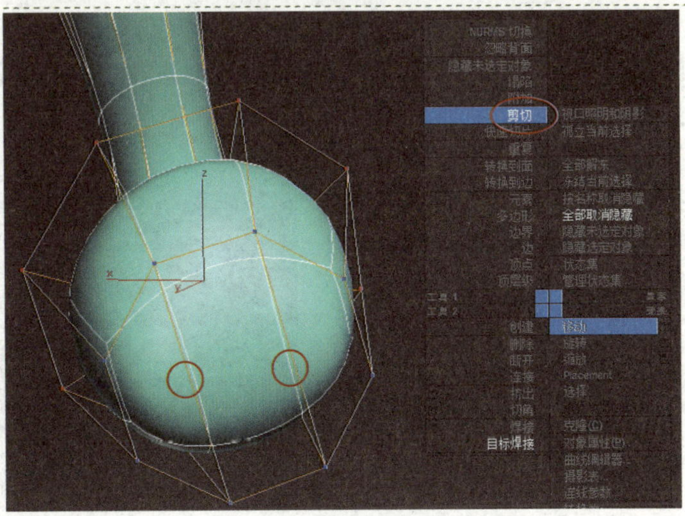

图 7-5-3　添加边

4 继续调整脚部的点，修改脚部细节，如图 7-5-4 所示。

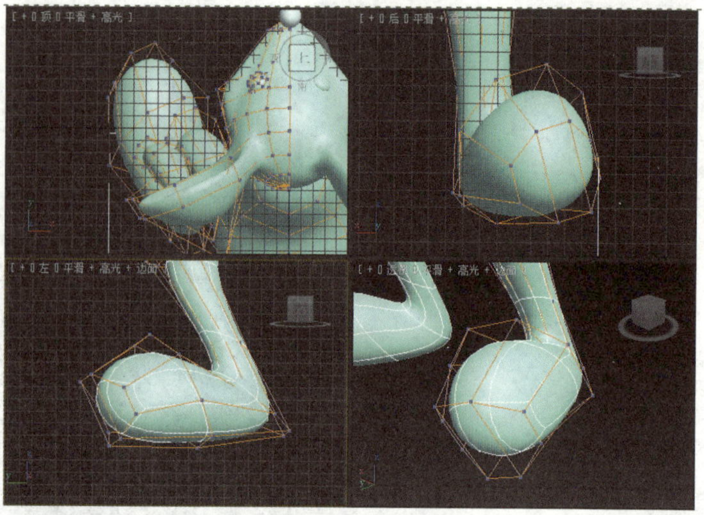

图 7-5-4　修改脚部细节

5 选中【元素】对象，选择小老鼠的腿部，使用【选择并均匀缩放】工具调整其大小，使用【选择并移动】工具调整其位置，调整腿部整体比例，如图 7-5-5 所示。

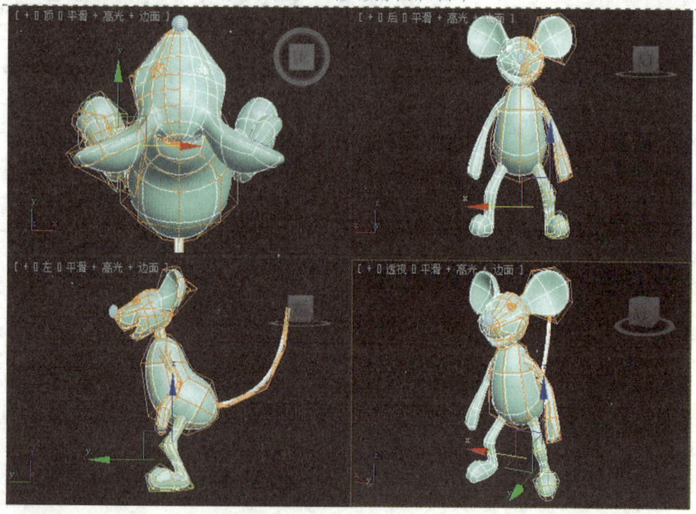

图 7-5-5　调整腿部整体比例

6 选择老鼠的头部、眼睛、鼻子，单击主工具栏中的【使用轴点中心】按钮，在弹出的下拉列表中选择【使用变换坐标中心】选项，调整头部比例，如图 7-5-6 所示。

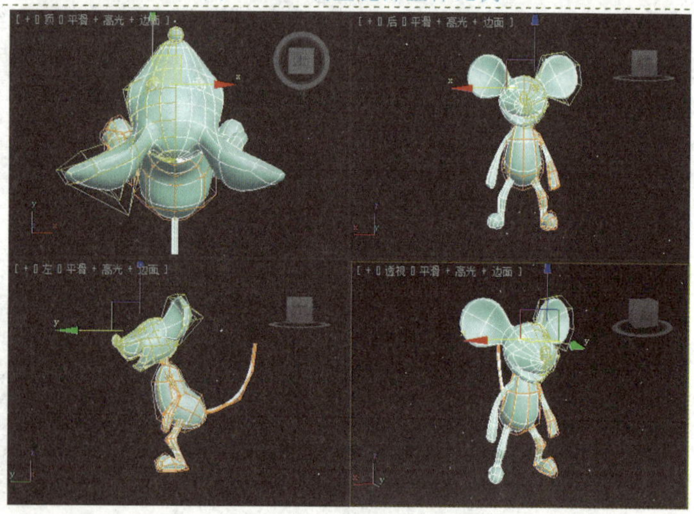

图 7-5-6　调整头部比例

7 选中【边】对象，选择手臂末端的一圈边并右击，在弹出的快捷菜单中执行【连接】命令，创建新的一圈边，如图 7-5-7 所示。

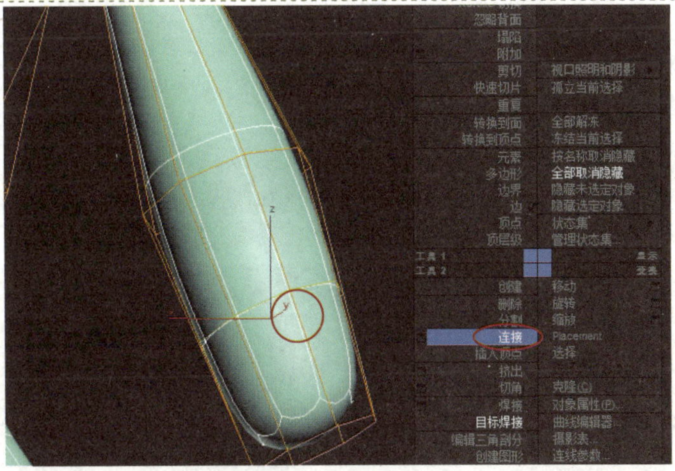

图 7-5-7 连接边

8 单击主工具栏中的【使用变换坐标中心】按钮，在弹出的下拉列表中选择【使用轴点中心】选项，使用【选择并均匀缩放】工具调整手掌大小，如图 7-5-8 所示。

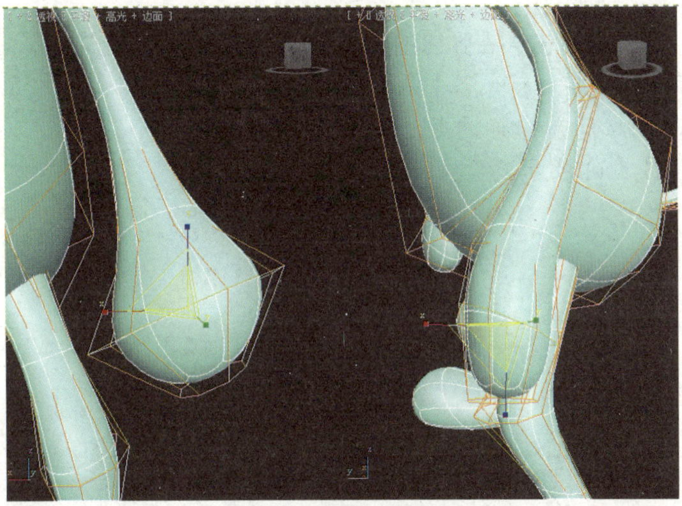

图 7-5-8 调整手掌大小

9 选中【多边形】对象，选择拇指区域的面，在【编辑多边形】卷展栏中单击【挤出多边形】按钮，设置【高度】为 15.0，如图 7-5-9 所示。

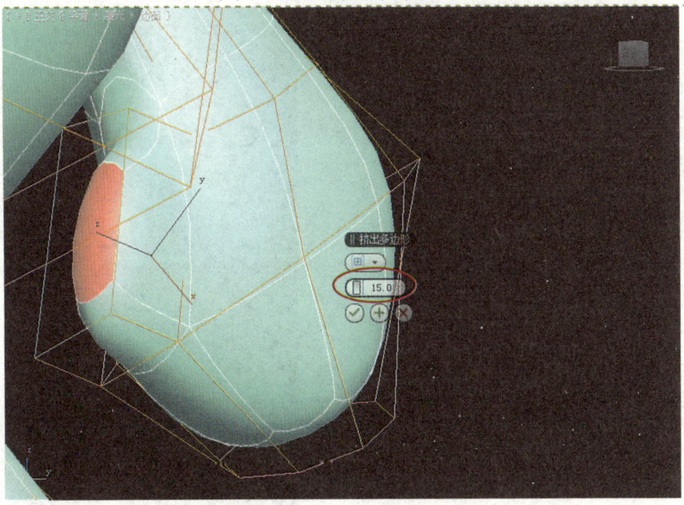

图 7-5-9 创建拇指

10 选中【顶点】对象，调整拇指顶端的顶点位置，如图 7-5-10 所示。

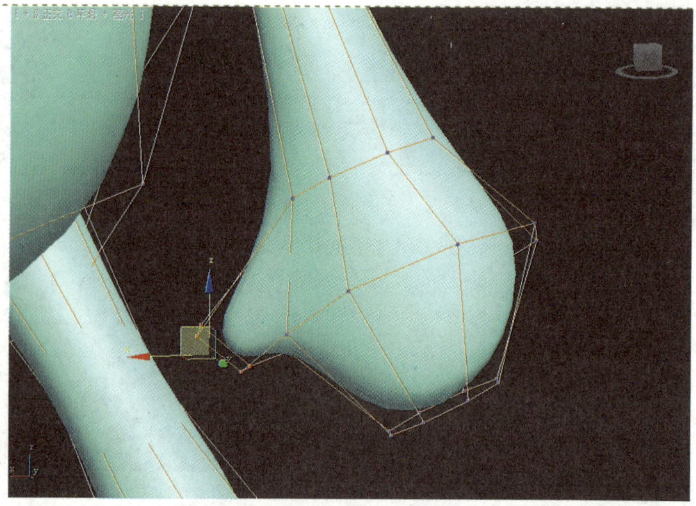

图 7-5-10　调整拇指顶端的顶点位置

11 右击，在弹出的快捷菜单中执行【剪切】命令，在手掌前端添加两条边，如图 7-5-11 所示。

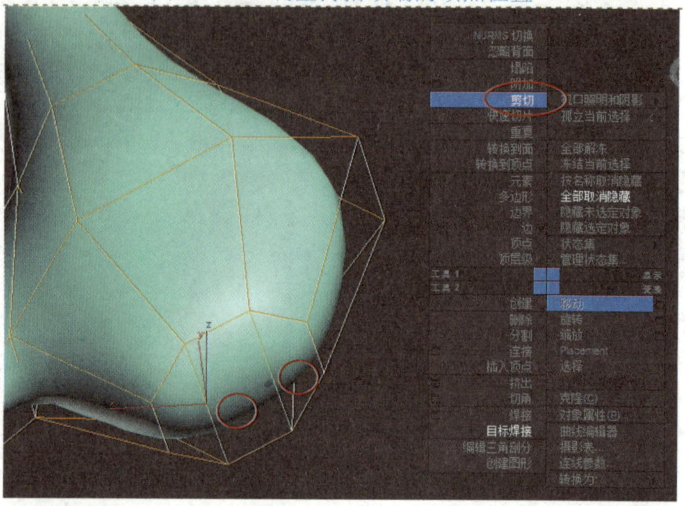

图 7-5-11　添加边

12 选择手掌部分的顶点，使用【选择并旋转】工具调整手掌方向，如图 7-5-12 所示。

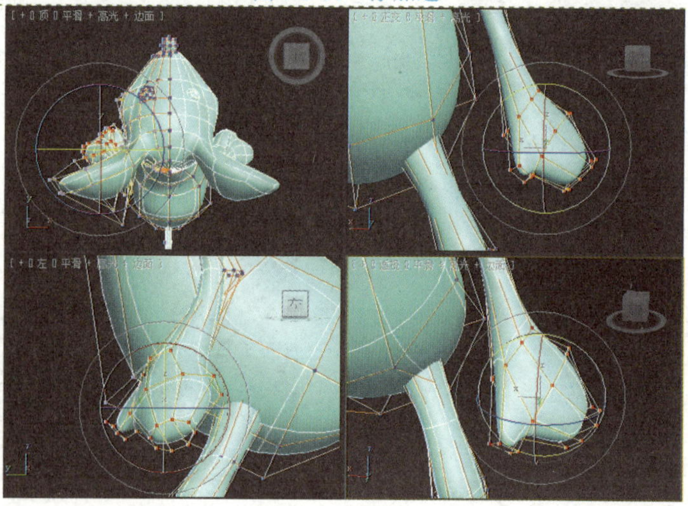

图 7-5-12　调整手掌方向

13 选中【边】对象，选择拇指侧面的一圈边并右击，在弹出的快捷菜单中执行【连接】命令，创建新的一圈边，使用【选择并移动】工具调整边的位置，如图 7-5-13 所示。

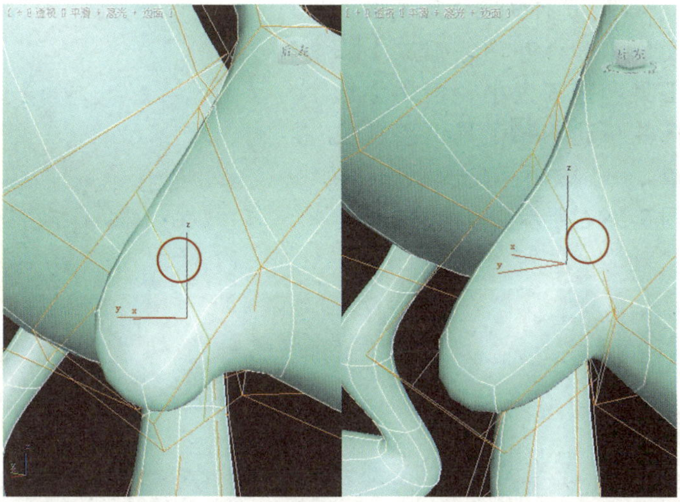

图 7-5-13 修改拇指细节

14 右击，在弹出的快捷菜单中执行【快速切片】命令，单击鼠标，在手腕位置创建新的一圈边，如图 7-5-14 所示。

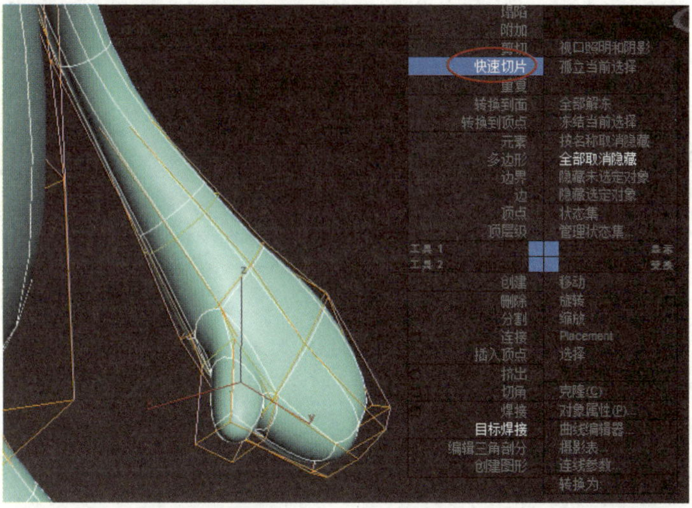

图 7-5-14 快速切片

15 选择手腕部分新生成的一圈面，在【编辑多边形】卷展栏中单击【倒角】按钮，设置【倒角类型】为局部法线、【高度】为 3.0、【轮廓量】为-1.0，单击【应用】按钮。继续设置【高度】为 5.0，单击【确定】按钮，如图 7-5-15 所示。

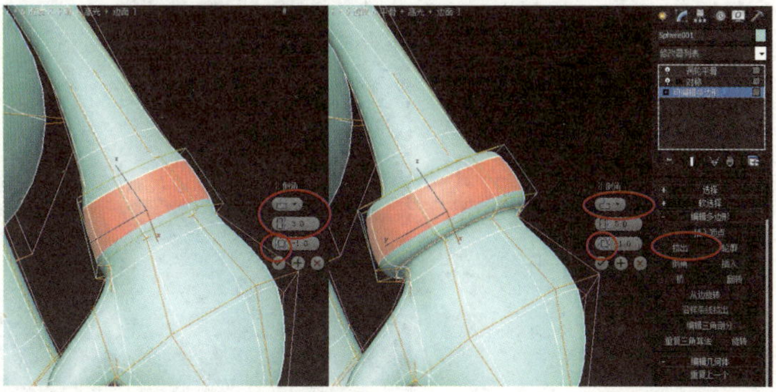

图 7-5-15 倒角面

16 选择倒角生成的面，使用【选择并均匀缩放】工具调整其大小，使用【选择并移动】工具调整其位置，修改手套形状，如图 7-5-16 所示。

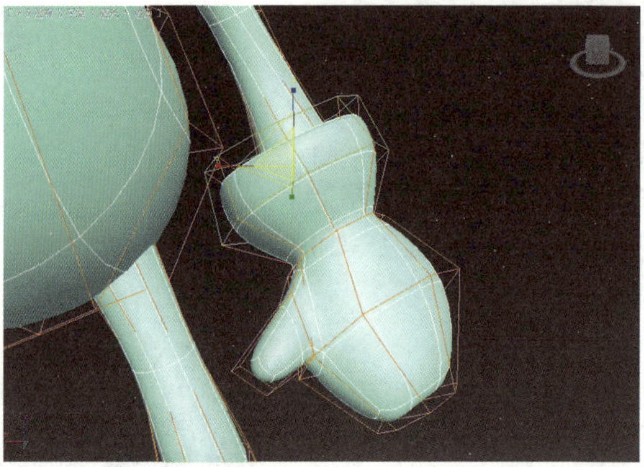

图 7-5-16　修改手套形状

17 适当调整身体各部分的大小比例，完成小老鼠角色模型的创建，如图 7-5-17 所示。

图 7-5-17　小老鼠角色最终效果图

7.6　相关知识

1 目标焊接

选中【顶点】对象，在【编辑顶点】卷展栏中单击【目标焊接】按钮，先选择第一个点，再选择第二个点，可以在第二个点的位置将两者合并，如图 7-6-1 所示。

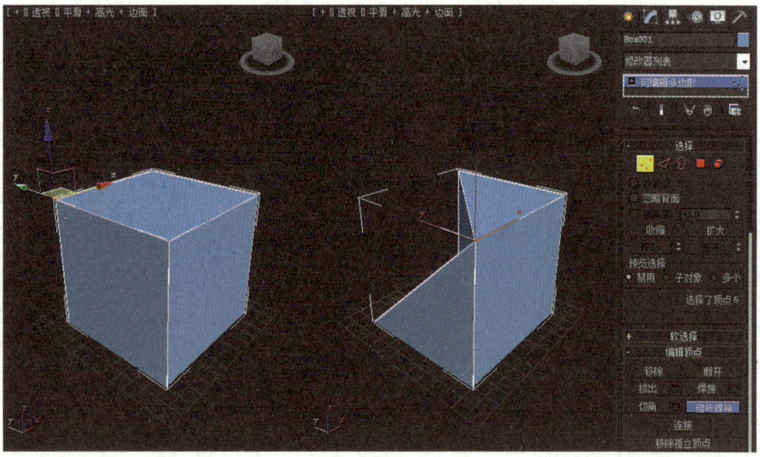

图 7-6-1　目标焊接

2 连接

选中【边】对象，选择任意两条平行边，在【编辑边】卷展栏中单击【连接】按钮，在选中的线之间产生连接线，可通过连接分段数设置连接线的数量，如图 7-6-2 所示。

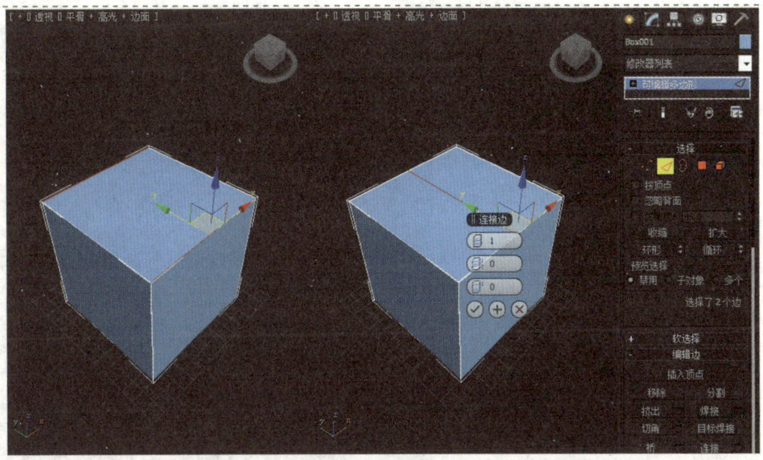

图 7-6-2　连接

3 剪切

右击，在弹出的快捷菜单中执行【剪切】命令，在物体表面依次单击生成新的边，单击的对象可以是顶点、线或者面，如图 7-6-3 所示。

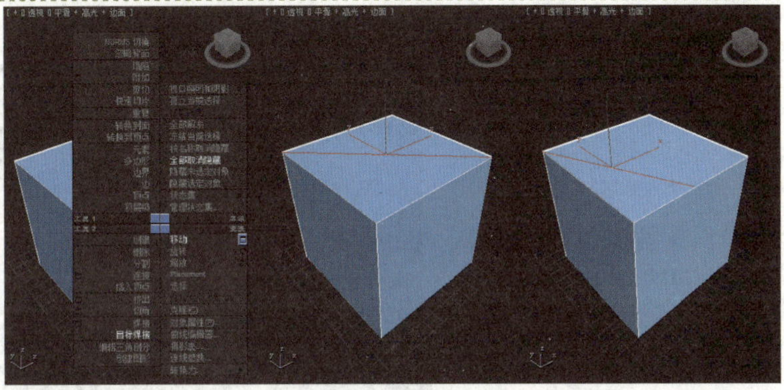

图 7-6-3　剪切

4 挤出

选中【多边形】对象，选择任意多边形，在【编辑多边形】卷展栏中单击【挤出】按钮，使该多边形突出，形成新的结构，可以通过设置挤出类型与数量来调整挤出的效果与程度，如图 7-6-4 所示。

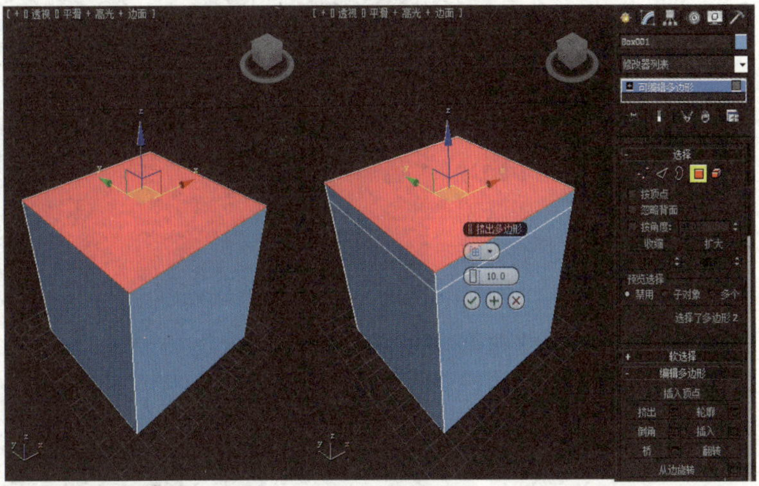

图 7-6-4　挤出

5 倒角

选中【多边形】对象，选择任意多边形，在【编辑多边形】卷展栏中单击【倒角】按钮，使该多边形突出并倒角成新的结构，可以通过设置倒角类型、高度与轮廓调整倒角的效果与程度，如图 7-6-5 所示。

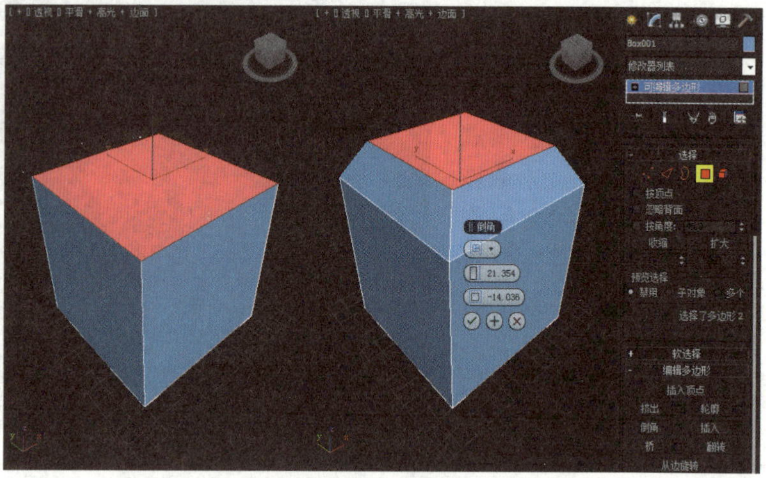

图 7-6-5　倒角

6 插入

选中【多边形】对象，选择任意多边形，在【编辑多边形】卷展栏中单击【插入】按钮，可以在该多边形内部生成新的多边形，通过设置数量可调整新生成面的大小，如图 7-6-6 所示。

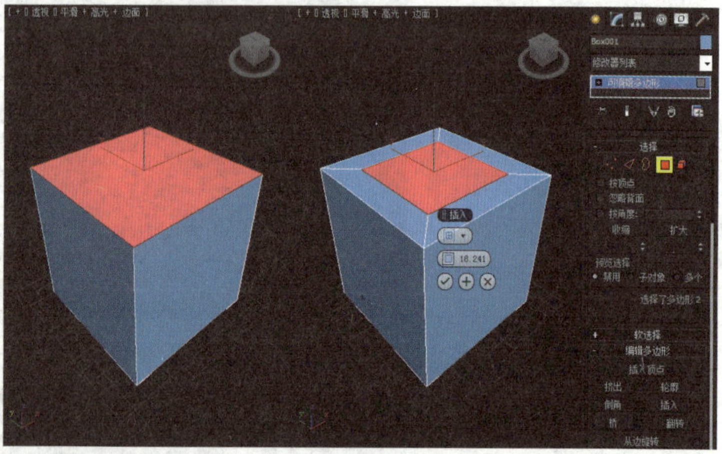

图 7-6-6　插入

7 桥

选中【多边形】对象，选择任意两个形状相同的多边形，在【编辑多边形】卷展栏中单击【桥】按钮，可生成新的多边形，将这两个面连接起来，如图 7-6-7 所示。

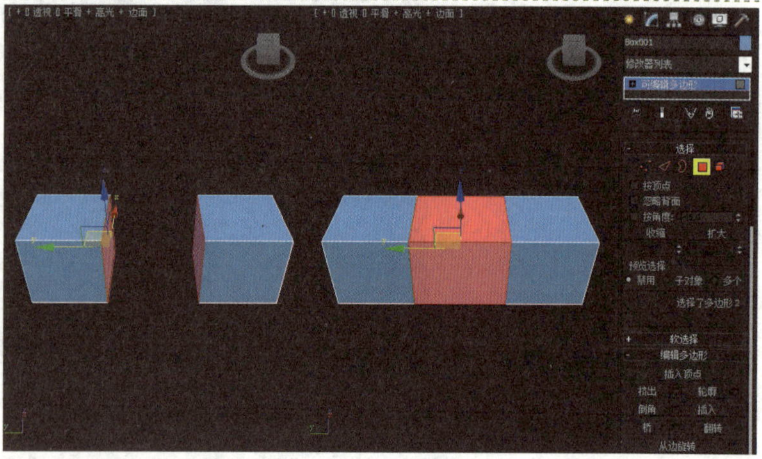

图 7-6-7　桥

7.7 实战演练

三维动画中的角色除了拟人化的卡通角色外，也有一些动物形态的卡通角色，需要在制作时对动物身体的大致结构有一个基本的认识。下面请尝试制作一只小狗的卡通角色形象，如图 7-7-1 所示。

图 7-7-1 小狗的制作效果图

制作要求

（1）模型结构正确，比例恰当。

（2）模型面数控制合理，没有过多不必要的多边形。

（3）能使用软件对角色效果做简单渲染。

制作提示

（1）将小狗的身体主要结构理解为球体的集合，在球体的基础上进行延伸细化。

（2）利用【挤出】工具创建小狗的四肢。

（3）通过逐步调整顶点来修改小狗的头部细节。

项目评价

项目实训评价表						
项目	内　容		评定等级			
	学 习 目 标	评 价 项 目	4	3	2	1
职业能力	能熟练掌握卡通角色的建模过程	掌握角色身体结构				
		能灵活使用多边形建模				
	能熟练掌握低模制作技术	能合理控制模型面数				
		能利用低面数体现模型特点				

续表

<table>
<tr><th colspan="7">项目实训评价表</th></tr>
<tr><td rowspan="2">项　目</td><td colspan="2">内　容</td><td colspan="4">评定等级</td></tr>
<tr><td>学 习 目 标</td><td>评 价 项 目</td><td>4</td><td>3</td><td>2</td><td>1</td></tr>
<tr><td rowspan="5">职业能力</td><td rowspan="3">能正确塑造角色细节</td><td>能正确创建角色五官造型</td><td></td><td></td><td></td><td></td></tr>
<tr><td>能正确制作角色手脚</td><td></td><td></td><td></td><td></td></tr>
<tr><td>能根据需求调整细节关系</td><td></td><td></td><td></td><td></td></tr>
<tr><td rowspan="2">能正确控制角色各部位比例</td><td>能根据需求调整各部位大小</td><td></td><td></td><td></td><td></td></tr>
<tr><td>能通过比例体现角色特点</td><td></td><td></td><td></td><td></td></tr>
<tr><td rowspan="8">通用能力</td><td colspan="2">交流表达能力</td><td></td><td></td><td></td><td></td></tr>
<tr><td colspan="2">与人合作能力</td><td></td><td></td><td></td><td></td></tr>
<tr><td colspan="2">沟通能力</td><td></td><td></td><td></td><td></td></tr>
<tr><td colspan="2">组织能力</td><td></td><td></td><td></td><td></td></tr>
<tr><td colspan="2">活动能力</td><td></td><td></td><td></td><td></td></tr>
<tr><td colspan="2">解决问题的能力</td><td></td><td></td><td></td><td></td></tr>
<tr><td colspan="2">自我提高的能力</td><td></td><td></td><td></td><td></td></tr>
<tr><td colspan="2">革新、创新的能力</td><td></td><td></td><td></td><td></td></tr>
<tr><td>综合评价</td><td colspan="6"></td></tr>
</table>

评定等级说明表	
等　级	说　明
4	能高质、高效地完成此学习目标的全部内容，并能解决遇到的特殊问题
3	能高质、高效地完成此学习目标的全部内容
2	能圆满完成此学习目标的全部内容，不需要任何帮助和指导
1	能圆满完成此学习目标的全部内容，但偶尔需要帮助和指导

最终等级说明表	
等　级	说　明
优秀	80%项目达到 3 级水平
良好	60%项目达到 2 级水平
合格	全部项目都达到 1 级水平
不合格	不能达到 1 级水平

项目 8

游戏场景制作

项目描述

一款游戏运行是否流畅和模型总面数有很大的关系，在大部分的游戏场景中，模型的制作都要考虑创建简模，用尽可能少的面来表现物体结构，物体的细节大部分用贴图来表现。本项目通过制作一个游戏场景来熟悉相关的制作过程和制作技巧，本项目的最终效果如图 8-0-1 所示。

图 8-0-1 项目效果

学习目标

- 游戏场景的制作方法。
- 制作各种物体的简模。
- 二维图形可渲染设置。
- 二维物体编辑。

项目分析

对于一个场景，可以先从场景主要物体的结构入手，先确定场景的主体框架，再制作场景中的其他模型，为了使场景的面尽可能少，在制作基础模型时，相关的段数应尽量少用，删除模型中重叠的面。本项目主要需要完成以下五个环节。

（1）房屋主体制作。

（2）屋顶阁楼制作。

（3）屋顶造型制作。

（4）阳台模型创建。

（5）门厅模型制作。

实现步骤

8.1 房屋主体制作

1 单击【创建】→【几何体】面板，在【对象类型】卷展栏中单击【长方体】按钮，在透视图中创建一个长方体，进入【修改】面板，分别设置长方体参数，【长度】：60；【宽度】：50；【高度】：38；按 W 键切换到移动工具，在下面位置状态栏中，在 X 和 Y 信息的上下箭头上右击，将值归零。如图 8-1-1 所示。

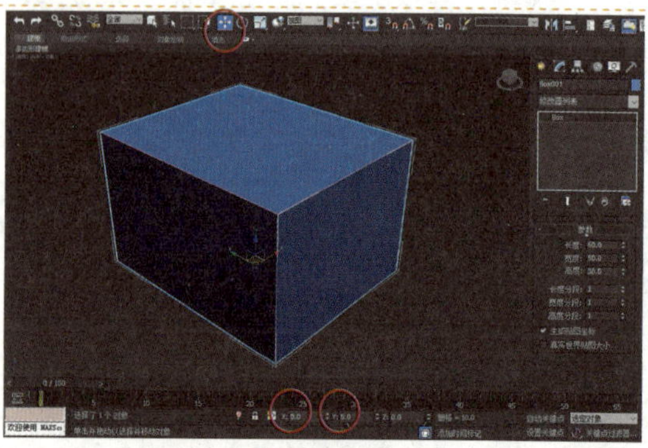

图 8-1-1　创建长方体

2 右击，在弹出的快捷菜单中执行【转换为】→【转换为可编辑多边形】命令，进入【修改】面板，选择【多边形】子对象，选择上面的多边形，右击，在弹出的快捷菜单中单击【挤出】左边的按钮，在对话框中输入【挤出多边形高度】为 20.0，如图 8-1-2 所示。

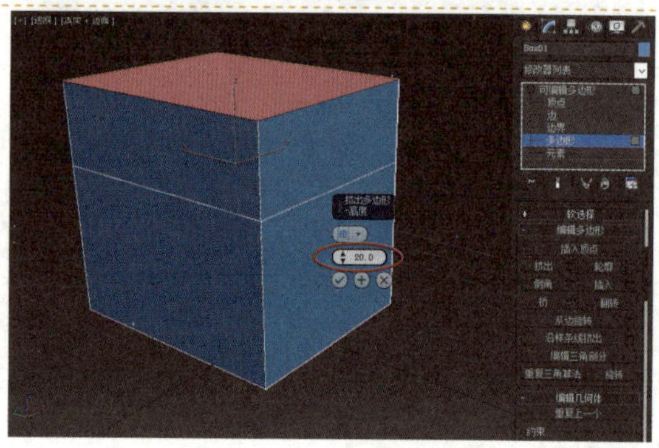

图 8-1-2　挤出

3 单击【边】按钮，进入【边】子对象，选择视图中上面的一条边，如图 8-1-3 所示。

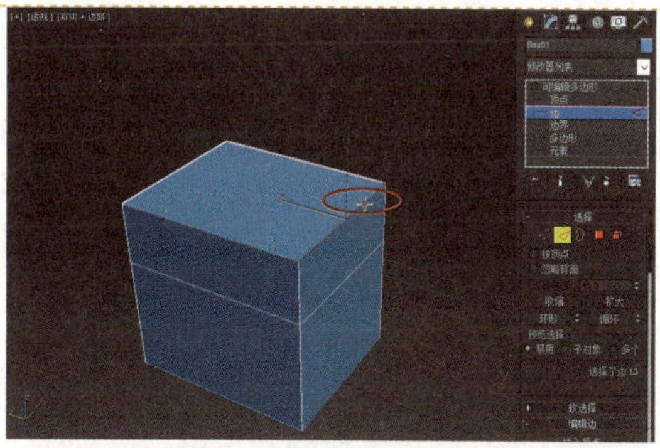

图 8-1-3 选择边

4 右击，在弹出的菜单中选择【塌陷】命令，如图 8-1-4 所示。

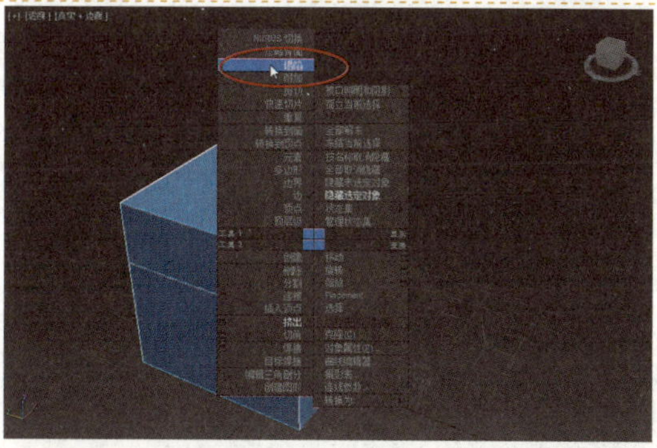

图 8-1-4 塌陷边

5 选择视图中上面的另一条边，右击，在弹出的快捷菜单中再次使用【塌陷】命令，如图 8-1-5 所示。

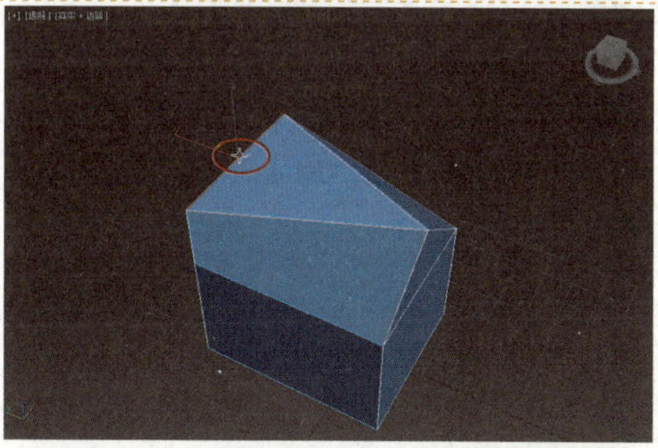

图 8-1-5 塌陷另一条边

6 单击【图形】按钮，在【对象类型】卷展栏中单击【线】按钮，选中【自动栅格】复选框，在模型表面绘制图形，如图 8-1-6 所示。

注意：创建物体时开启自动栅格，可以很方便地在一个物体表面创建物体。

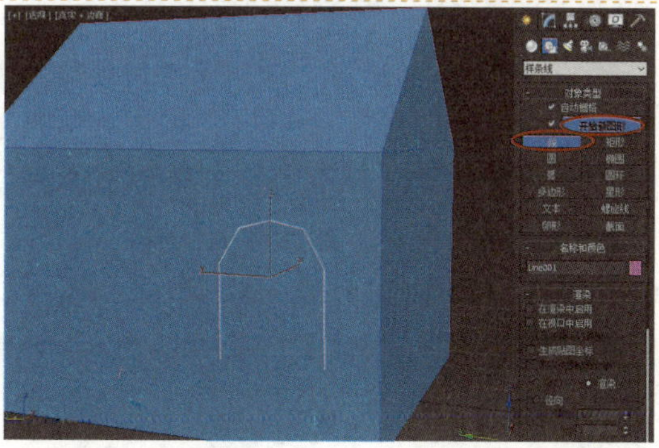

图 8-1-6 绘制图形

7 进入【修改】面板，在【渲染】卷展栏中勾选【在渲染中启用】和【在视口中启用】两个选项，选中【矩形】，设置【长度】为 2.0、【宽度】为 1.9，如图 8-1-7 所示。

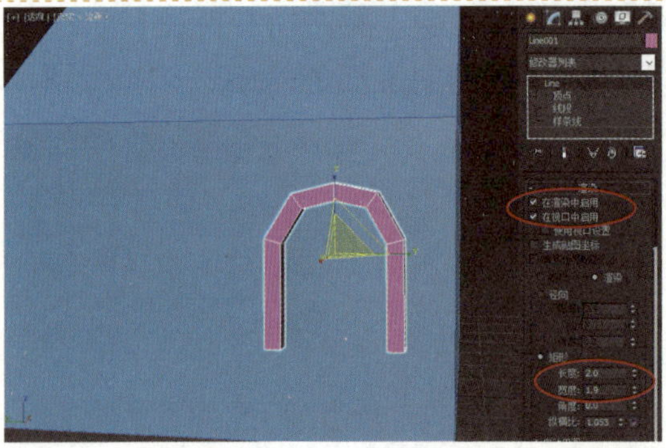

图 8-1-7　渲染设置

8 单击【创建】→【几何体】面板，在【对象类型】卷展栏中单击【长方体】按钮，选中【自动栅格】复选框，在透视图中创建一个长方体，如图 8-1-8 所示。

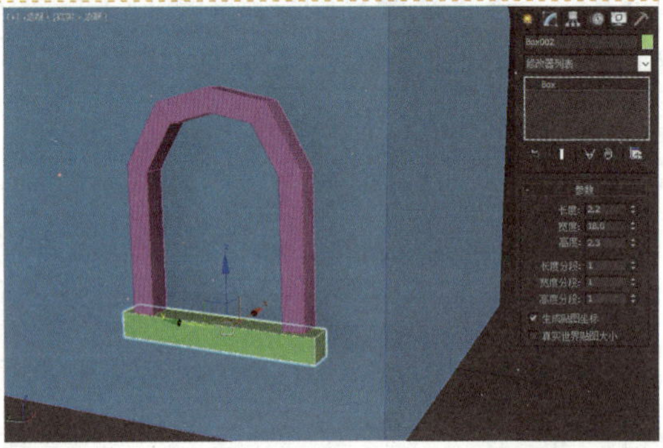

图 8-1-8　再次创建长方体

9 选择刚创建的两个窗户结构模型，单击【实用程序】按钮，依次执行【塌陷】|【塌陷选定的对象】命令，如图 8-1-9 所示。

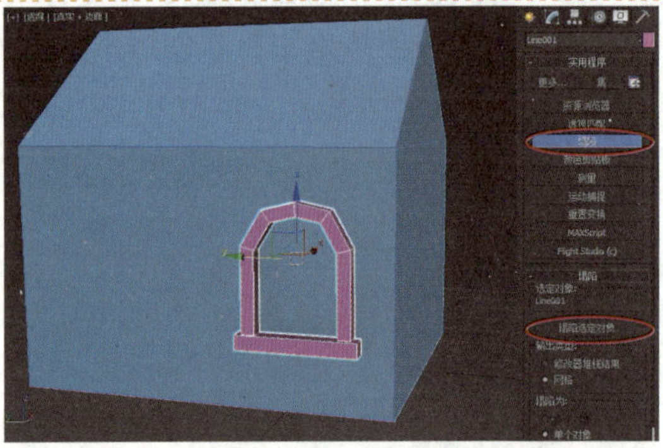

图 8-1-9　塌陷选择物体

10 按住 Shift 键，使用【选择并移动】工具沿 Y 轴复制一个物体，然后选择两个窗户物体，使用工具栏中的【镜像】命令复制另一面的窗户，如图 8-1-10 所以。

注意：选中物体后按 Alt+X 组合键可以透明显示物体。

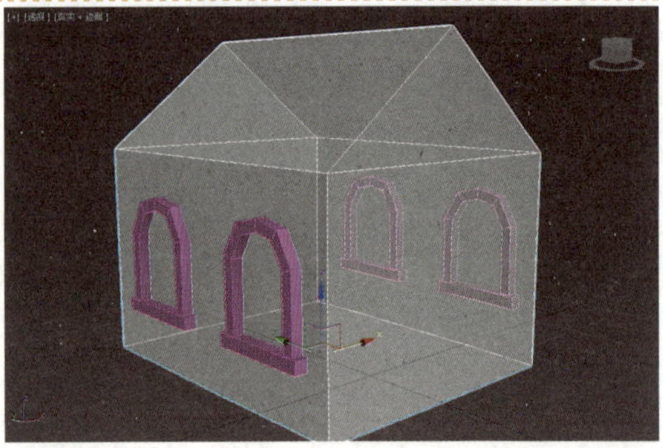

图 8-1-10　复制窗户

11 单击【图形】按钮，在【对象类型】卷展栏中单击【线】按钮，在【顶】视图中绘制图形，如图 8-1-11 所示。

注意：绘制图形时按住 Shift 键可以绘制直线。

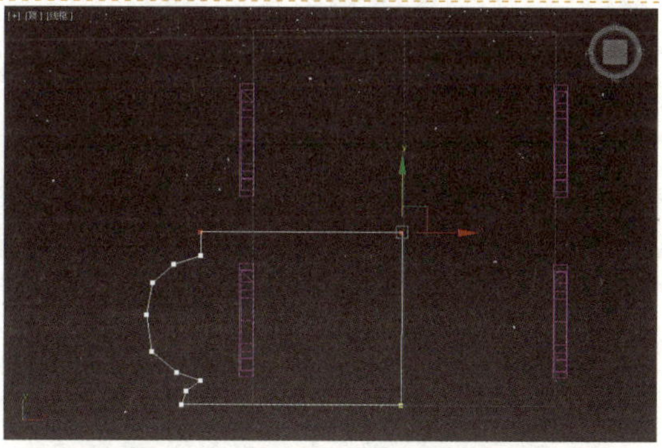

图 8-1-11 绘制图形

12 进入【修改】面板，选择【挤出】命令，设置【数量】为 2.0，使用【选择并移动】工具调整物体的位置，效果如图 8-1-12 所示。

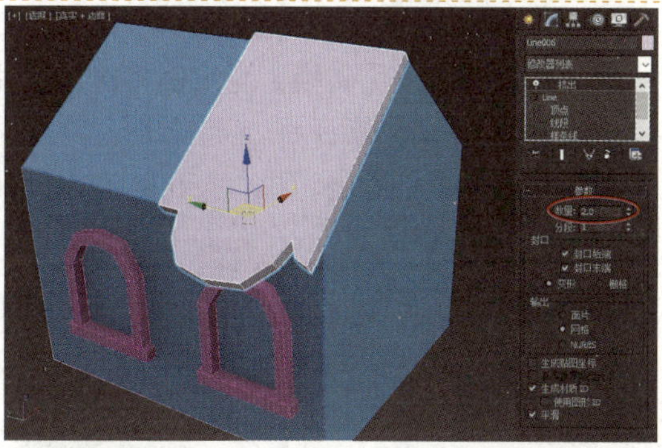

图 8-1-12 挤出与位置调整

13 使用工具栏中的【镜像】命令复制一个物体，如图 8-1-13 所示。

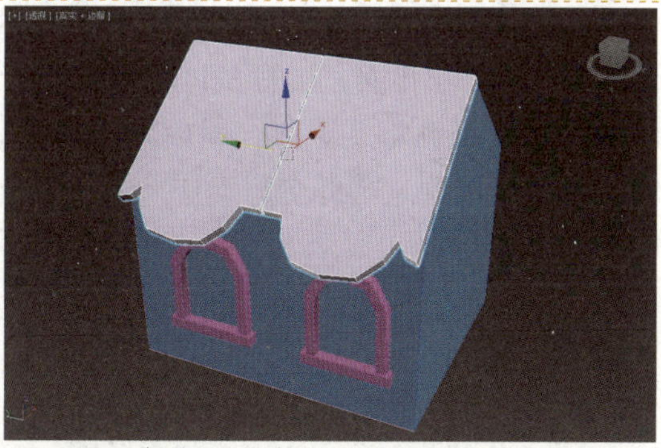

图 8-1-13 镜像复制（1）

14 选中屋顶的两个物体，再次使用工具栏中的【镜像】命令复制物体，如图 8-1-14 所示。

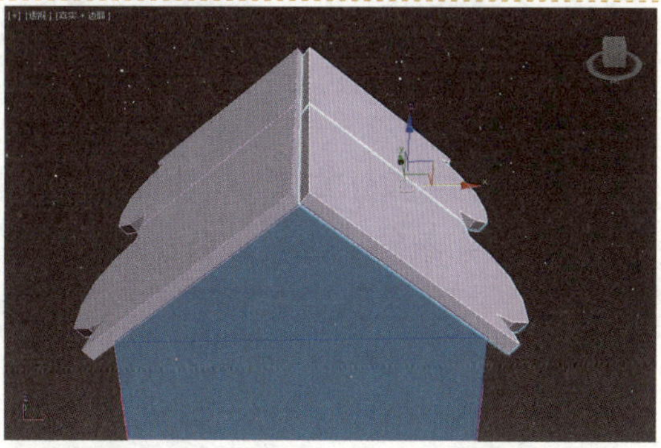

图 8-1-14 镜像复制（2）

15 单击【创建】按钮，选择【平面】工具，在【顶】视图中创建一个平面，设置【长度】为 66.0、【宽度】为 78.0、【长度分段】为 1、【宽度分段】为 1，如图 8-1-15 所示。

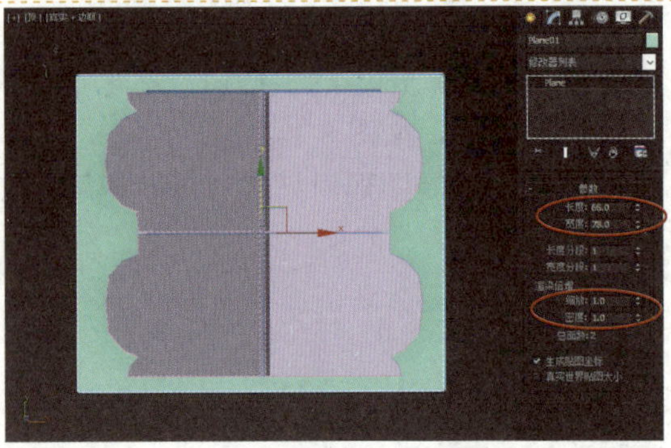
图 8-1-15 创建平面

16 在模型上右击，在弹出的快捷菜单中执行【转换为】→【转换为可编辑多边形】命令，进入【修改】面板，选择【边界】子对象，选择平面的边界，按住 Shift 键，使用【选择并移动】工具沿 Z 轴向上挤出平面，如图 8-1-16 所示。

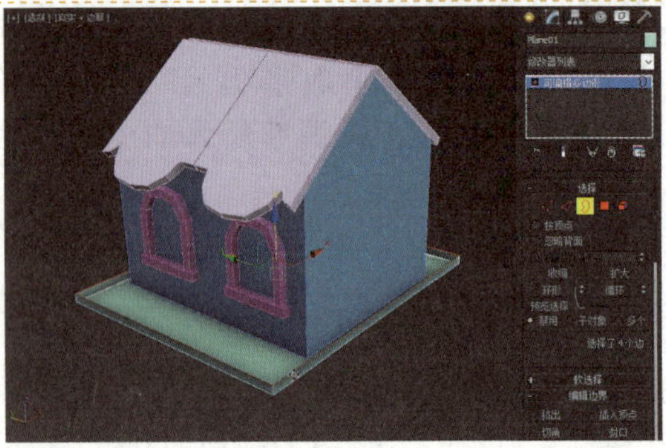
图 8-1-16 向上挤出平面

17 按住 Shift 键，使用【选择并缩放】工具向内挤出平面，如图 8-1-17 所示。

注意：使用工具时，鼠标放在物体中心时缩放工具显示形状，表示物体在三轴方向等比例缩放。

图 8-1-17 向内挤出平面

18 按住 Shift 键，使用【选择并移动】工具沿 Z 轴向下挤出平面，如图 8-1-18 所示。

注意：通过按住 Shift 键，配合【移动】或【缩放】工具可以快速地对边或边界挤出多边形。

图 8-1-18 向下挤出平面

8.2 屋顶阁楼制作

1 选择房屋主体，按住 Shift 键，使用【选择并移动】工具沿 Z 轴向上复制一个物体，如图 8-2-1 所示。

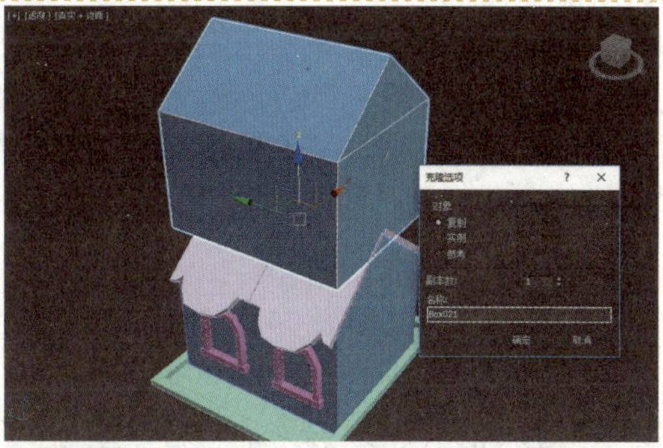

图 8-2-1 复制物体

2 使用【选择并旋转】、【选择并缩放】工具，调整物体的方向和大小，如图 8-2-2 所示。

注意：旋转物体时，开启【角度捕捉切换】按钮可以精确地旋转一定角度。

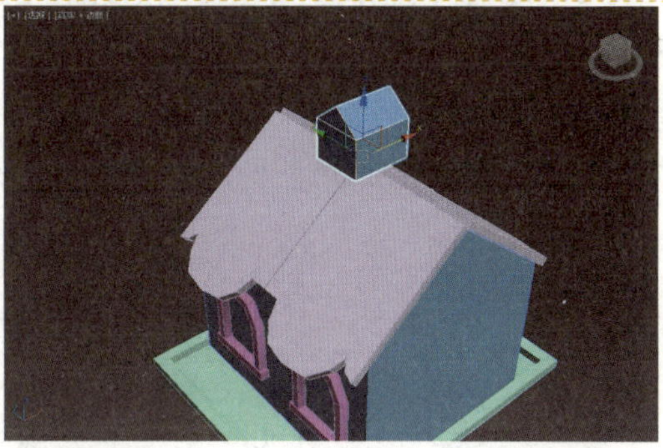

图 8-2-2 缩放与旋转

3 使用【选择并移动】工具调整物体的位置，如图 8-2-3 所示。

图 8-2-3 位置调整

4 进入【修改】面板，选择【多边形】子对象，选择上面的两个多边形，选择【编辑几何体】卷展栏下的【分离】命令，弹出【分离】对话框，选择默认设置，如图 8-2-4 所示。

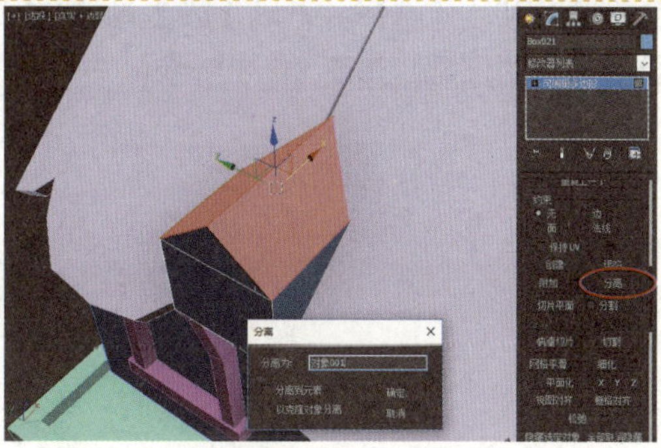

图 8-2-4 分离多边形

5 回到物体层级，选择分离出来的“对象 001”平面物体，右击，在弹出的快捷菜单中选择【剪切】命令，在平面上剪出相交部分的连线，如图 8-2-5 所示。

注意：执行剪切操作前按 F4 键，打开物体线框显示。

图 8-2-5　剪切

6 按 Alt+Q 组合键，独立显示表面，进入【多边形】子对象，选择剪出来的两个三角面，按 Delete 键将其删除，如图 8-2-6 所示。

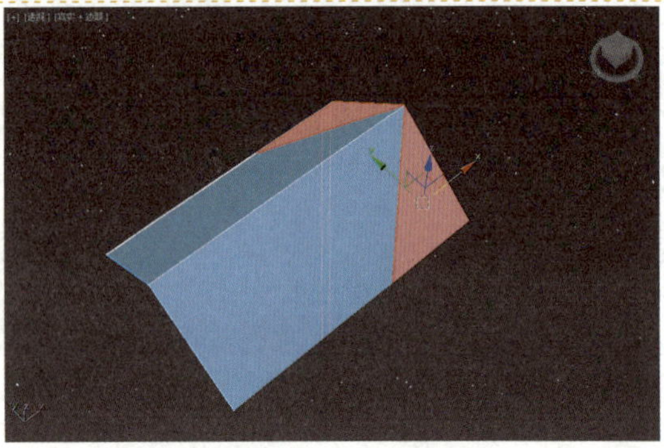
图 8-2-6　删除三角面

7 选择剩下的多边形，右击，在弹出的快捷菜单中单击【挤出】左边的■按钮，在对话框中输入【挤出多边形高度】为 4.5，如图 8-2-7 所示。

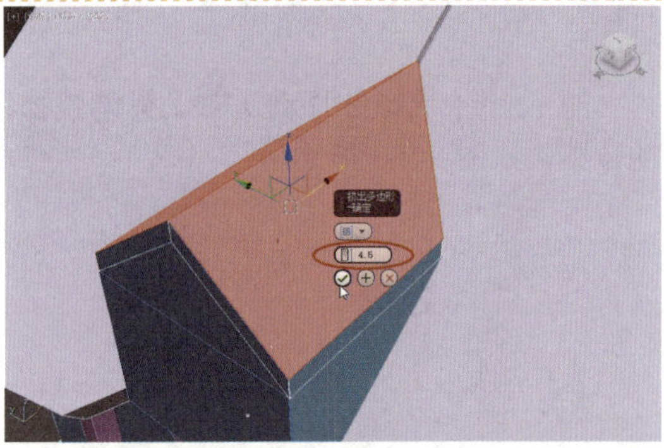

图 8-2-7　挤出多边形

8 进入【顶点】子对象，框选物体前部的顶点，使用【选择并移动】工具沿 X 轴调整顶点的位置，如图 8-2-8 所示。

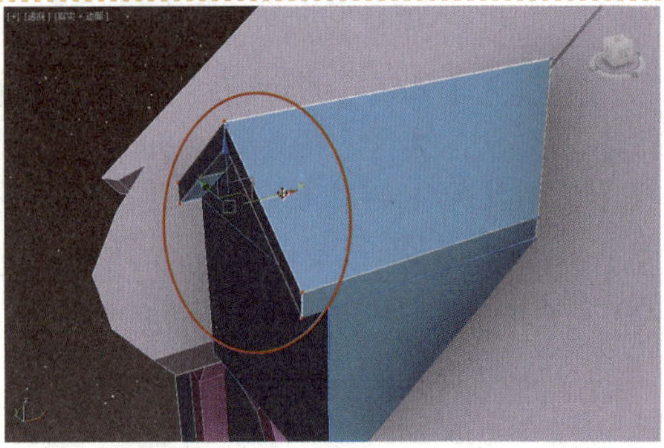
图 8-2-8　调整顶点（1）

9 调整视图方向，框选物体左侧的所有顶点，使用【选择并移动】工具调整物体顶点的位置，然后使用同样的方法调整物体右侧的顶点位置，如图 8-2-9 所示。

图 8-2-9 调整顶点（2）

10 进入【边】子对象，选择物体顶部的一条边，右击，在弹出的快捷菜单中选择【创建图形】命令，弹出【创建图形】对话框，选中【线性】，如图 8-2-10 所示。

图 8-2-10 创建图形

11 回到物体层级，选择“图形 001”，进入【修改】面板，在【渲染】卷展栏中勾选【在渲染中启用】和【在视口中启用】两个选项，选中【径向】，设置【厚度】为 10.0、【边】为 5，如图 8-2-11 所示。

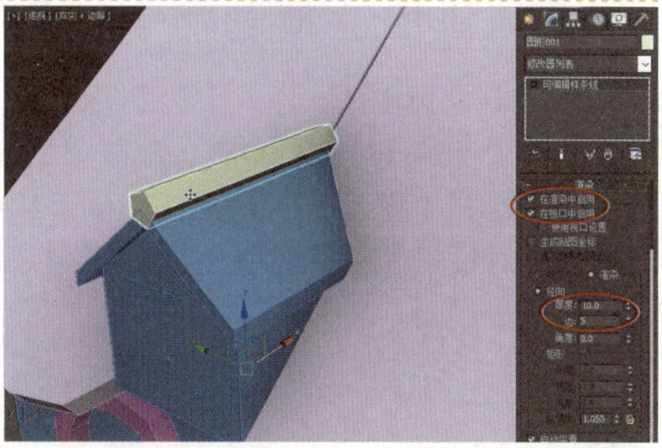

图 8-2-11 设置参数

12 进入【顶点】子对象，选择【几何体】卷展栏中的【优化】命令，在物体上插入两个顶点，如图 8-2-12 所示。

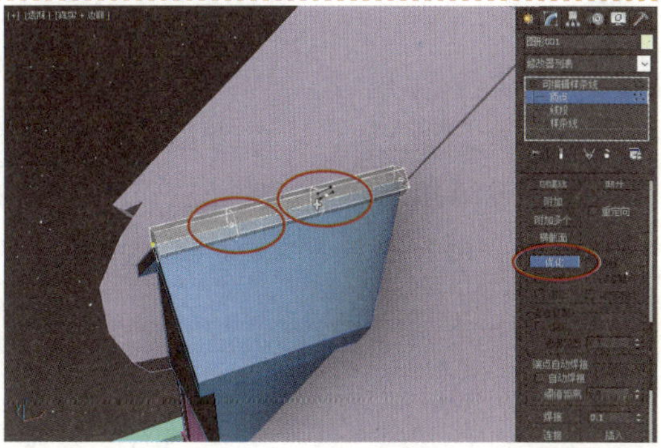

图 8-2-12 插入顶点

13 使用【选择并移动】工具调整物体顶点的位置，如图 8-2-13 所示。

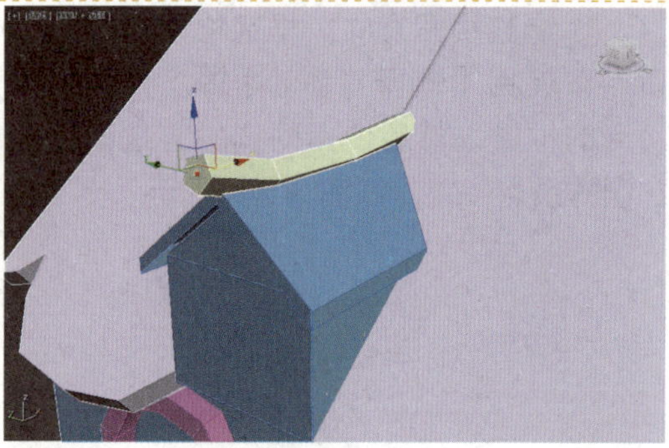

图 8-2-13　调整顶点（3）

14 选择阁楼物体，使用工具栏中的【镜像】命令复制一个物体，如图 8-2-14 所示。

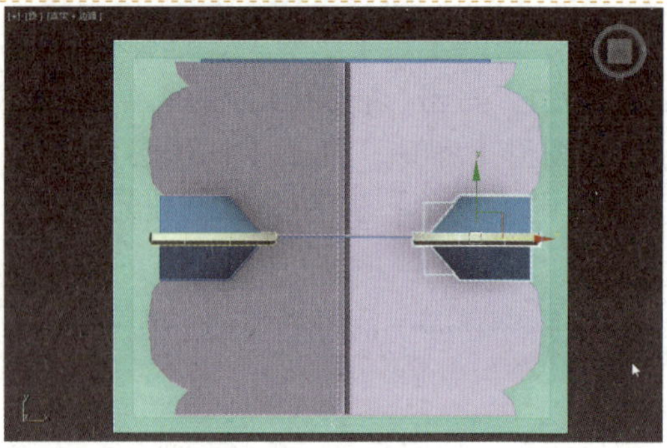

图 8-2-14　镜像复制

8.3　屋顶造型制作

1 选择房屋主体，进入【边】子对象，选择物体顶部的一条边，右击，在弹出的快捷菜单中选择【创建图形】命令，弹出【创建图形】对话框，选中【线性】，如图 8-3-1 所示。

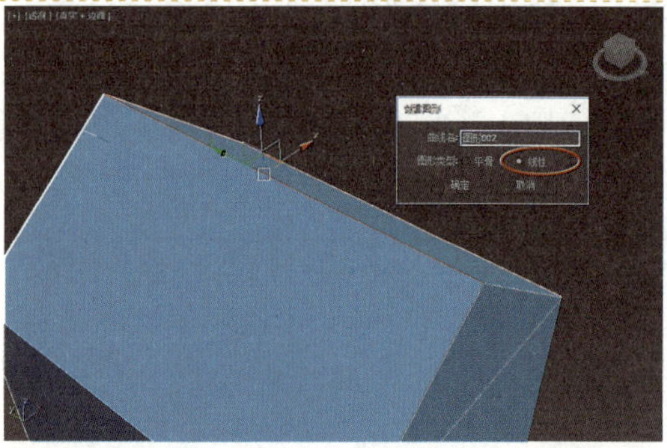

图 8-3-1　创建图形（1）

2 回到物体层级，选择“图形 002”，进入【修改】面板，在【渲染】卷展栏中勾选【在渲染中启用】和【在视口中启用】两个选项，选中【径向】，设置【厚度】为 8.0、【边】为 5，如图 8-3-2 所示。

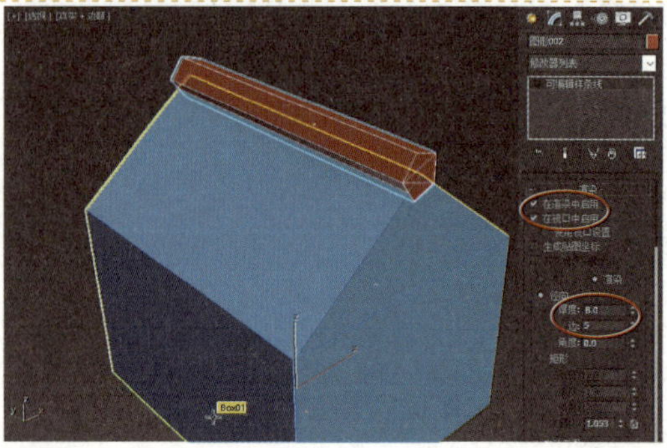

图 8-3-2　设置参数（1）

3 进入【顶点】子对象，选择【几何体】卷展栏中的【优化】命令，在图形中间插入一个顶点，如图 8-3-3 所示。

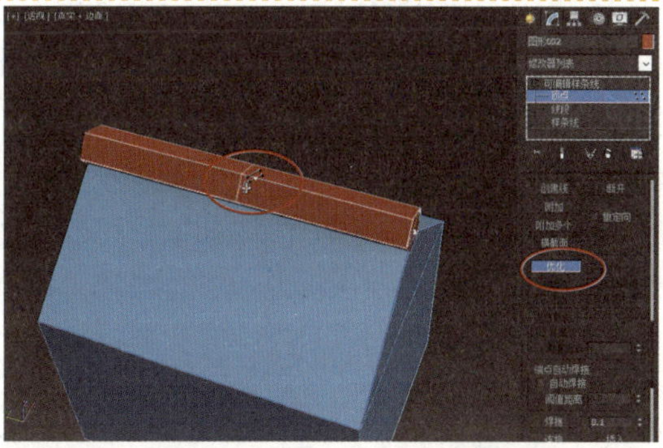

图 8-3-3　插入一个顶点

4 使用【选择并移动】工具调整物体顶点的位置，如图 8-3-4 所示。

注意：在模型的制作过程中适时按 Alt+Q 组合键，将要编辑的物体独立显示，以方便建模。

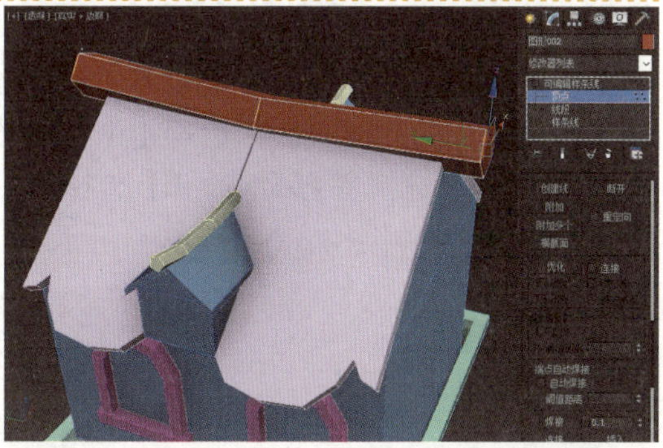

图 8-3-4　调整顶点

5 回到物体层级，选择房屋主体，进入【边】层级，选择物体的两条边，右击，在弹出的快捷菜单中选择【创建图形】命令，弹出【创建图形】对话框，选中【线性】，如图 8-3-5 所示。

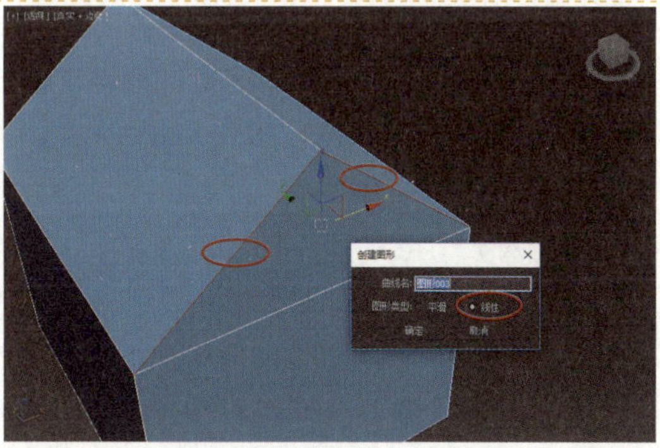

图 8-3-5　创建图形（2）

6 回到物体层级，选择“图形 003”，进入【修改】面板，在【渲染】卷展栏中勾选【在渲染中启用】和【在视口中启用】两个选项，选中【矩形】，设置【长度】为 5.0、【宽度】为 5.0，如图 8-3-6 所示。

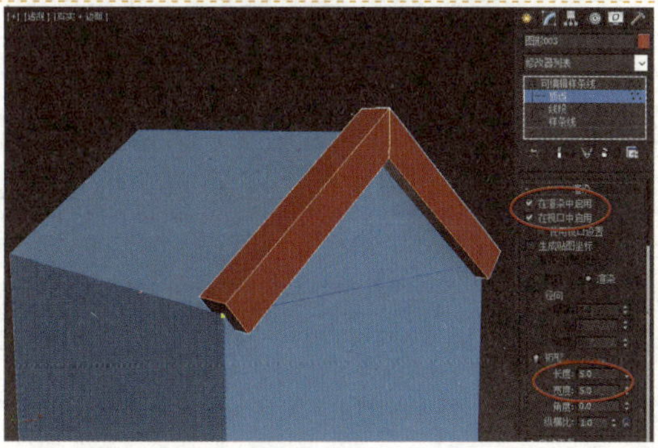

图 8-3-6　设置参数（2）

7 进入【顶点】子对象，选择【几何体】卷展栏中的【优化】命令，在图形中间插入两个顶点，如图 8-3-7 所示。

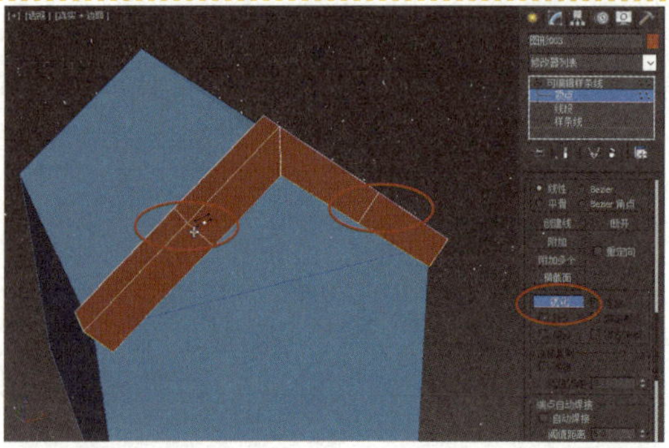

图 8-3-7　插入两个顶点

8 在模型上右击，在弹出的快捷菜单中执行【转换为】→【转换为可编辑多边形】命令，进入【修改】面板，选择【顶点】子对象，使用【选择并移动】和【选择并缩放】工具调整物体结构，如图 8-3-8 所示。

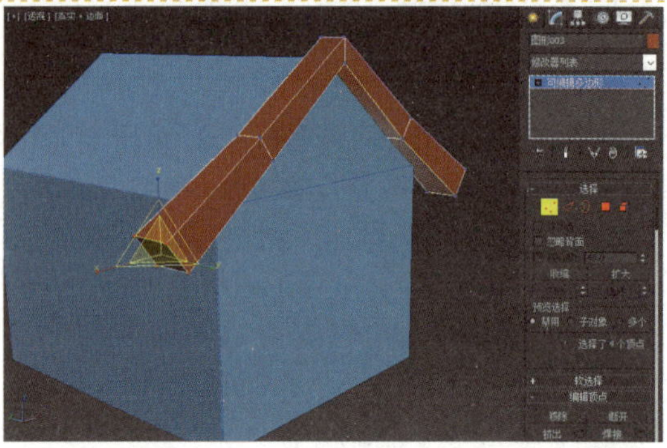

图 8-3-8　调整物体结构（1）

9 回到物体层级，选择“图形 003”物体，按住 Shift 键，使用【选择并移动】工具沿 Y 轴复制一个物体，如图 8-3-9 所示。

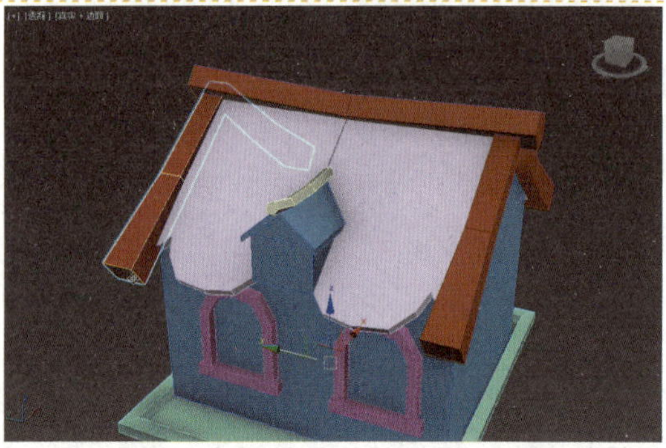

图 8-3-9　复制物体

10 选择顶部的“图形 002”物体，右击，在弹出的快捷菜单中执行【转换为】→【转换为可编辑多边形】命令，进入【修改】面板，选择【多边形】子对象，框选视图中的多边形，如图 8-3-10 所示。

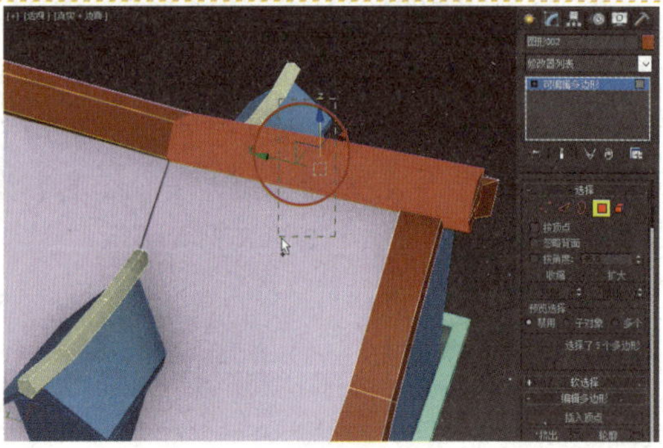

图 8-3-10　选择多边形

11 按住 Shift 键，使用【选择并旋转】工具沿 X 轴旋转复制多边形，弹出【克隆部分网格】对话框，选中【克隆到对象】，如图 8-3-11 所示。

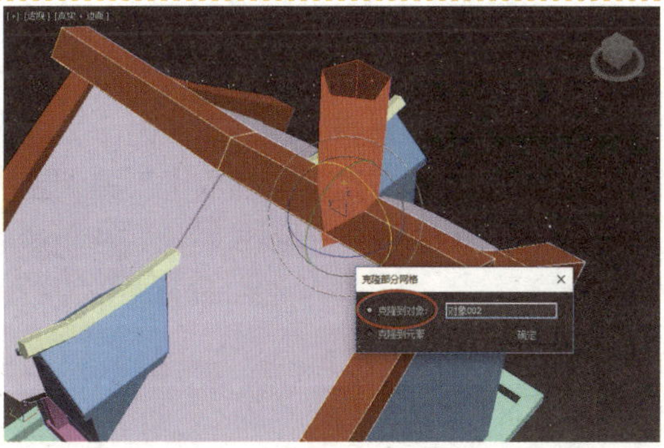

图 8-3-11 复制多边形

12 回到物体层级，选择“对象 002”物体，进入【修改】面板，选择【顶点】子对象，使用【选择并移动】和【选择并缩放】工具调整物体结构，如图 8-3-12 所示。

图 8-3-12 调整物体结构（2）

13 按住 Shift 键，使用【选择并旋转】工具沿 Y 轴旋转复制一个物体，然后使用【选择并缩放】工具调整物体大小，如图 8-3-13 所示。

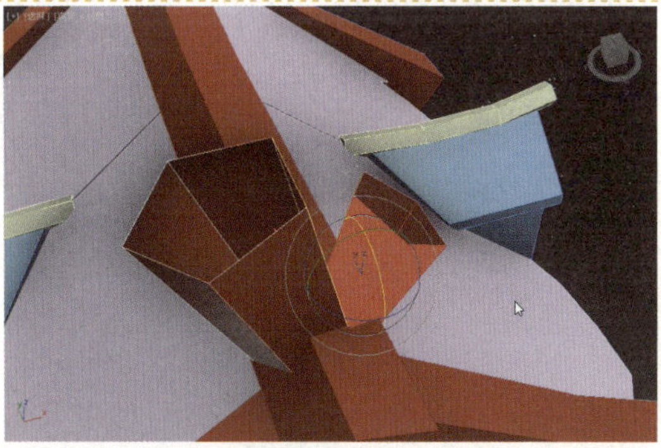

图 8-3-13 复制与调整

14 切换至【前】视图，单击【创建】按钮，选择【平面】工具，在【前】视图中创建一个平面，设置【长度】为 20.0、【宽度】为 14.0、【长度分段】为 3、【宽度分段】为 2，如图 8-3-14 所示。

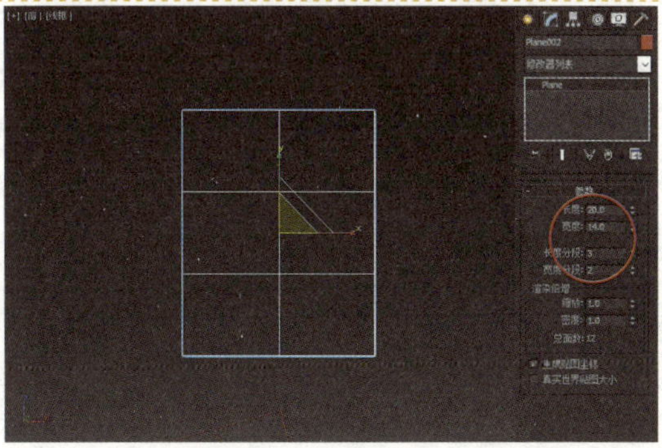

图 8-3-14 创建平面

15 右击，在弹出的快捷菜单中执行【转换为】→【转换为可编辑多边形】命令，进入【修改】面板，选择【顶点】子对象，使用【选择并移动】和【选择并缩放】工具调整物体结构，如图 8-3-15 所示。

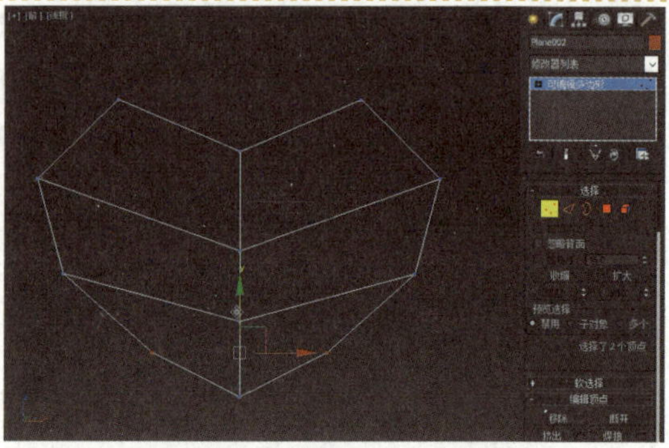

图 8-3-15　调整物体结构（3）

16 进入【多边形】子对象，选择所有多边形，右击，在弹出的快捷菜单中单击【挤出】左边的按钮，在对话框中输入【挤出多边形高度】为 4，如图 8-3-16 所示。

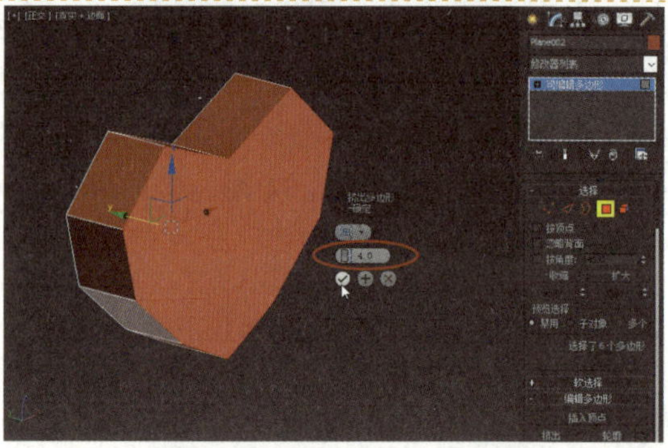

图 8-3-16　挤出多边形（1）

17 使用【选择并缩放】工具调整表面的大小，如图 8-3-17 所示。

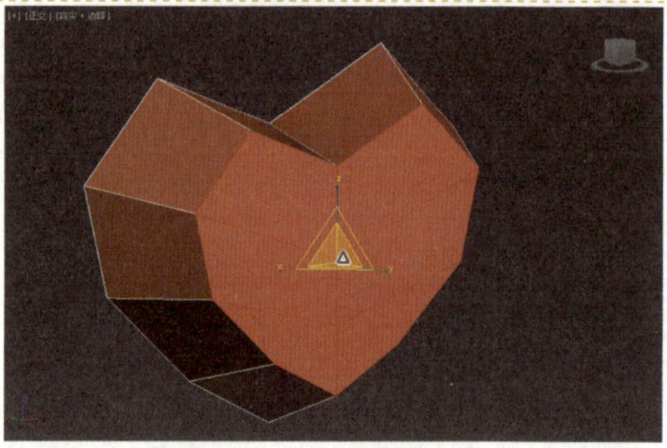

图 8-3-17　缩放大小

18 单击【创建】→【几何体】面板，在【对象类型】卷展栏中单击【圆柱体】按钮，在【前】视图中创建一个圆柱体，设置【半径】为 1.2、【高度】为 0.5、【高度分段】为 1，如图 8-3-18 所示。

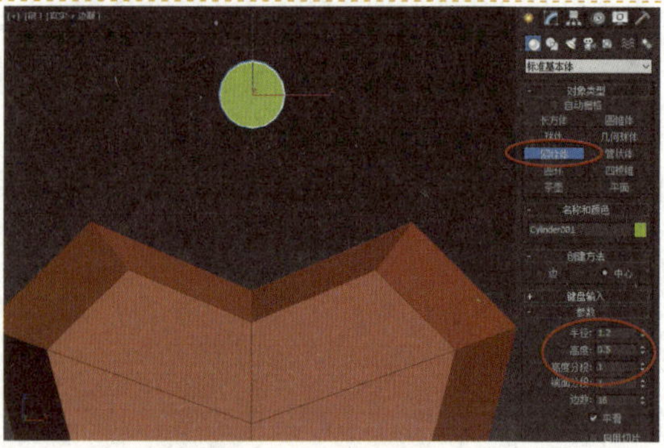

图 8-3-18　创建圆柱体

19 选择圆柱体，右击，在弹出的快捷菜单中执行【转换为】→【转换为可编辑多边形】命令，进入【修改】面板，选择【多边形】子对象，选择底部的两个多边形，右击，在弹出的菜单中单击【挤出】左边的按钮，在对话框中输入【挤出多边形高度】为 4.71，如图 8-3-19 所示。

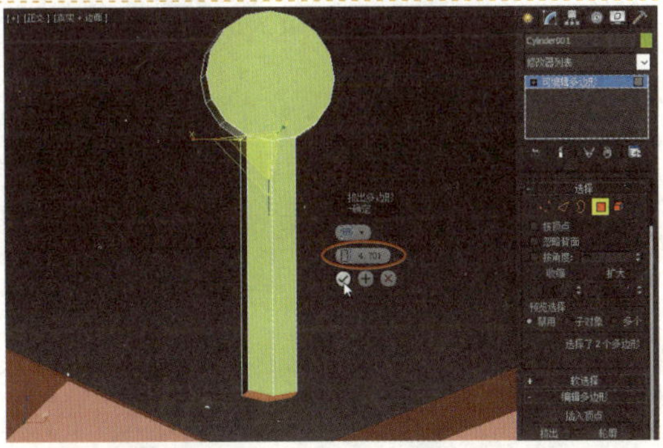

图 8-3-19 挤出多边形（2）

20 使用【选择并缩放】工具调整表面的大小，如图 8-3-20 所示。

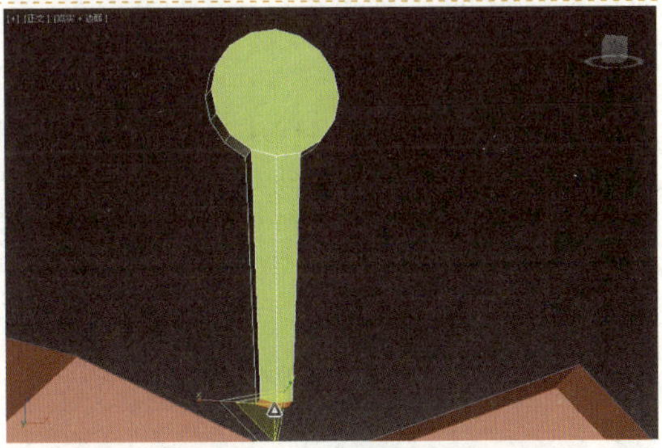

图 8-3-20 调整大小

21 回到物体层级，复制其他 5 个物体，然后调整位置，如图 8-3-21 所示。

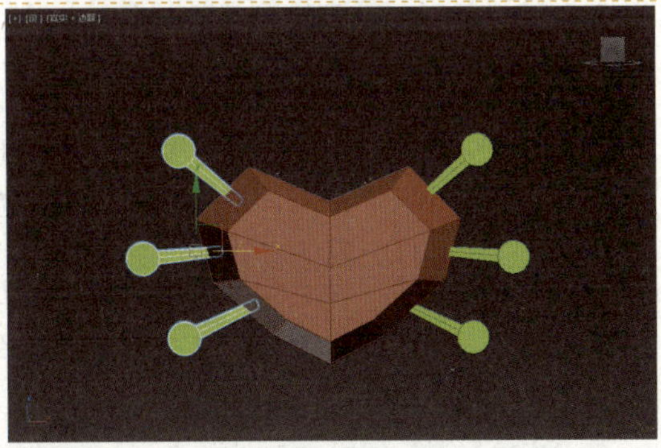

图 8-3-21 复制与调整物体

22 调节屋顶模型位置，显示屋顶结构效果，如图 8-3-22 所示。

图 8-3-22 屋顶结构效果

8.4　阳台模型创建

1 单击【创建】→【几何体】面板，在【对象类型】卷展栏中单击【长方体】按钮，选中【自动栅格】复选框，在物体表面创建一个长方体，参数如图 8-4-1 所示。

图 8-4-1　创建长方体（1）

2 再次单击【长方体】按钮，选中【自动栅格】复选框，在刚创建的长方体表面创建一个长方体，参数如图 8-4-2 所示。

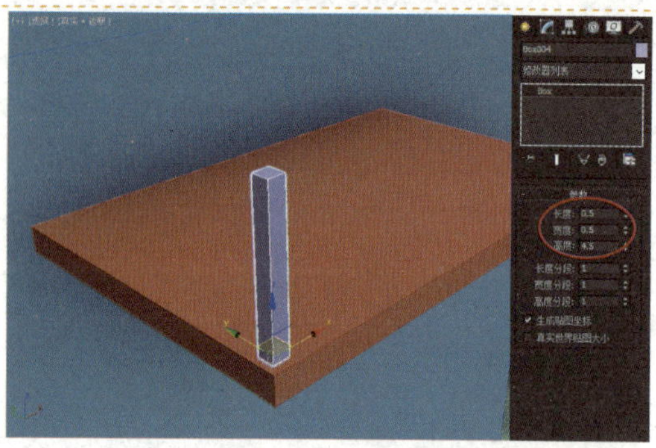

图 8-4-2　创建长方体（2）

3 选择长方体，右击，在弹出的快捷菜单中执行【转换为】→【转换为可编辑多边形】命令，进入【修改】面板，选择【多边形】子对象，选择上面的多边形，如图 8-4-3 所示。

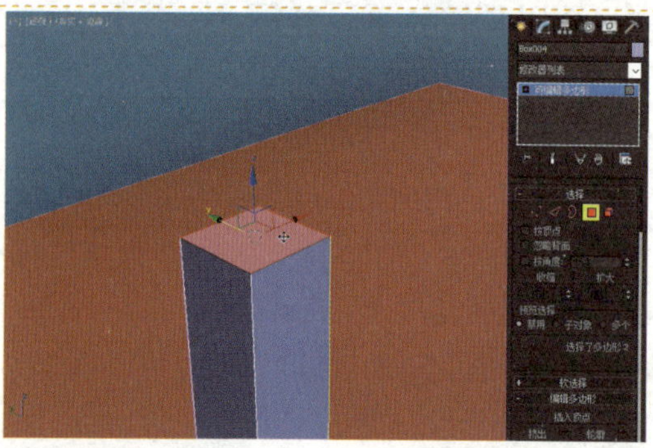

图 8-4-3　选择多边形

4 右击，在弹出的快捷菜单中单击【挤出】左边的按钮，在对话框中输入【挤出多边形高度】为 0.15，单击对话框中的【挤出多边形应用并继续】按钮，如图 8-4-4 所示。

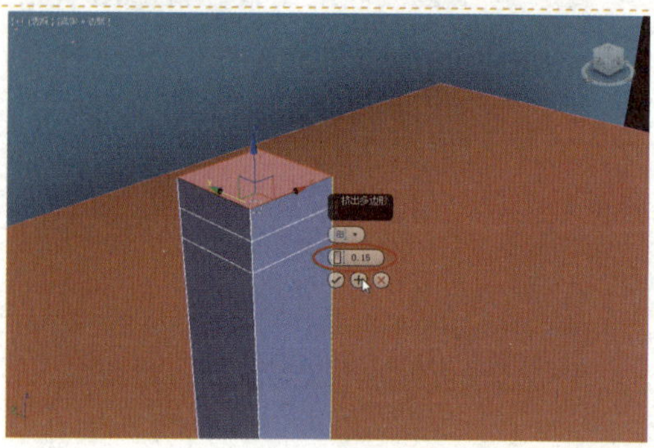

图 8-4-4　挤出多边形（1）

5 选择【边】子对象，选择中间一圈边，使用【选择并缩放】工具调整边的大小，如图 8-4-5 所示。

注意：双击一条边，可以快速选择这条边所处的一圈边。

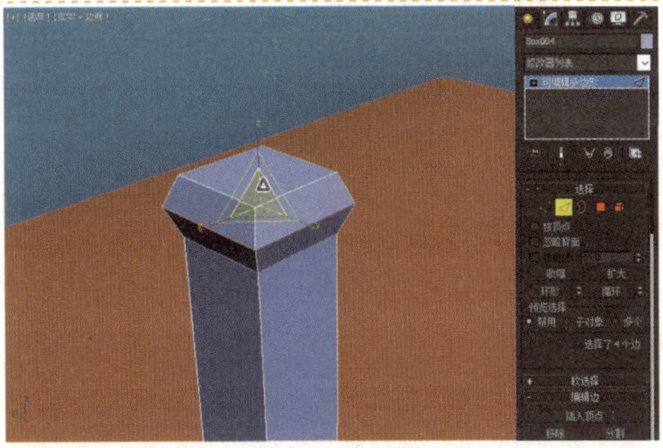

图 8-4-5 调整边

6 回到物体选择层级，按住 Shift 键，使用【选择并移动】工具沿 X 轴复制物体，如图 8-4-6 所示。

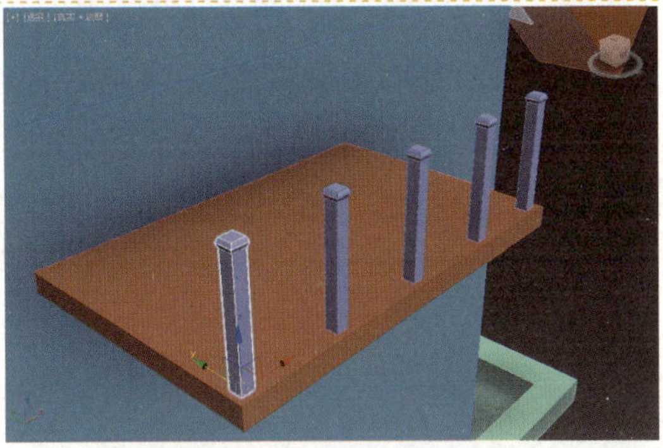

图 8-4-6 复制物体（1）

7 选择头尾两个栏杆物体，按住 Shift 键，使用【选择并移动】工具，沿 Y 轴复制物体，如图 8-4-7 所示。

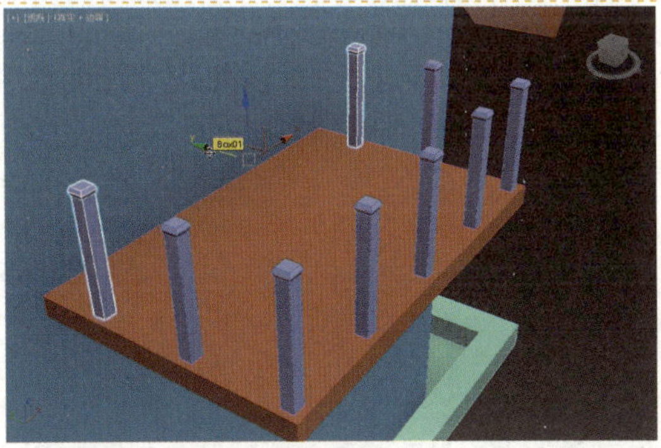

图 8-4-7 复制物体（2）

8 单击【图形】按钮，在【对象类型】卷展栏中单击【矩形】按钮，选中【自动栅格】复选框，在视图中绘制一个矩形，如图 8-4-8 所示。

注意：绘制矩形时的起点和落点的位置。

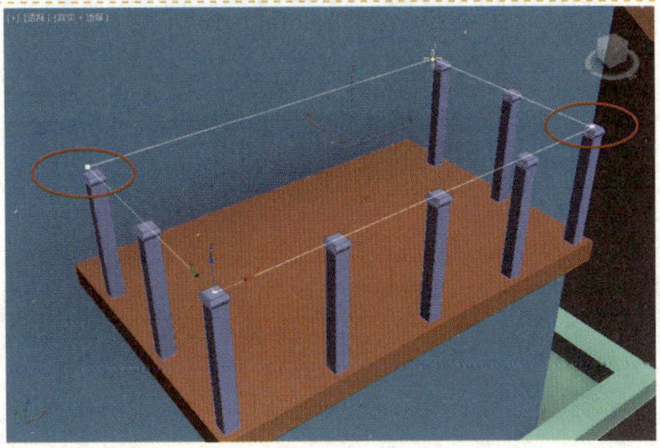

图 8-4-8 绘制矩形

9 选择矩形，右击，在弹出的快捷菜单中执行【转换为】→【转换为可编辑样条线】命令，如图 8-4-9 所示。

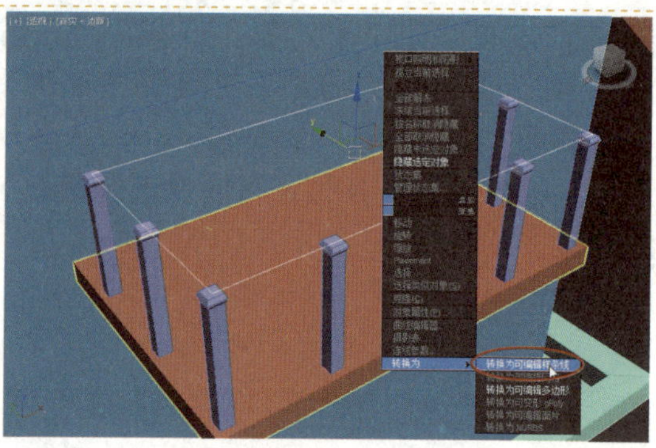

图 8-4-9　转换为可编辑样条线

10 进入【修改】面板，进入【线段】子对象，选择靠近墙面的一条线段，按 Delete 键将其删除，如图 8-4-10 所示。

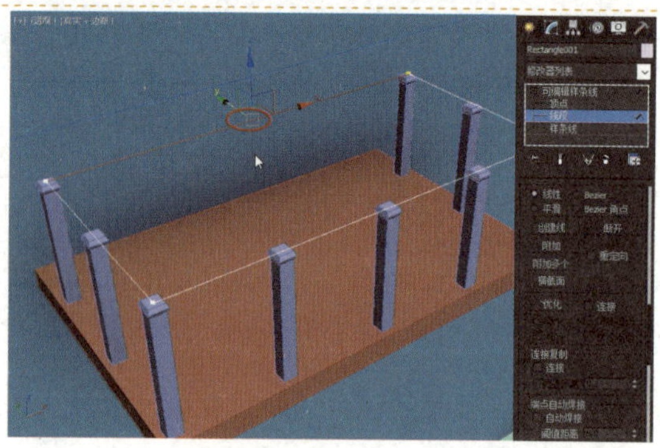

图 8-4-10　删除线段

11 选择【顶点】子对象，使用【选择并移动】工具沿 Y 轴调整点至墙面的位置，如图 8-4-11 所示。

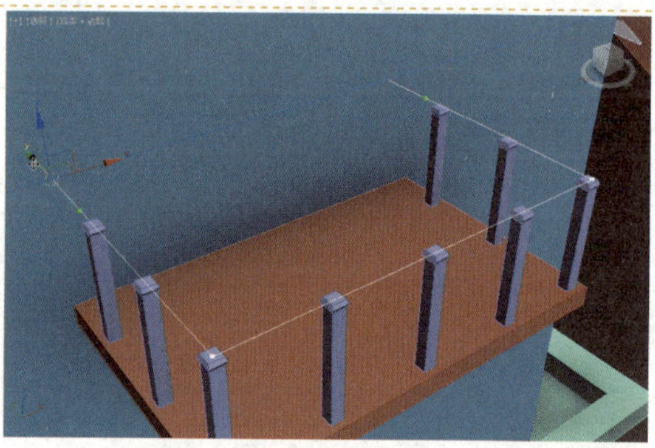

图 8-4-11　调整点的位置

12 在【渲染】卷展栏中勾选【在渲染中启用】和【在视口中启用】两个选项，选中【矩形】，设置【长度】为 0.6、【宽度】为 0.7，如图 8-4-12 所示。

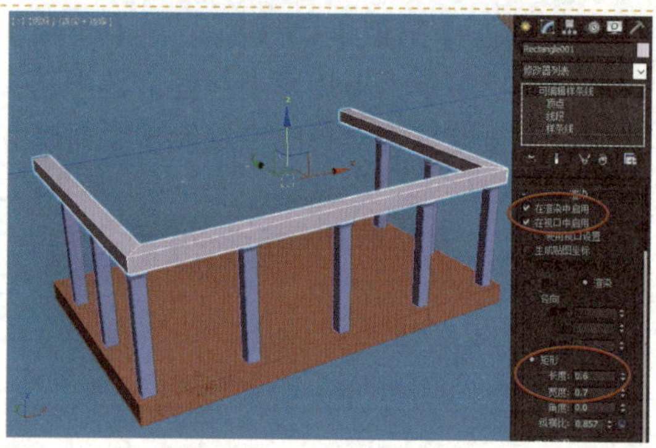

图 8-4-12　设置渲染参数

13 单击【创建】→【几何体】面板，在【对象类型】卷展栏中单击【长方体】按钮，选中【自动栅格】复选框，在墙体表面创建一个长方体，如图 8-4-13 所示。

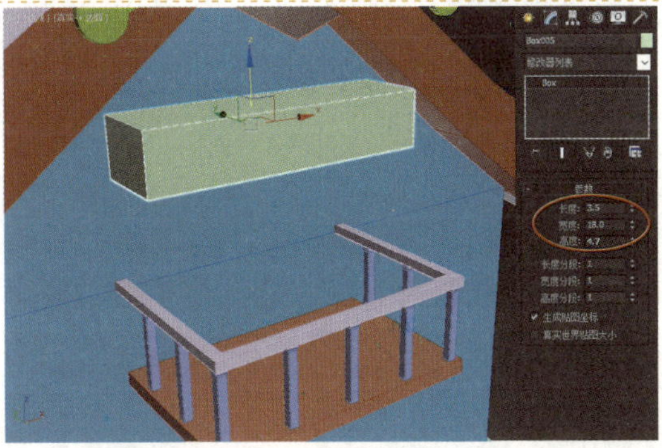

图 8-4-13 创建长方体（3）

14 选择长方体，右击，在弹出的快捷菜单中执行【转换为】→【转换为可编辑的多边形】命令，进入【修改】面板，选择【多边形】子对象，选择长方体靠外的多边形，右击，在弹出的快捷菜单中单击【挤出】左边的按钮，在对话框中输入【挤出多边形高度】为 10.0，如图 8-4-14 所示。

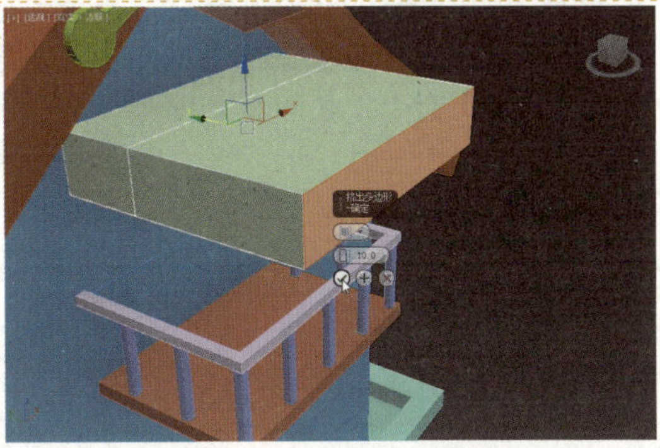

图 8-4-14 挤出多边形（2）

15 使用【选择并移动】和【选择并缩放】工具调整多边形的大小和位置，如图 8-4-15 所示。

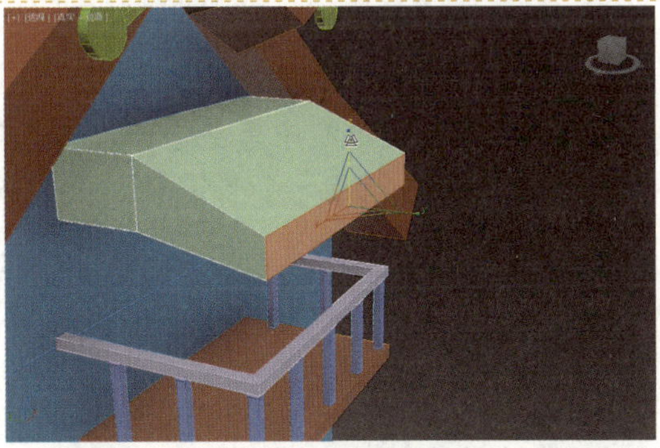

图 8-4-15 调整多边形

16 选择下方的两个多边形，按 Delete 键将其删除，如图 8-4-16 所示。

图 8-4-16 删除多边形

17 回到物体层级，使用【选择并移动】工具调整顶棚的位置，如图 8-4-17 所示。

图 8-4-17　调整顶棚位置

18 选择阳台上的所有物体，单击【实用程序】按钮，依次执行【塌陷】→【塌陷选定对象】命令，如图 8-4-18 所示。

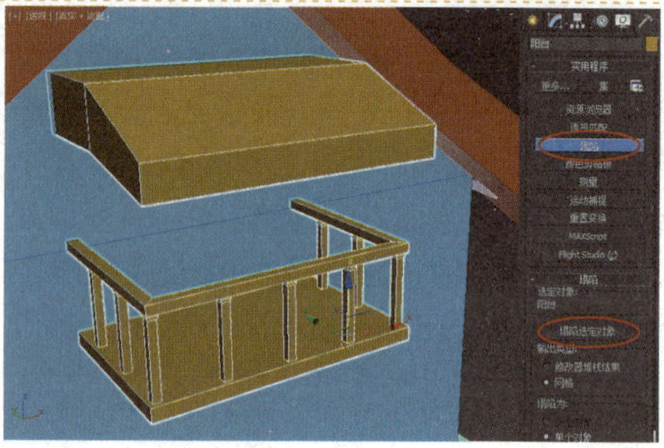

图 8-4-18　塌陷物体

8.5　门厅模型制作

1 单击【创建】→【几何体】面板，在【对象类型】卷展栏中单击【长方体】按钮，在透视图中创建一个长方体，参数如图 8-5-1 所示。

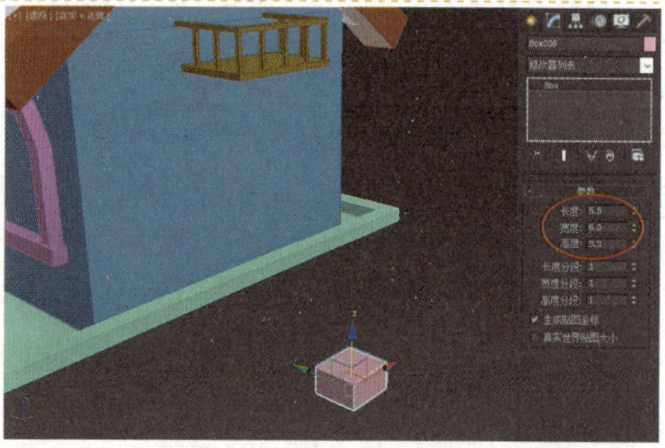

图 8-5-1　创建长方体（1）

2 右击，在弹出的快捷菜单中执行【转换为】→【转换为可编辑多边形】命令，进入【修改】面板，选择【多边形】子对象，选择上面的多边形，使用【选择并缩放】工具调整多边形的大小，如图 8-5-2 所示。

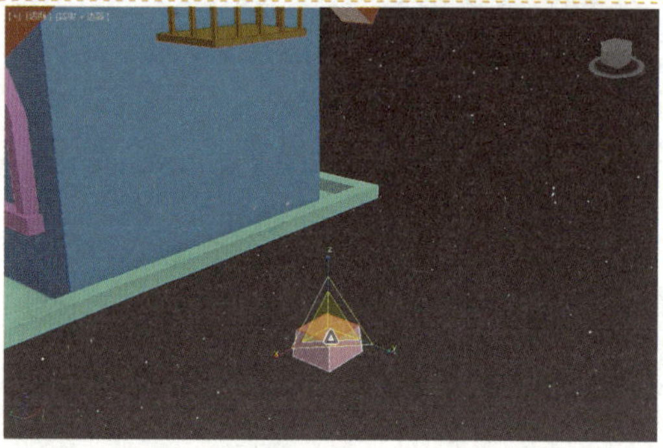

图 8-5-2　缩放表面

3 右击，在弹出的快捷菜单中单击【挤出】左边的■按钮，在对话框中输入【挤出多边形高度】为 18.8，如图 8-5-3 所示。

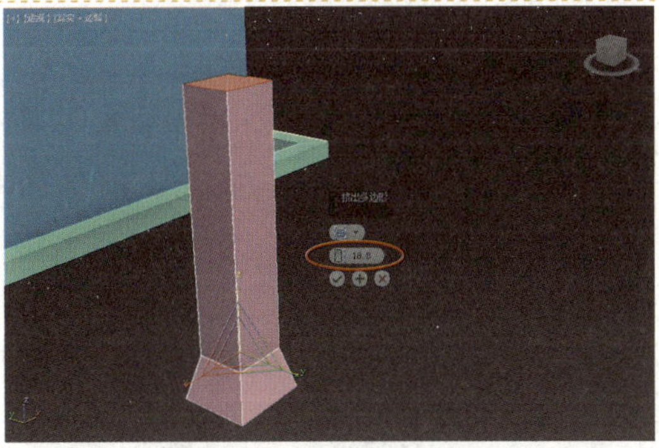

图 8-5-3 挤出多边形

4 回到物体选择层级，按住 Shift 键，使用【选择并移动】工具复制物体，如图 8-5-4 所示。

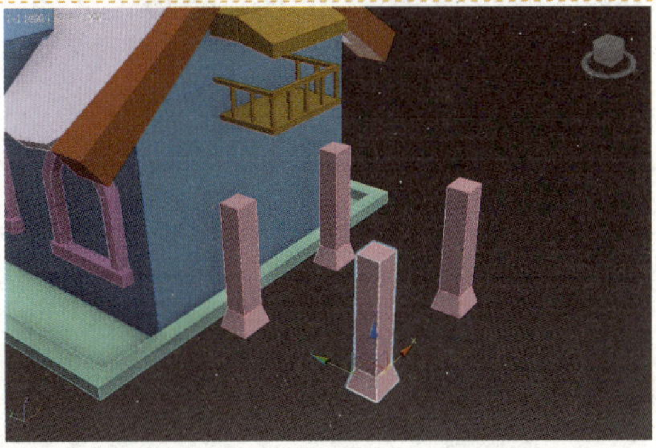

图 8-5-4 复制物体（1）

5 单击【图形】按钮，在【对象类型】卷展栏中单击【线】按钮，选中【自动栅格】复选框，在墙体表面绘制图形，如图 8-5-5 所示。

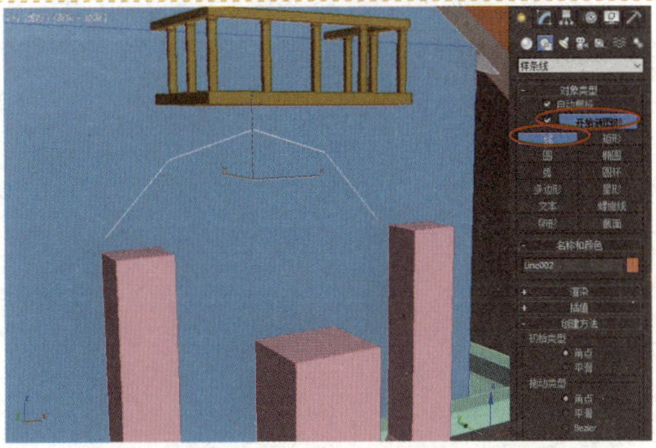

图 8-5-5 绘制图形

6 在【渲染】卷展栏中勾选【在渲染中启用】和【在视口中启用】两个选项，选中【矩形】，设置【长度】为 35.0、【宽度】为 3.0，如图 8-5-6 所示。

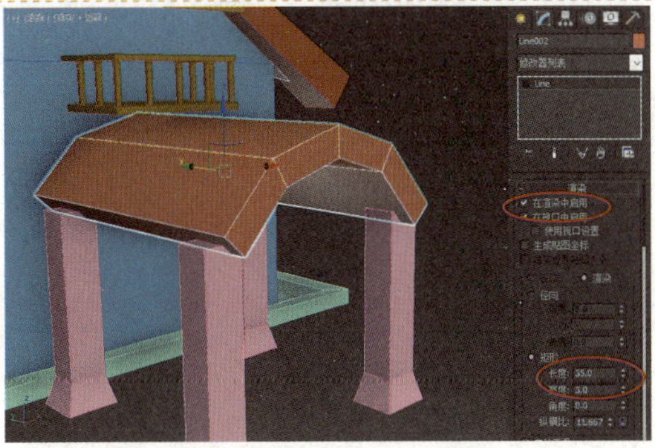

图 8-5-6 设置参数

7 右击，在弹出的快捷菜单中执行【转换为】→【转换为可编辑多边形】命令，进入【修改】面板，选择【边】子对象，选择视图中的边，按 Ctrl+Backspace 键将其清除，如图 8-5-7 所示。

图 8-5-7　调整多边形

8 选择【顶点】子对象，使用【选择并移动】工具调整物体的结构，如图 8-5-8 所示。

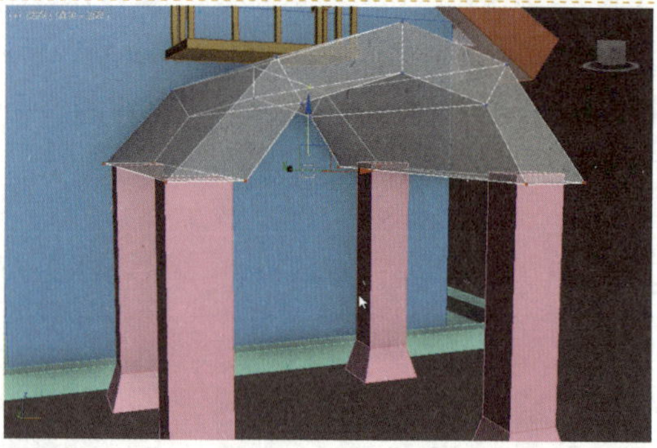

图 8-5-8　调整物体结构（1）

9 回到物体选择层级，按住 Shift 键，使用【选择并移动】工具沿 Z 轴向上复制物体，如图 8-5-9 所示。

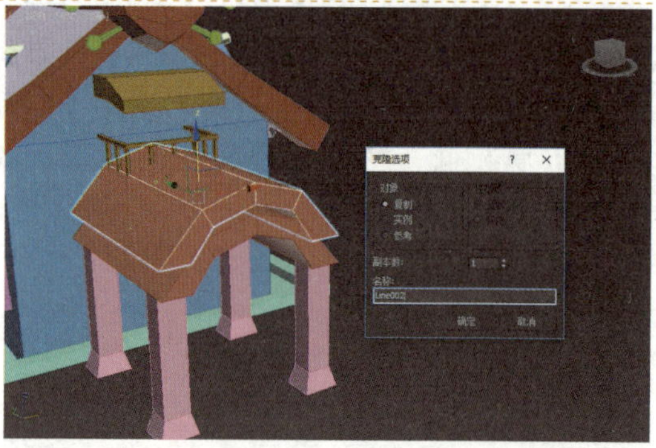

图 8-5-9　复制物体（2）

10 选择复制的物体，进入【顶点】子对象，使用【选择并移动】工具调整物体的结构，如图 8-5-10 所示。

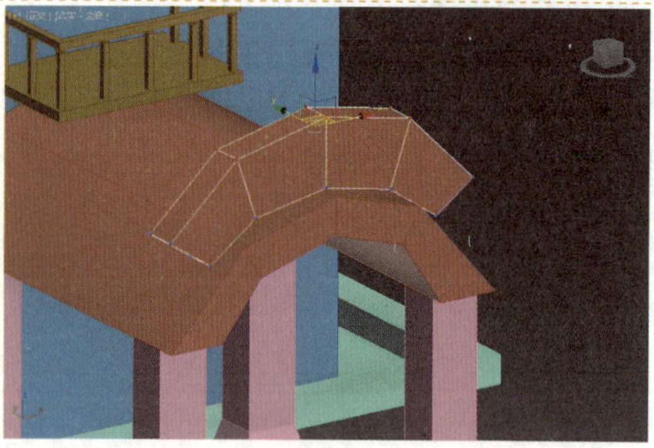

图 8-5-10　调整物体结构（2）

11 单击【创建】→【几何体】面板，在【对象类型】卷展栏中单击【长方体】按钮，在视图中创建一个长方体，参数如图 8-5-11 所示。

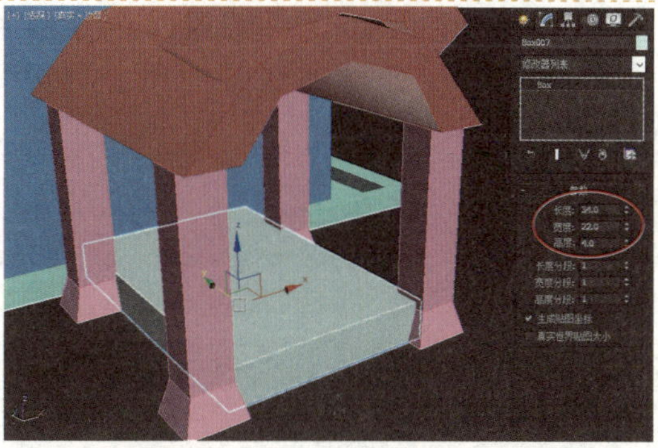

图 8-5-11 创建长方体（2）

12 右击，在弹出的快捷菜单中执行【转换为】→【转换为可编辑多边形】命令，进入【修改】面板，选择【多边形】子对象，选择上面的多边形，使用【选择并缩放】工具调整多边形的大小，如图 8-5-12 所示。

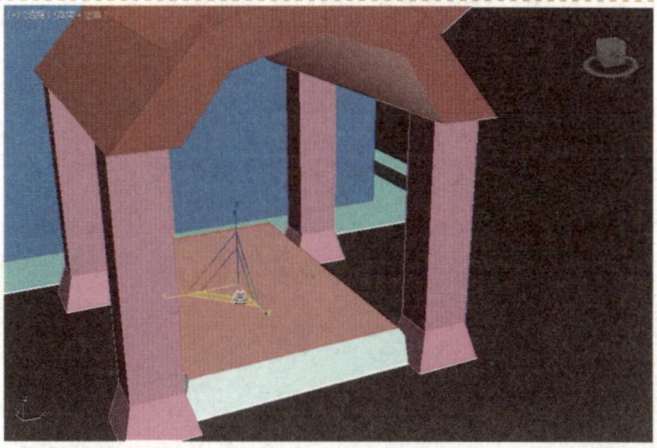

图 8-5-12 缩放多边形

13 回到物体选择层级，显示完成的房屋模型，如图 8-5-13 所示。

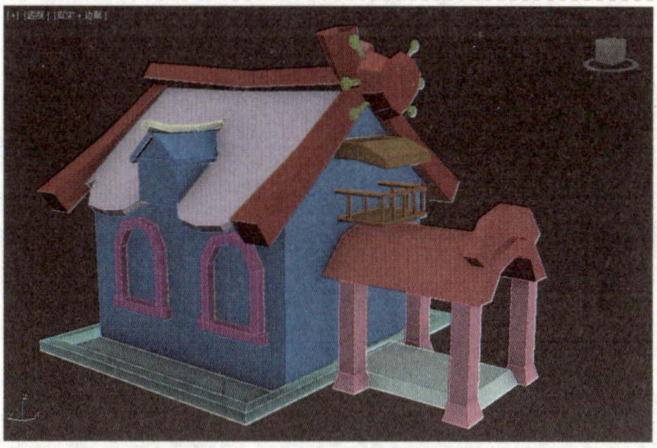

图 8-5-13 完成的房屋模型

14 参考前面章节中的贴图设置知识完成房屋贴图的设置，效果如图 8-5-14 所示。

图 8-5-14 贴图效果

15 参考前面章节中的设置灯光与效果图制作知识，完成游戏场景制作，效果如图 8-5-15 所示。

图 8-5-15 游戏场景效果

8.6 相关知识

UV 导出与绘制

1 打开提供的素材文件“包装盒”，如图 8-6-1 所示

图 8-6-1 打开场景

2 进入【修改】面板，进入【UVW 展开】面子对象，单击【打开 UV 编辑器】按钮，弹出【编辑 uv】窗口，察看模型各个面对应的 UV 贴图位置，如图 8-6-2 所示。

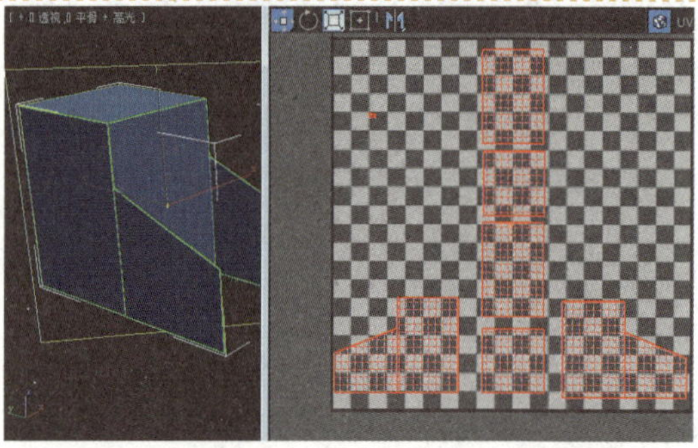
图 8-6-2 盒子的 UV

3 选择窗口菜单栏【工具】|【渲染 UVW 模板】命令，弹出【渲染 UVS】对话框，设置【宽度】: 512;【高度】: 512，单击【渲染 UV 模板】按钮，将模板保存为 JPG 图片，如图 8-6-3 所示。

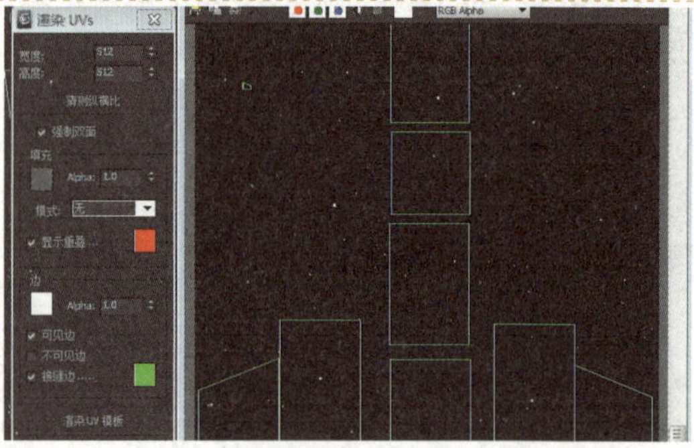
图 8-6-3 渲染 uv

4 进入 PS 软件，打开渲染的 UV 模板图片，使用 PS 相关工具在 UV 有效区域内绘制图形，绘制完毕保存为 JPG 格式图片，如图 8-6-4 所示。

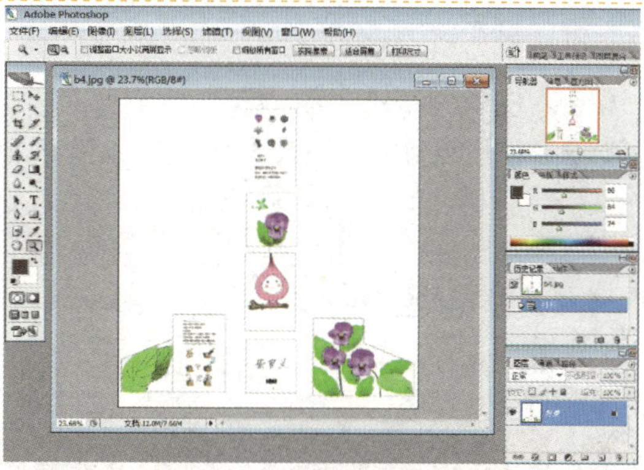

图 8-6-4 绘制 UV

5 选择一个新材质球，给【漫反射】添加一个绘制的贴图，将材质赋予给盒子模型，查看盒子的各面效果，如图 8-6-5 所示。

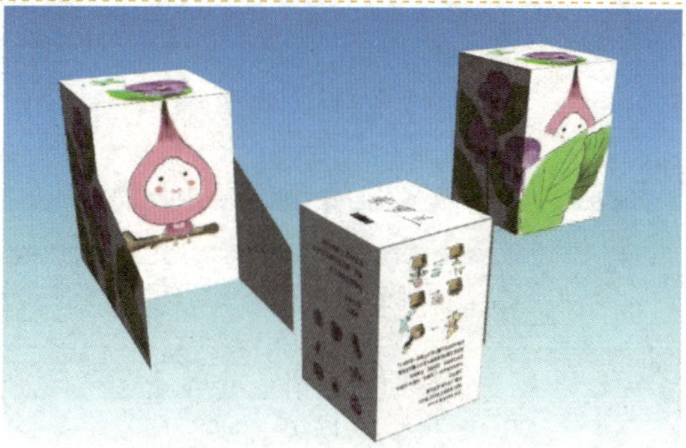
图 8-6-5 盒子各面效果

8.7 实战演练

仔细分析所给的木塔贴图，制作相关的简模结构，正确设置木塔的贴图。如图 8-7-1 所示为木塔的效果图，动手试试吧。

图 8-7-1 木塔效果图

制作要求

（1）创建精简的模型结构。

（2）贴图设置准确合理。

制作提示

（1）使用可编辑多边形制作木塔模型。

（2）使用【UVW 展开】修改器设置木塔的贴图。

项目评价

项目实训评价表

项目	内容		评定等级			
	学习目标	评价项目	4	3	2	1
职业能力	能熟练使用自动栅格创建物体	能正确使用自动栅格				
		能在各种物体表面创建模型				
	能熟练设置二维图形的可渲染	熟练掌握二维图形的渲染参数设置				
		能利用二维图形的渲染设置创建模型				
	能熟练运用可编辑多边形制作模型	能熟练使用子对象调整模型结构				
		能熟练使用各种命令修改模型				
通用能力	交流表达能力					
	与人合作能力					
	沟通能力					
	组织能力					
	活动能力					
	解决问题的能力					
	自我提高的能力					
	革新、创新的能力					
综合评价						

评定等级说明表

等级	说明
4	能高质、高效地完成此学习目标的全部内容，并能解决遇到的特殊问题
3	能高质、高效地完成此学习目标的全部内容
2	能圆满完成此学习目标的全部内容，不需要任何帮助和指导
1	能圆满完成此学习目标的全部内容，但偶尔需要帮助和指导

最终等级说明表

等级	说明
优秀	80%项目达到 3 级水平
良好	60%项目达到 2 级水平
合格	全部项目都达到 1 级水平
不合格	不能达到 1 级水平

项　目

9

展梦未来

项目描述

丰富的想象力是制作动画最重要的元素，在人生的不同阶段，我们会有不同的梦想，让梦想之翼带着我们美好的愿望飞向远方，坚持下去，总有一天，梦想终能实现。拿起鼠标，发挥我们的想象力和创造力，为我们精彩的未来尽情展望吧！本例的最终效果如图 9-0-1 所示。

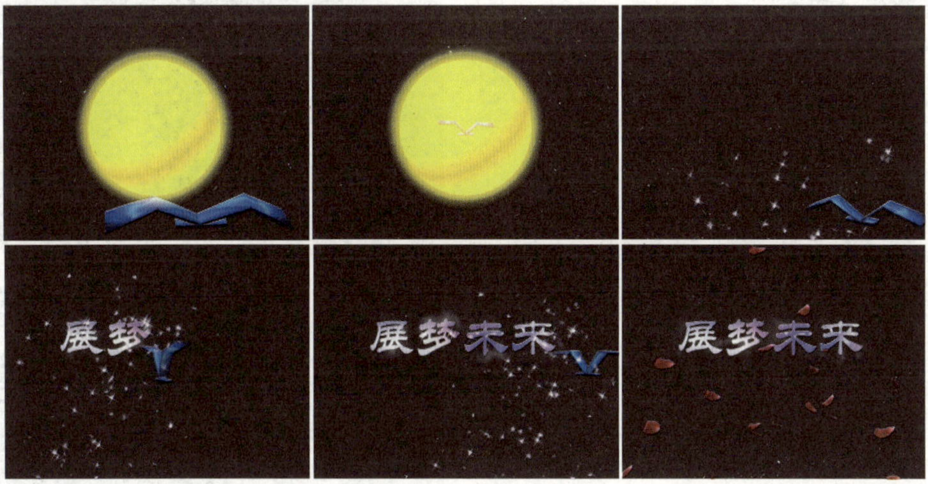

图 9-0-1　实例效果

学习目标

- 关键帧动画。
- 路径约束动画。
- 粒子系统创建。
- 遮挡板动画。
- 后期特效制作。

项目分析

本项目主要涉及关键帧动画、对象链接、路径约束动画、粒子系统设置、后期特效等方面的内容，后面的文字显示动画是通过文字前面的一个平面移动的，平面设置了无光/投影材质，设置了这种材质的物体本身是看不见的，但这种物体有接收阴影和遮挡物体的功能。本项目主要需要完成以下六个环节。

（1）镜头确定。

（2）制作翅膀动画。

（3）制作虚拟对象动画。

（4）制作遮挡板动画。

（5）粒子系统创建。

（6）后期处理。

实现步骤

9.1 镜头确定

1 单击动画工具栏中的【时间配置】按钮，弹出【时间配置】窗口，在【动画】栏中设置【结束时间】为 300，如图 9-1-1 所示。

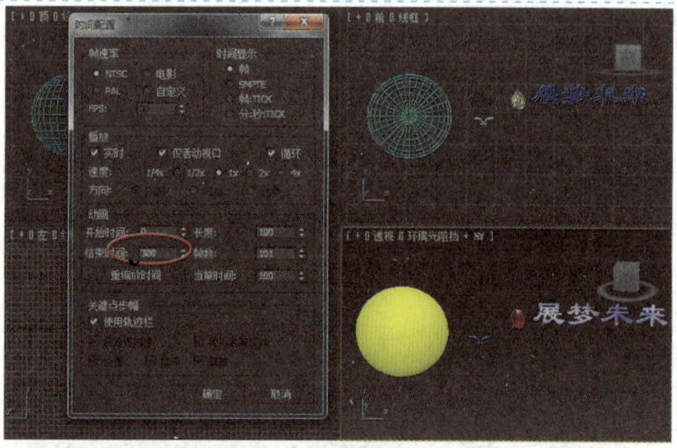

图 9-1-1 动画时长设置

2 将视图切换至顶视图，使用【选择并移动】工具将小球沿 Y 轴往上移动，将文字与花瓣往【右偏上】移动，如图 9-1-2 所示。

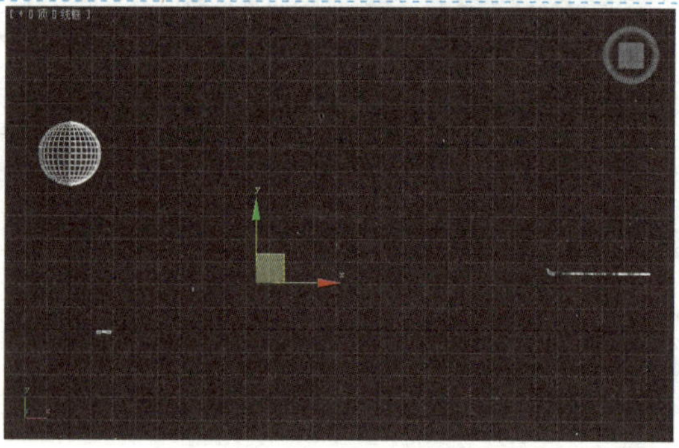

图 9-1-2 调整物体位置

3 将视图调整为双视图显示，在左边顶视图中创建一个目标摄像机，将右侧视图切换为摄像机视图，如图 9-1-3 所示。

注意：做动画的习惯，右侧为摄像机视图，用于监看镜头效果，主要的操作都集中在左边的视图。

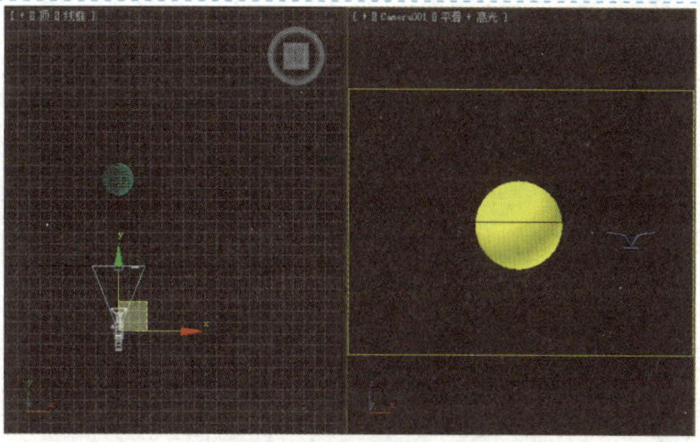

图 9-1-3 创建摄像机

4 将左边切换为前视图，使用【移动并选择】工具调整摄像机的位置，如图 9-1-4 所示。

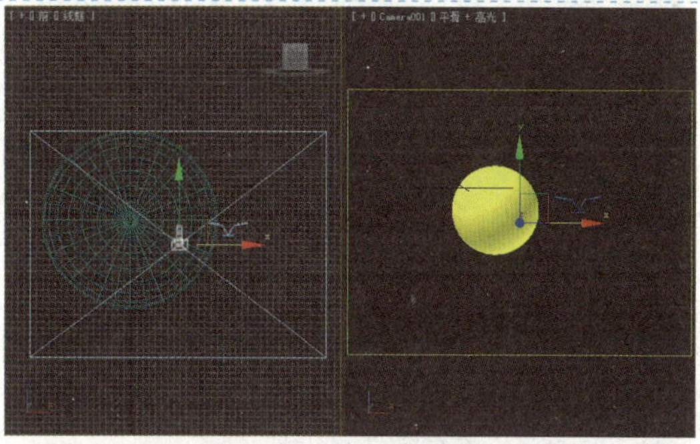

图 9-1-4 调整摄像机

5 选择摄像机的【目标点】和【起点】，单击 自动 按钮，将时间滑块移至第 120 帧，单击【设置关键点】按钮，如图 9-1-5 所示。

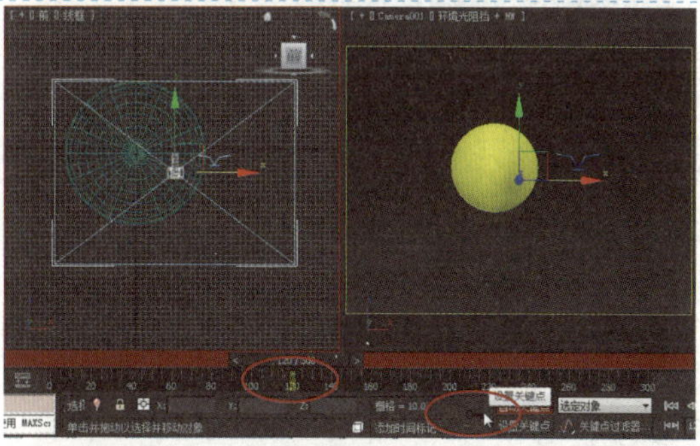

图 9-1-5 确定镜头（1）

6 单击时间滑块的【下一帧】按钮，使用【选择并移动】工具将摄像机沿 X 轴往右移至文字的位置，单击【设置关键点】按钮，如图 9-1-6 所示。

通过这几步操作，确定了动画中的两个镜头画面：镜头一（0～120）；镜头二（121～300）。

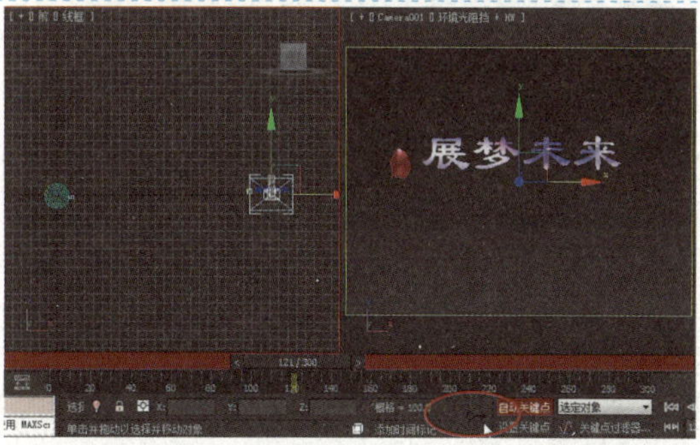

图 9-1-6 确定镜头（2）

9.2　制作翅膀动画

1 将左边切换为透视图，开启【角度捕捉】功能，开启【自动关键点】，将时间滑块移至第 20 帧，使用【选择并旋转】工具将左翅膀沿 Y 轴旋转-40°，如图 9-2-1 所示。

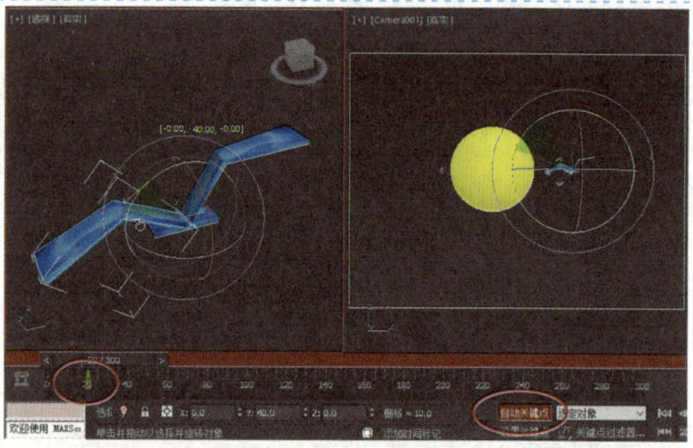

图 9-2-1　旋转左翅

2 使用【选择并旋转】工具将右翅膀沿 Y 轴旋转 40°，如图 9-2-2 所示。

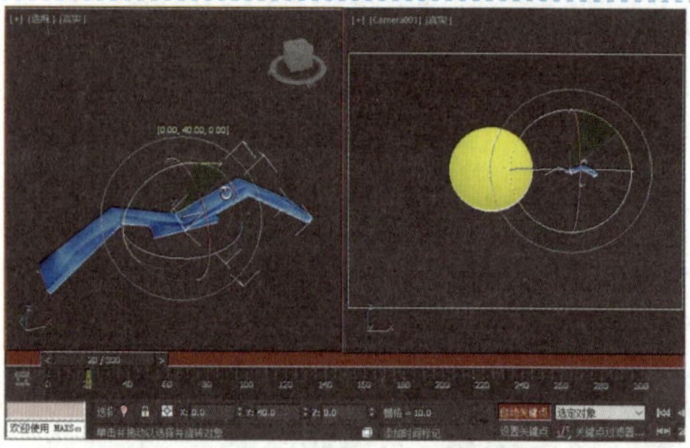

图 9-2-2　旋转右翅

3 选择两个翅膀，框选第 0 帧位置的关键帧，如图 9-2-3 所示。

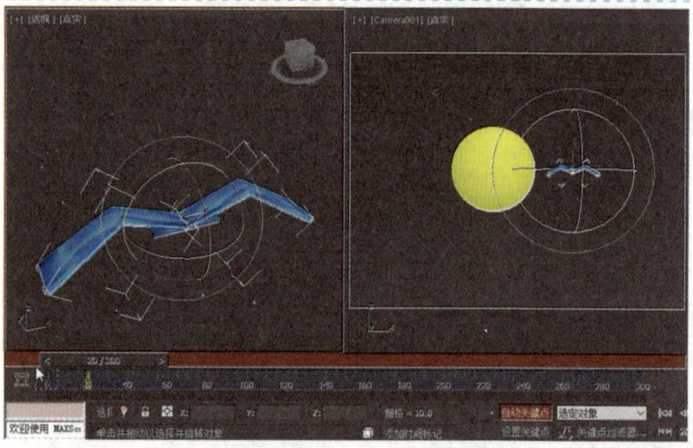

图 9-2-3　选择关键帧

4 按住 Shift 键，将第 0 帧的关键帧复制至第 40 帧，如图 9-2-4 所示。

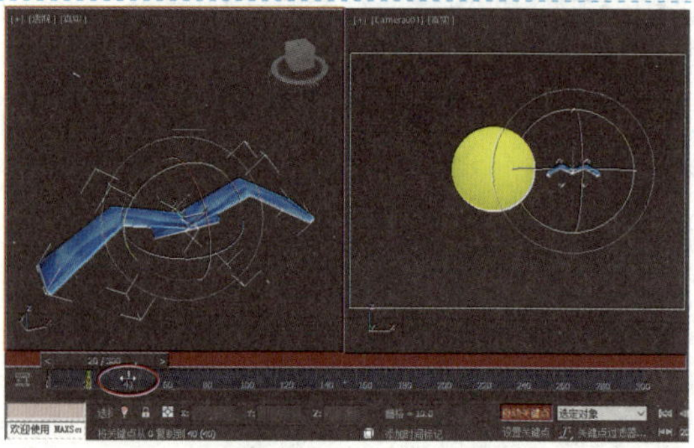

图 9-2-4　复制关键帧

5 单击工具栏中的【曲线编辑器】按钮，弹出【轨迹视图-曲线编辑器】窗口，如图 9-2-5 所示。

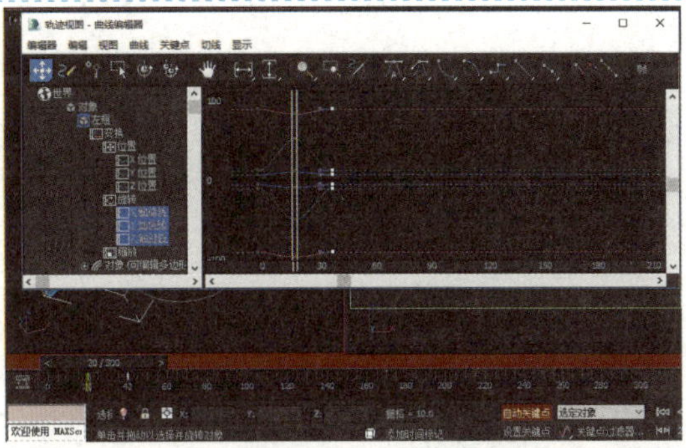

图 9-2-5　打开编辑器

6 选择窗口中的菜单命令【编辑】|【控制器】|【超出范围类型】，如图 9-2-6 所示。

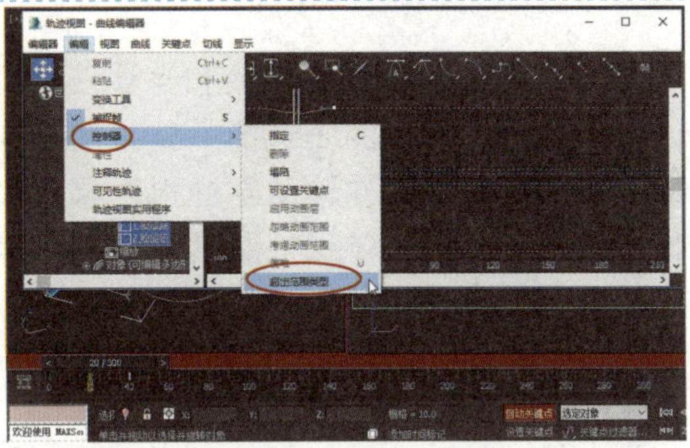

图 9-2-6　选择控制器

7 弹出【参数曲线超出范围类型】窗口，单击窗口中循环下方的和按钮，如图 9-2-7 所示。

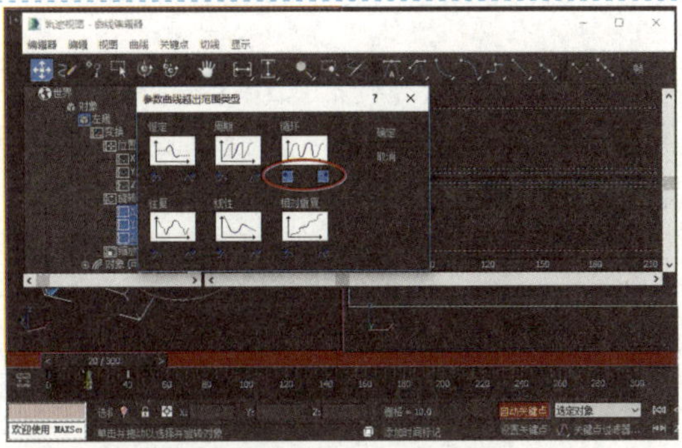

图 9-2-7　设置循环

8 通过设置，两个翅膀在 0～40 区间的动画将在整个动画时间范围里循环执行，如图 9-2-8 所示。

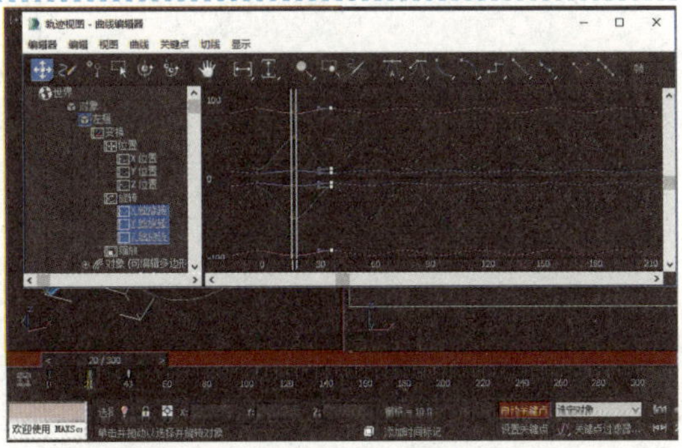

图 9-2-8　循环效果

9.3 制作虚拟对象动画

1 依次单击【创建】|【辅助对象】|【虚拟对象】按钮，在视图中创建一个虚拟对象，并将虚拟对象移至如图 9-3-1 所示位置。

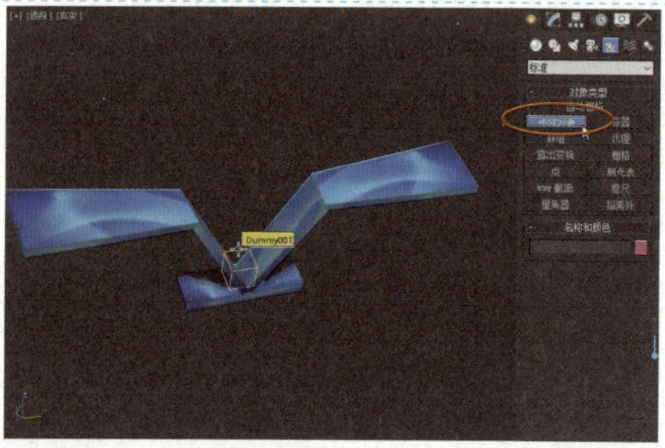

图 9-3-1 创建虚拟对象

2 选择左翅膀、右翅膀和身体三个物体，单击工具栏中的【选择并链接】按钮，按住鼠标左键并移动至虚拟对象上，松开鼠标，完成物体链接至虚拟对象的操作，如图 9-3-2 所示。

注意：完成链接后，虚拟对象能控制三个被链接物体的移动、旋转、缩放等操作。

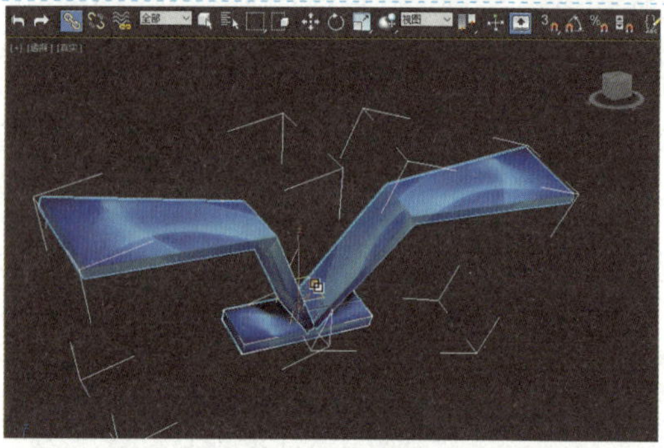

图 9-3-2 链接至虚拟对象

3 选择虚拟对象，使用【选择并移动】和【选择并旋转】工具调整鸟的位置和状态，如图 9-3-3 所示。

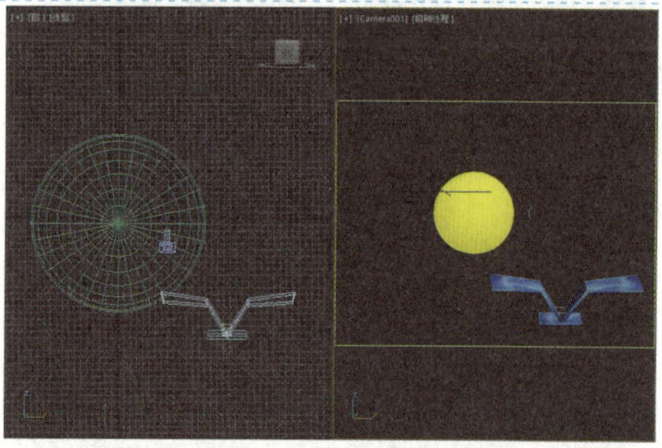

图 9-3-3 调整位置和状态

4 开启【自动关键点】，将时间滑块移至第 65 帧，在前视图中使用【选择并移动】工具将虚拟对象移动至如图 9-3-4 所示的位置。

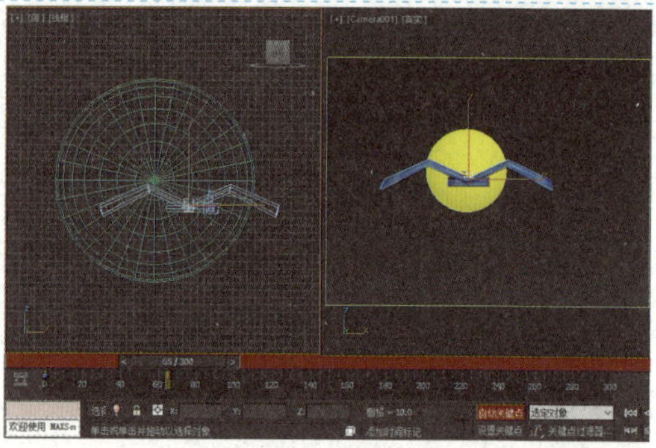

图 9-3-4 移动虚拟对象

5 将时间滑块移至第 120 帧，在顶视图中使用【选择并移动】工具将虚拟对象沿 Y 轴向上移动，使用【选择并缩放】工具调整虚拟对象的大小，如图 9-3-5 所示。

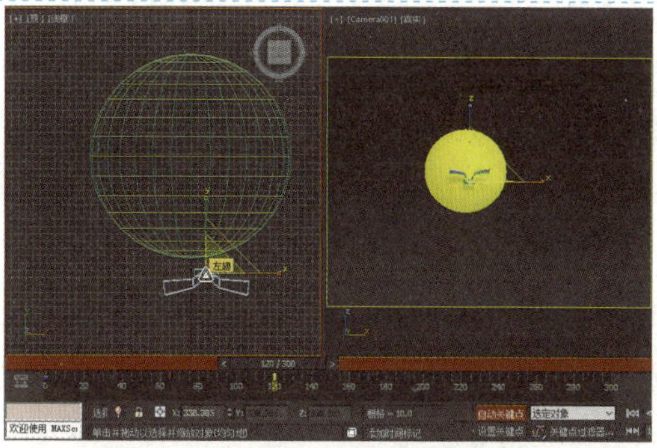

图 9-3-5 调整虚拟对象（1）

6 将时间滑块移至第 0 帧，在 camera001 中使用【选择并移动】工具将虚拟对象移动至屏幕下方，如图 9-3-6 所示。

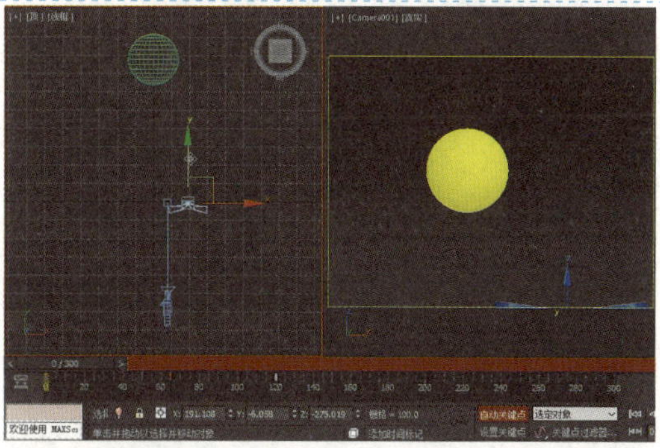

图 9-3-6 调整虚拟对象（2）

7 单击工具栏中的【按名称选择】按钮，弹出【从场景选择】窗口，按住 Ctrl 键，在窗口中依次单击 4 个物体，单击【确定】按钮选择物体，如图 9-3-7 所示。

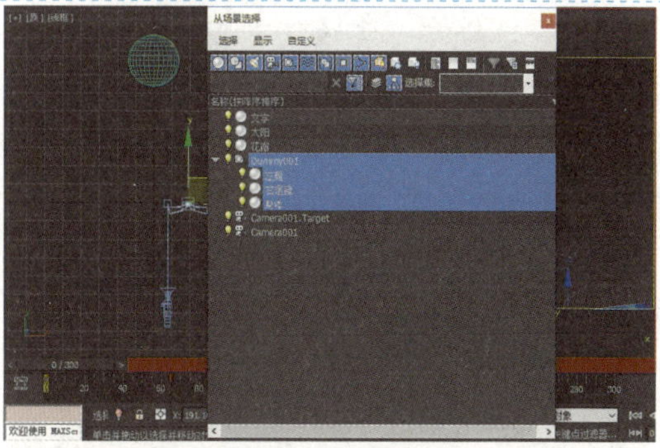

图 9-3-7 选择物体

8 按住 Shift 键，使用【选择并移动】工具将虚拟对象沿 X 轴向右移动至第二个镜头中，弹出【克隆选项】窗口，选择【复制】，如图 9-3-8 所示。

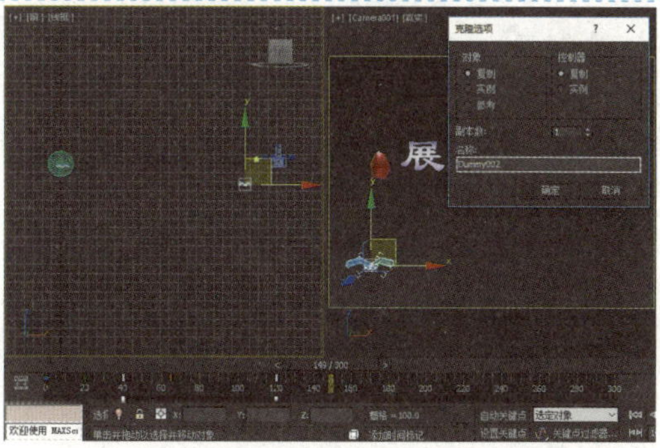

图 9-3-8 复制

9 选择视图中的虚拟对象，框选下方的所有关键帧，按键盘上的 Del 键，将它们删除，如图 9-3-9 所示。

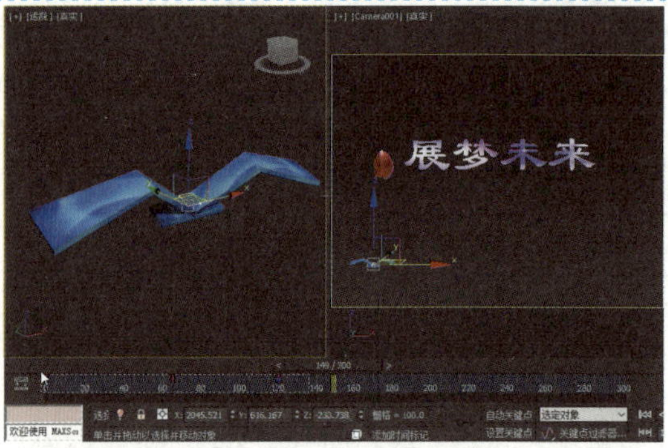

图 9-3-9　删除动画

10 单击【图形】按钮，在【对象类型】面板中选中【线】工具，勾选【平滑】，在前视图中创建曲线，如图 9-3-10 所示。

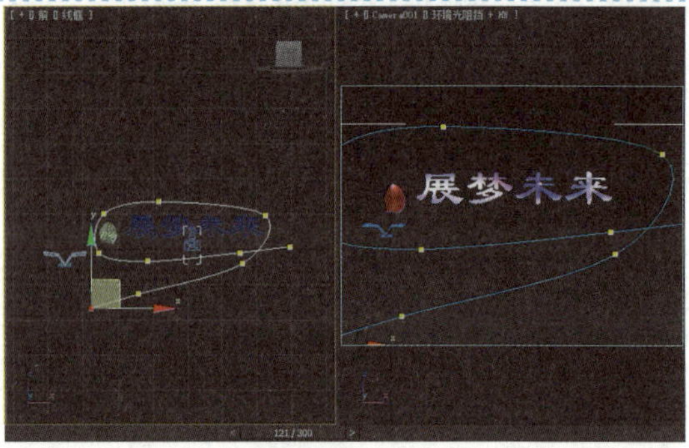

图 9-3-10　创建路径

11 选择花瓣和虚拟对象，使用【选择并移动】工具在前视图中向左边移动，使它们不在右边的摄像机镜头里，如图 9-3-11 所示。

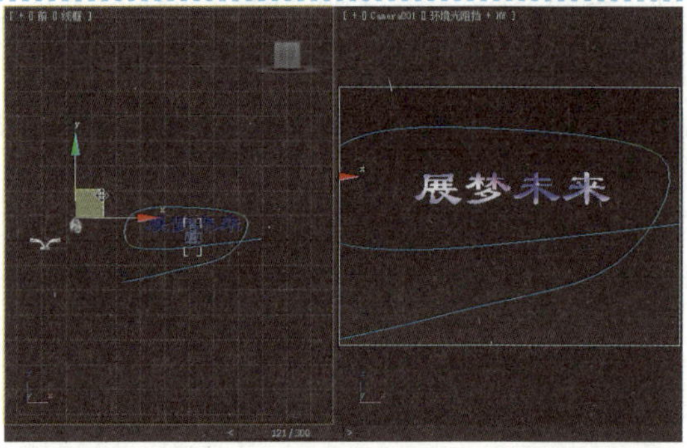

图 9-3-11　移动物体

12 选择虚拟对象，选择菜单中的【动画】|【约束】|【路径约束】命令，出现一条虚线，单击视图中的路径，如图 9-3-12 所示。

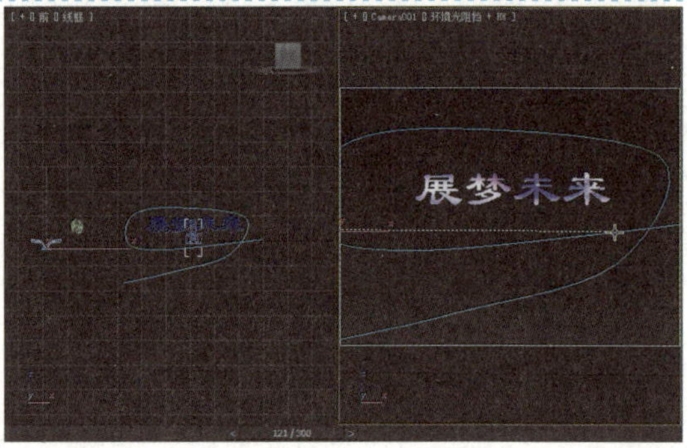

图 9-3-12　创建路径约束

13 选择虚拟对象第 0 帧的关键帧，将它移动至第 121 帧处，如图 9-3-13 所示。

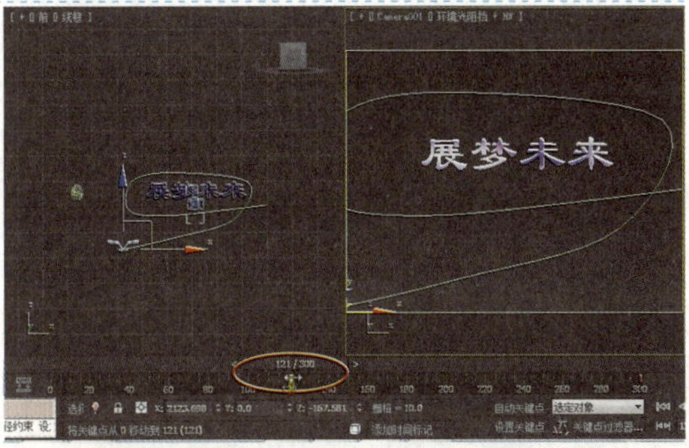

图 9-3-13 调整关键帧（1）

14 选择虚拟对象第 300 帧的关键帧，将它移动至第 260 帧处，如图 9-3-14 所示。

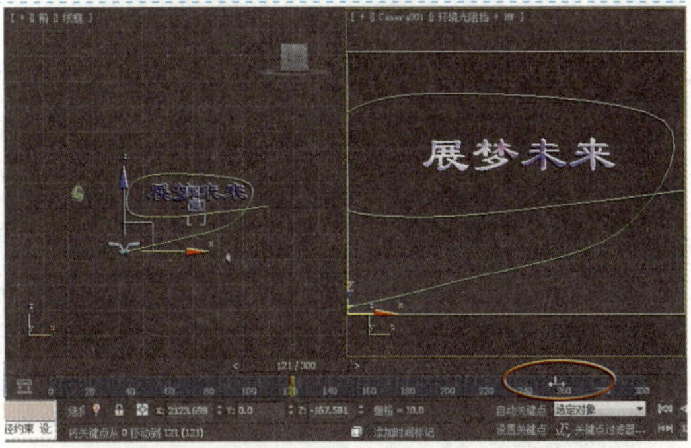

图 9-3-14 调整关键帧（2）

15 单击按钮，进入【运动】面板，在面板中找到【路径选项】，勾选【跟随】，如图 9-3-15 所示。

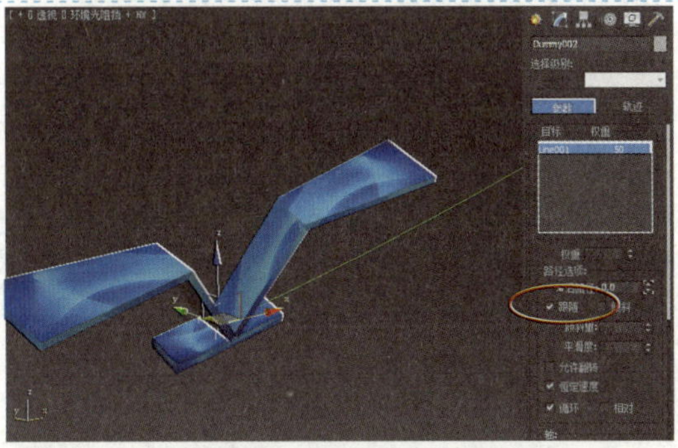

图 9-3-15 选择跟随

16 使用【选择并旋转】工具调整虚拟对象，使鸟的姿态与路径保持垂直状态，如图 9-3-16 所示。

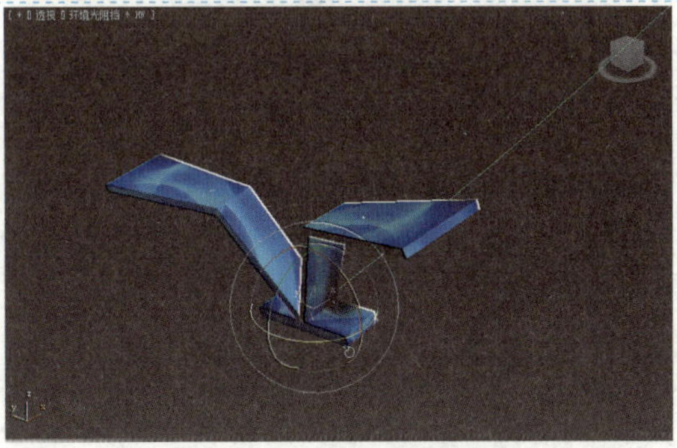

图 9-3-16 调整虚拟对象（3）

17 单击【选择并均匀缩放】工具，调整虚拟对象的大小，如图 9-3-17 所示。

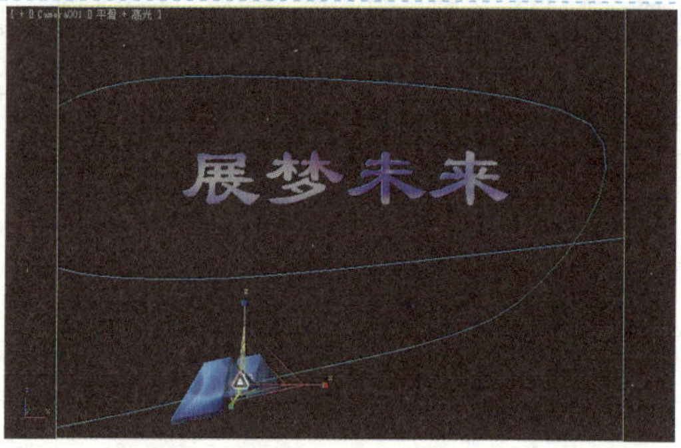

图 9-3-17　调整虚拟对象（4）

9.4　制作遮挡板动画

1 选择【创建】面板，单击【几何体】按钮，在【对象类型】面板中选择【平面】工具，在【参数】卷展栏中设置【长度分段】为 4、【宽度分段】为 4，在前视图中创建一个平面，如图 9-4-1 所示。

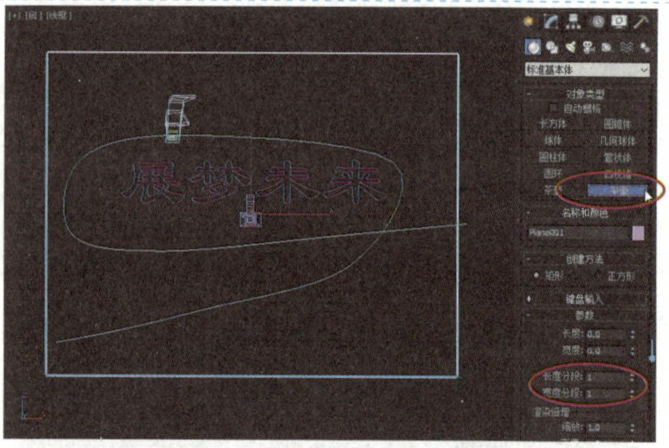
图 9-4-1　创建平面

2 选择平面，使用【选择并移动】工具在透视图中沿 Y 轴向左边移动，如图 9-4-2 所示。

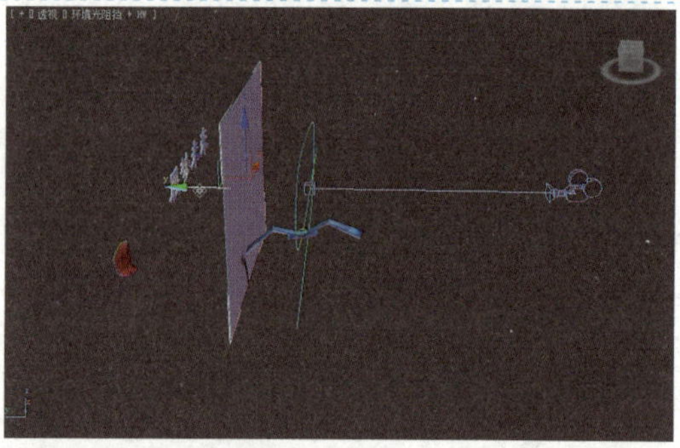
图 9-4-2　调整平面

3 切换视图，调整平面在摄像机视图中的位置，使平面完全遮住摄像机视图，开启【自动关键点】，将时间滑块移至第 260 帧，如图 9-4-3 所示。

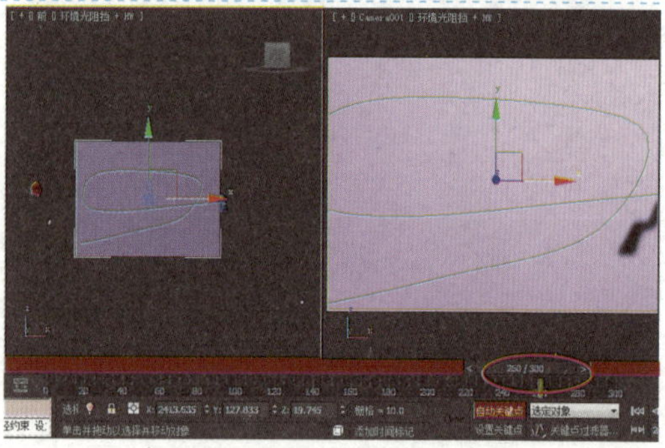
图 9-4-3　开启自动关键帧

4 使用【选择并移动】工具在前视图中沿 X 轴向右边移动，使平面移出摄像机视图，如图 9-4-4 所示。

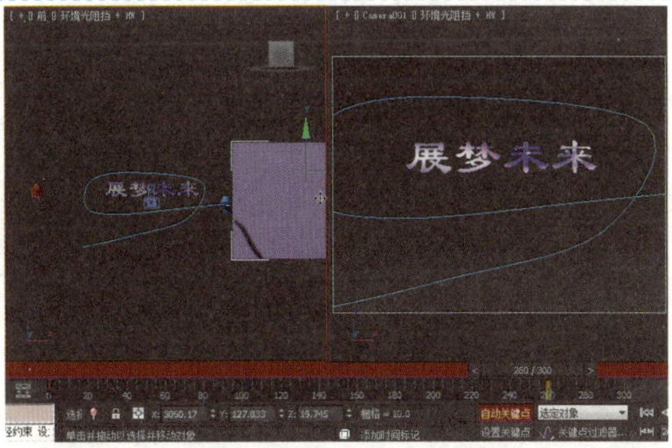

图 9-4-4　移动平面

5 选择平面第 0 帧处的关键帧，将它移动至第 230 帧处，如图 9-4-5 所示。

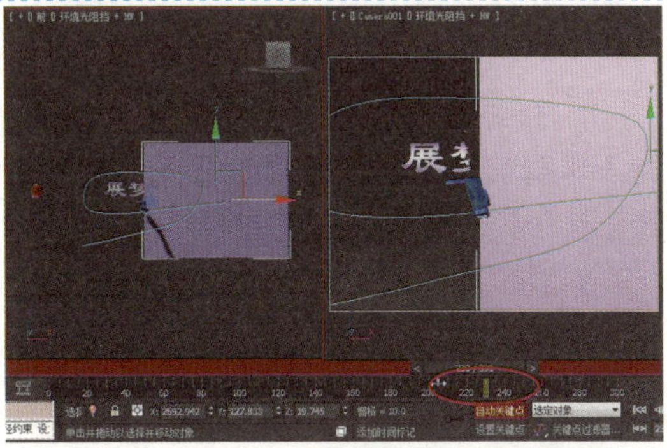

图 9-4-5　调整关键帧

6 打开【材质编辑器】，选择一个材质球，单击下面的 Standard 按钮，弹出【材质/贴图浏览器】窗口，选择【无光/投影】材质，如图 9-4-6 所示。

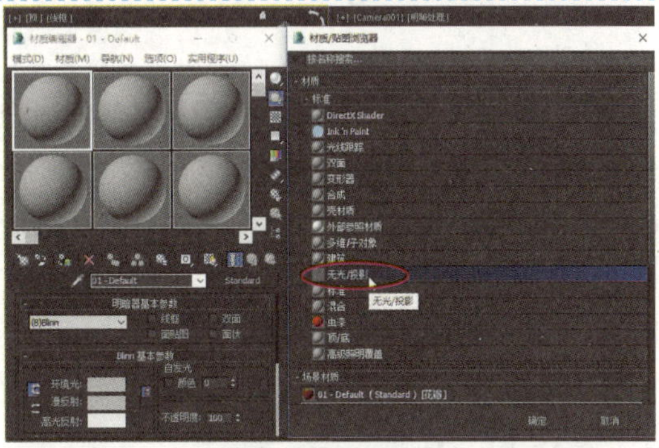

图 9-4-6　选择材质

7 选择平面，单击【将材质指定给选定对象】按钮，如图 9-4-7 所示。

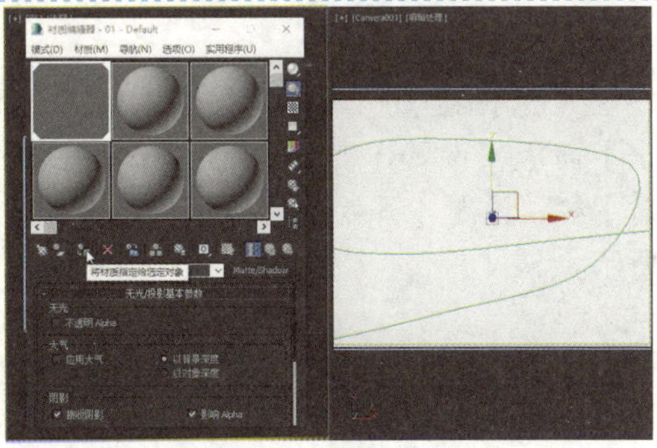

图 9-4-7　赋予材质

9.5　粒子系统创建

1 选择【创建】面板下拉菜单中的【粒子系统】，单击【雪】按钮，在透视图中创建一个雪粒子，如图 9-5-1 所示。

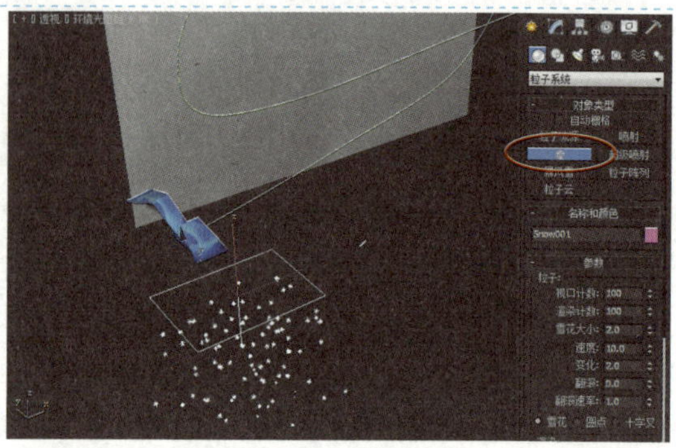

图 9-5-1　创建雪

2 使用【选择并移动】和【选择并旋转】工具调整雪的位置和方向，如图 9-5-2 所示。

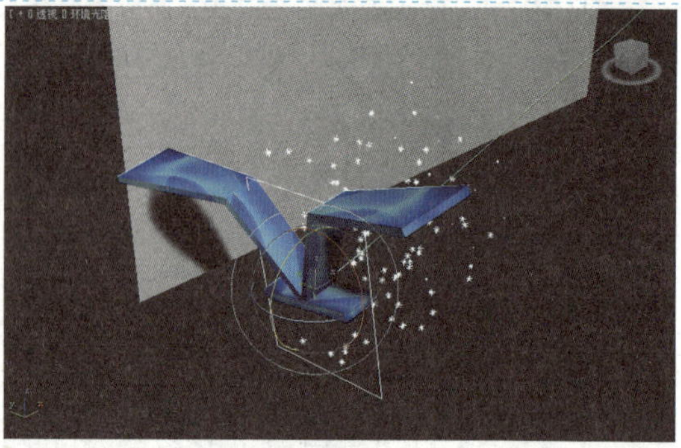

图 9-5-2　调整雪

3 使用【选择并链接】工具将粒子链接到虚拟对象上，如图 9-5-3 所示。

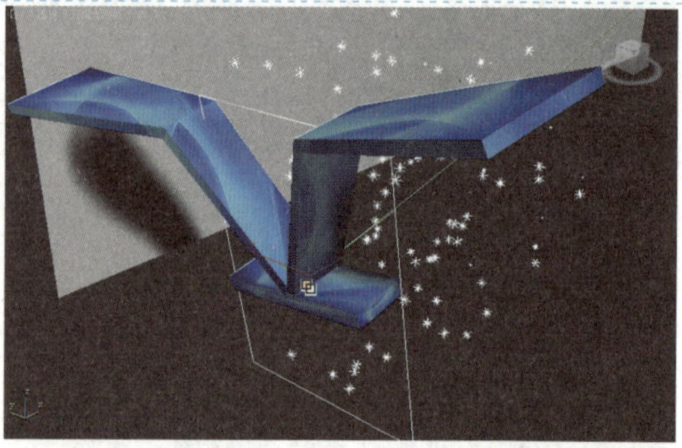

图 9-5-3　链接至虚拟体对象

4 选择粒子，单击按钮，进入【修改】面板，设置【变化】为 10.0；在【计时】栏，设置【开始】为 120，如图 9-5-4 所示。

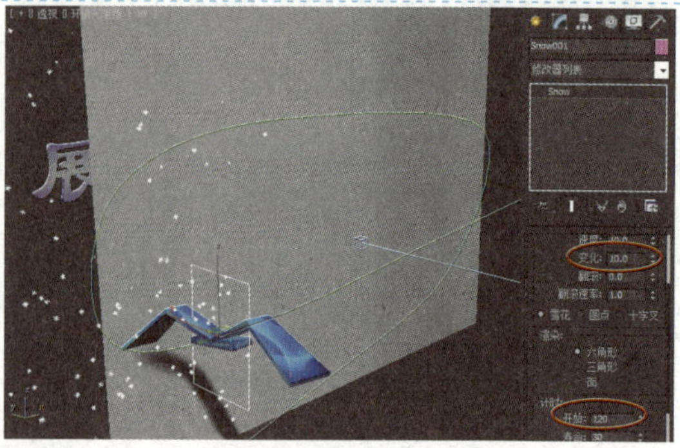

图 9-5-4　设置参数（1）

5 选择【创建】面板下拉菜单中的【粒子系统】，单击【粒子云】按钮，在透视图中创建一个粒子云，如图 9-5-5 所示。

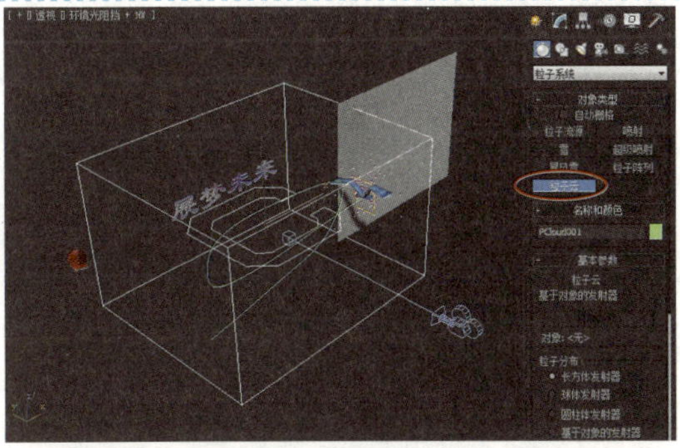

图 9-5-5 创建粒子云

6 单击按钮，进入【修改】面板，在【粒子生成】卷展栏中选择【使用总数】，输入 150，设置【速度】为 10，在【粒子计时】栏设置【发射开始】为 260，【发射停止】为 290，【显示时限】为 295，在【粒子类型】中选择【实例几何体】，如图 9-5-6 所示。

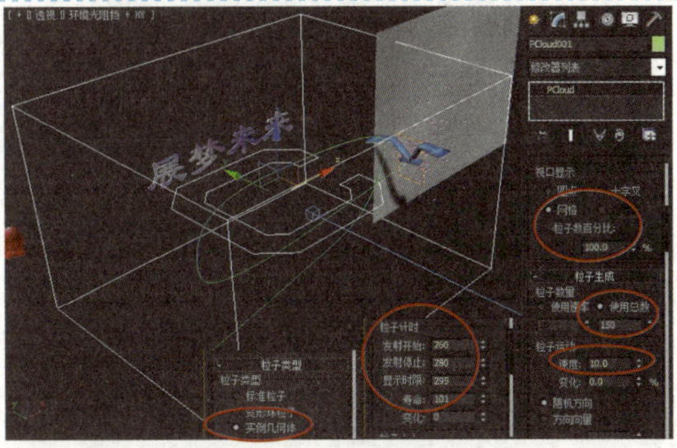

图 9-5-6 设置参数（2）

7 在【粒子类型】卷展栏中单击【拾取对象】按钮，选择视图中的花瓣，单击【材质来源】按钮，如图 9-5-7 所示。

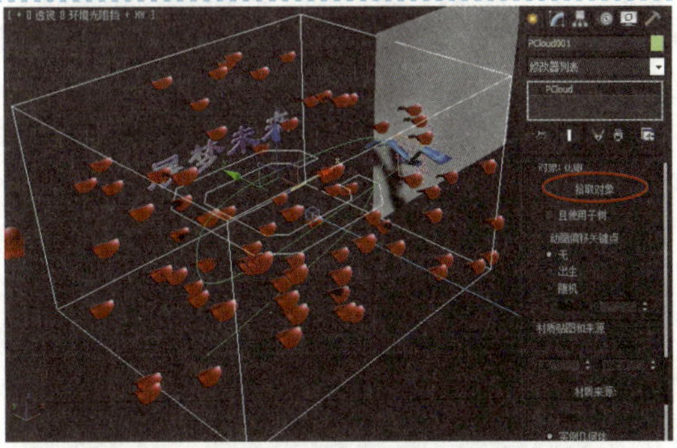

图 9-5-7 设置对象

8 打开【旋转和碰撞】卷展栏，在【自旋速度控制】栏设置【相位】为 50.0、【变化】为 100.0，如图 9-5-8 所示。

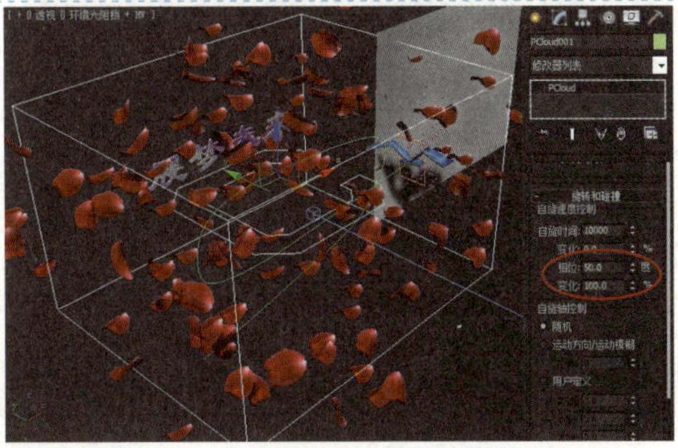

图 9-5-8 设置旋转

9 右击视图中的球体，在弹出的快捷菜单中选择【对象属性】命令，弹出【对象属性】窗口，在【G 缓冲区】栏设置【对象 ID】为 1，如图 9-5-9 所示。

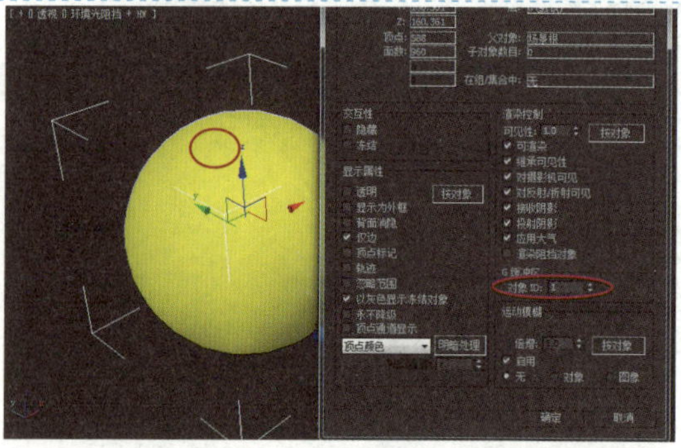

图 9-5-9　设置对象 ID（1）

10 右击视图中的雪，在弹出的快捷菜单中选择【对象属性】命令，弹出【对象属性】窗口，在【G 缓冲区】栏设置【对象 ID】为 2，如图 9-5-10 所示。

使用同样的方法设置文字的【对象 ID】为 3。

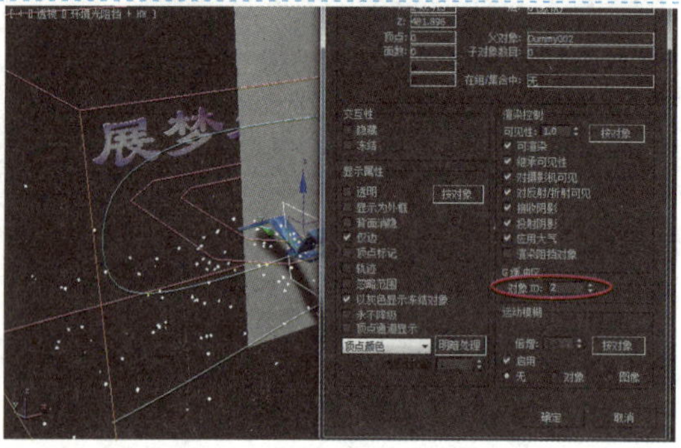

图 9-5-10　设置对象 ID（2）

9.6　后期处理

1 选择菜单中的【渲染】|【视频后期处理】命令，打开【视频后期处理】窗口，单击窗口中的【添加场景事件】按钮，在弹出的对话框中选择 Camera001，单击【确定】按钮退出对话框，如图 9-6-1 所示。

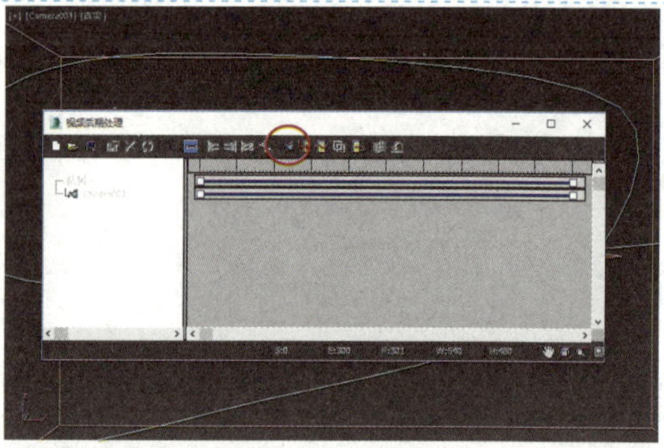

图 9-6-1　加入场景

2 选择窗口中的 Camera001，单击窗口中的【添加图像过滤事件】按钮，在弹出的窗口中选择【星空】，设置【VP 结束时间】为 120，如图 9-6-2 所示，单击【确定】按钮退出窗口。

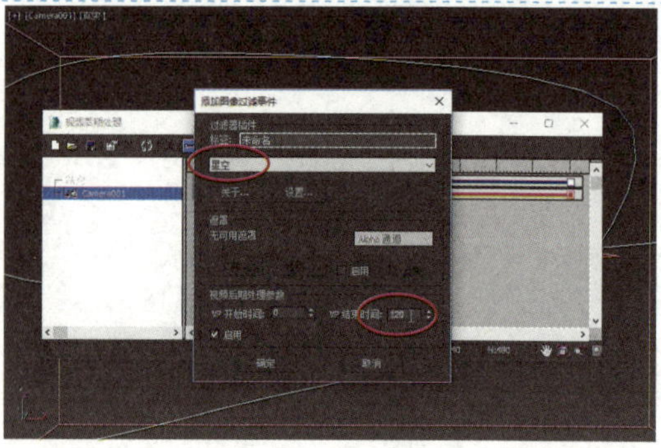

图 9-6-2　添加星空

3 双击窗口中的【星空】事件，弹出【编辑过滤事件】窗口，单击【设置】按钮，弹出【星星控制】对话框，在【源摄像机】中选择 Camera001，依次单击【确定】按钮退出对话框，如图 9-6-3 所示。

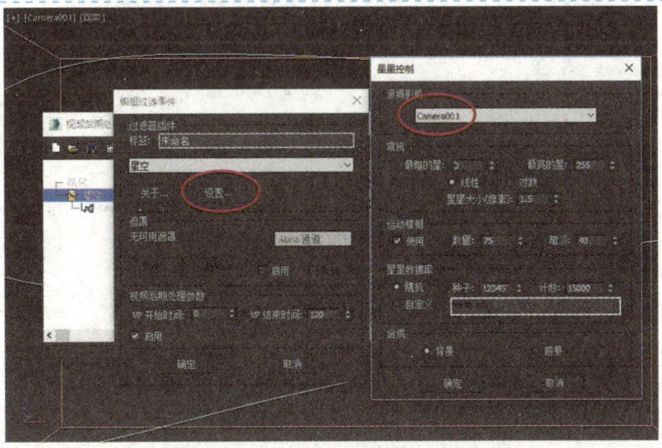

图 9-6-3 设置参数（1）

4 选择窗口中的 Camera001，单击窗口中的【添加图像过滤事件】按钮，在弹出的窗口中选择【镜头效果光晕】，设置【VP 结束时间】为 120，如图 9-6-4 所示，单击【确定】按钮退出窗口。

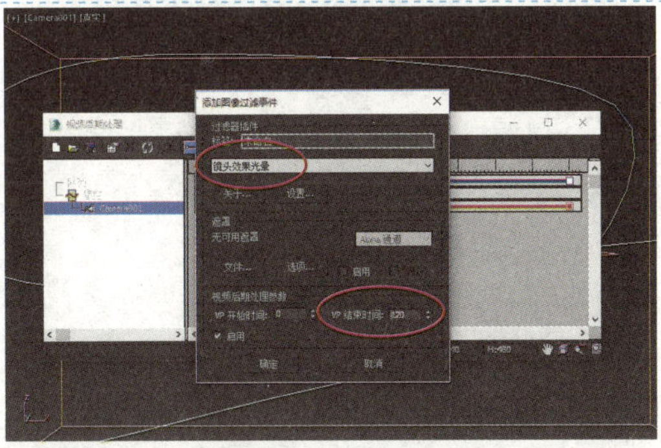

图 9-6-4 添加光晕（1）

5 双击窗口中的【镜头效果光晕】事件，弹出【编辑过滤事件】窗口，单击【设置】按钮，如图 9-6-5 所示。

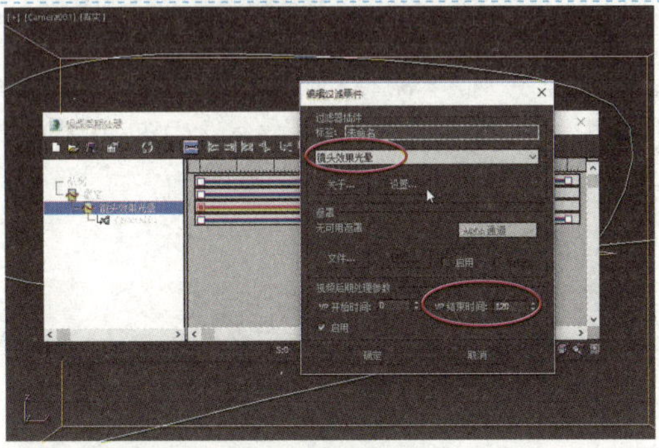

图 9-6-5 进入特效（1）

6 弹出【镜头效果光晕】窗口，依次单击【VP 队列】【预览】按钮，如图 9-6-6 所示。

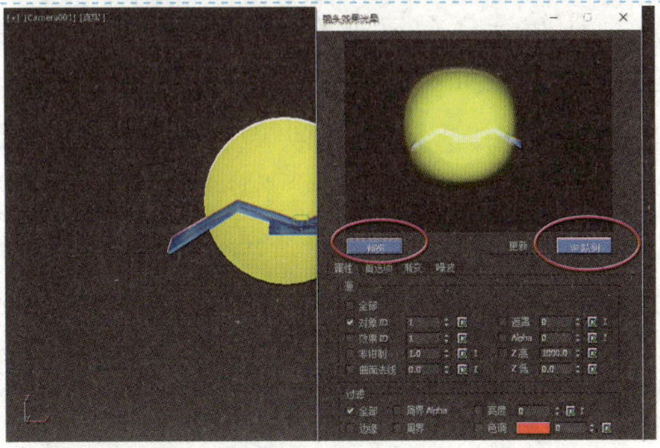

图 9-6-6 预览效果

7 单击窗口中的【首选项】，在【效果】栏中设置【大小】为 6.0，在【颜色】栏中选择【渐变】，如图 9-6-7 所示。

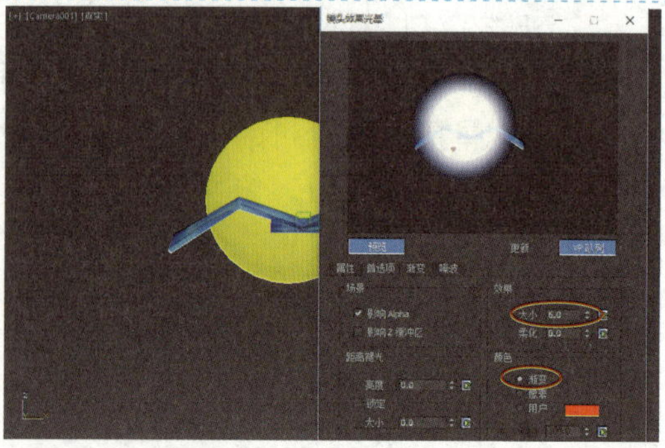

图 9-6-7 设置大小

8 单击窗口中的【渐变】，单击【径向颜色】左边的按钮，弹出【颜色选择器】，设置【红】为 255、【绿】为 200、【蓝】为 0，如图 9-6-8 所示。

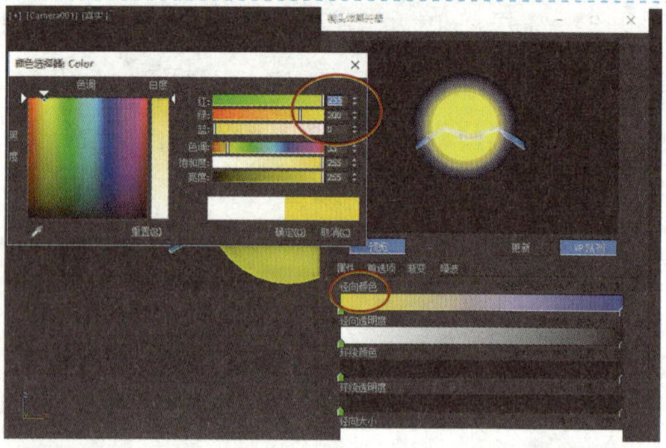

图 9-6-8 设置颜色（1）

9 单击【径向颜色】右边的按钮，弹出【颜色选择器】，设置【红】为 150、【绿】为 150、【蓝】为 255，如图 9-6-9 所示，单击【确定】按钮退出窗口。

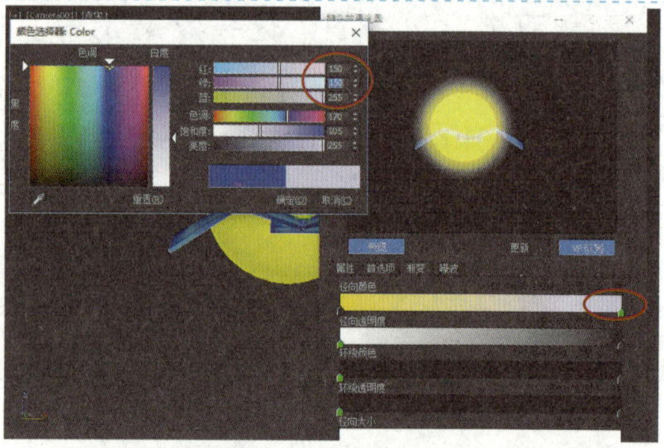

图 9-6-9 设置颜色（2）

10 选择窗口中的 Camera001，单击窗口中的【添加图像过滤事件】按钮，在弹出的窗口中选择【镜头效果高光】，设置【VP 开始时间】为 121、【VP 结束时间】为 260，如图 9-6-10 所示，单击【确定】按钮退出窗口。

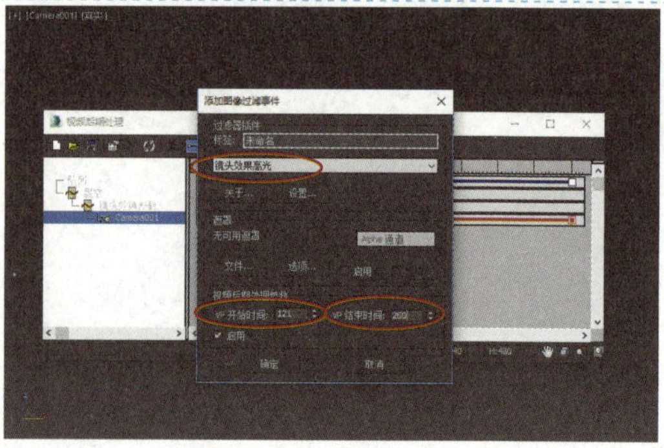

图 9-6-10 添加高光

11 双击窗口中的【镜头效果高光】事件，弹出【编辑过滤事件】窗口，单击【设置】按钮，如图 9-6-11 所示。

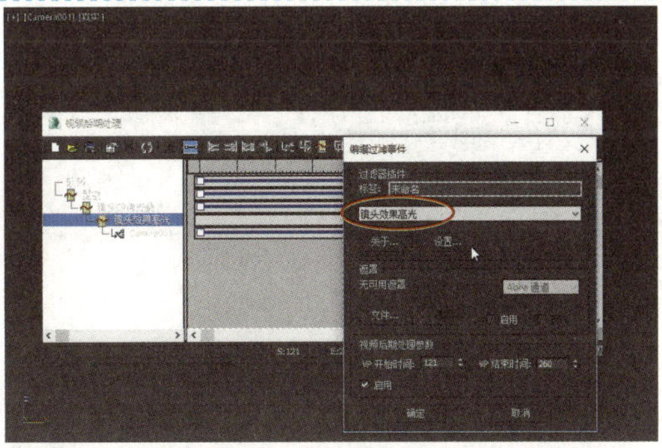

图 9-6-11 进入特效（2）

12 弹出【镜头效果高光】窗口，设置【对象 ID】为 2，依次单击【VP 队列】【预览】按钮，如图 9-6-12 所示。

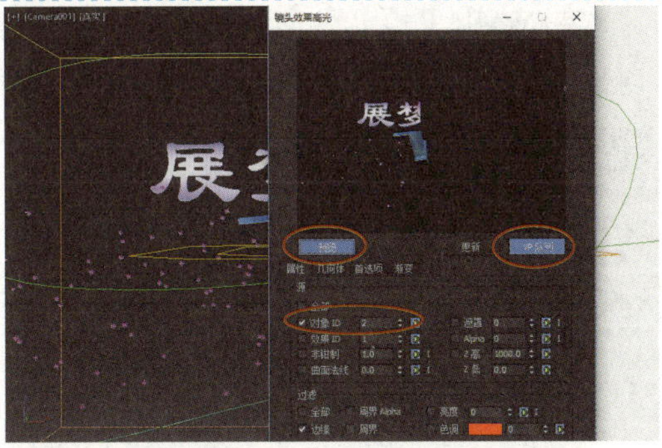

图 9-6-12 设置对象 ID（1）

13 选择视图中的雪，给雪设置蓝颜色，单击窗口中的【更新】按钮预览效果，单击【确定】按钮退出窗口，如图 9-6-13 所示。

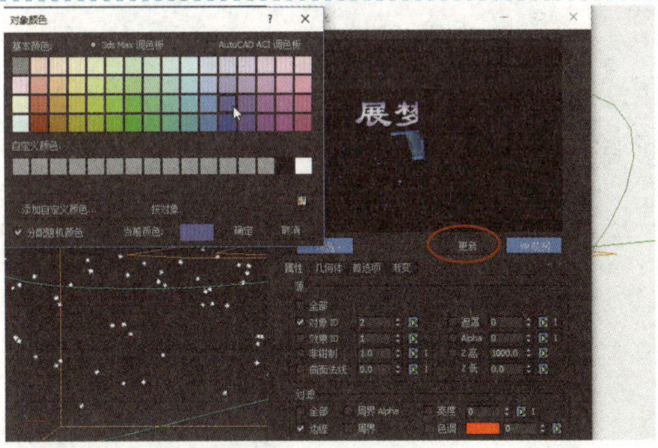

图 9-6-13 设置颜色（3）

14 选择窗口中的 Camera001，单击窗口中的【添加图像过滤事件】按钮，在弹出的窗口中选择【镜头效果光晕】，设置【VP 开始时间】为 215、【VP 结束时间】为 300，如图 9-6-14 所示。

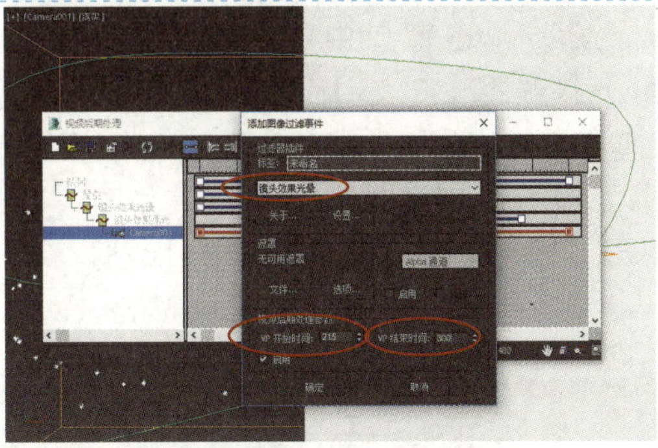

图 9-6-14 添加光晕（2）

15 双击窗口中的【镜头效果光晕】事件，弹出【编辑过滤事件】窗口，单击【设置】按钮，如图 9-6-15 所示。

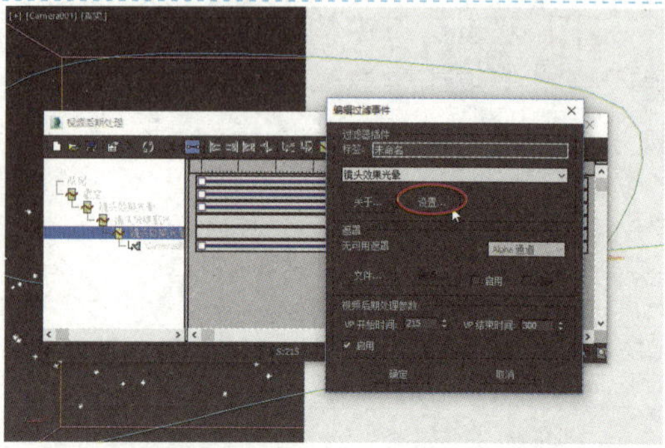

图 9-6-15　进入特效（3）

16 弹出【镜头效果光晕】窗口，设置【对象 ID】为 3，依次单击【VP 队列】【预览】按钮，如图 9-6-16 所示。

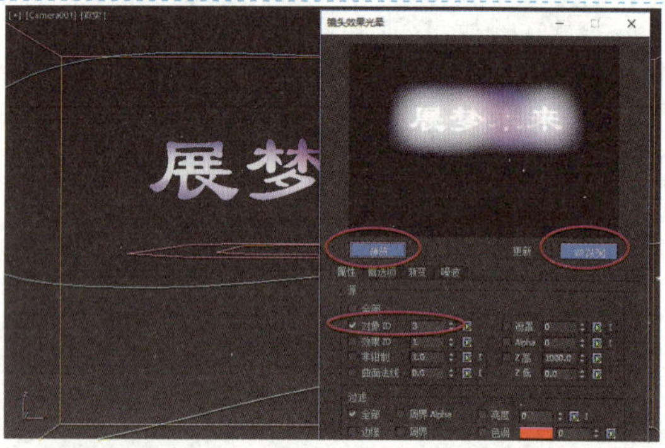

图 9-6-16　设置对象 ID（2）

17 单击窗口中的【首选项】，在【效果】栏设置【大小】为 5.0，在【颜色栏】选择【像素】，如图 9-6-17 所示。

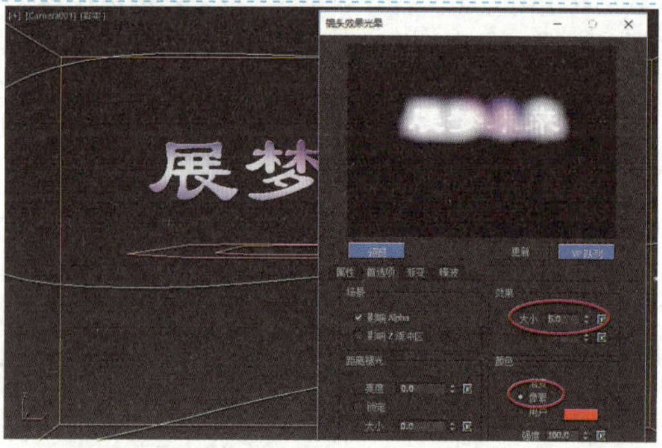

图 9-6-17　设置参数（2）

18 单击窗口中的【噪波】，在【设置】栏选择【电弧】；勾选【红】、【绿】、【蓝】三个选项，在【参数】栏设置【大小】为 50.0、【基准】为 50.0，如图 9-6-18 所示。单击【确定】按钮退出对话框。

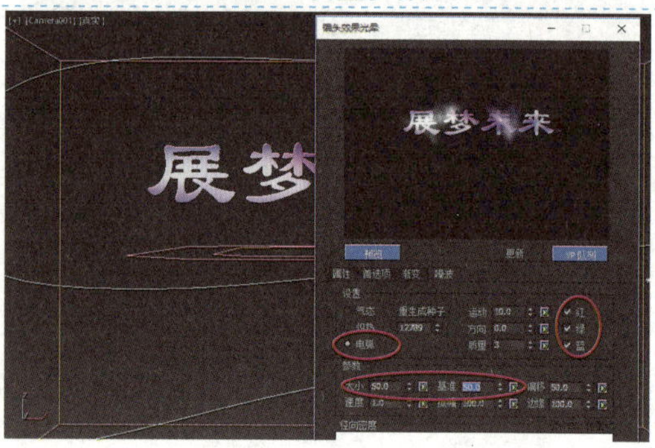

图 9-6-18　设置参数（3）

19 单击窗口中的【添加图像输出事件】按钮，在弹出的窗口中单击【文件】按钮，如图 9-6-19 所示。

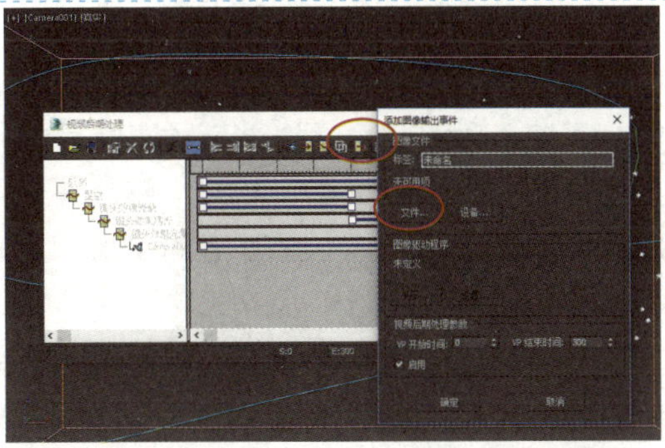

图 9-6-19 输出文件

20 选择保存的位置，输入文件名，选择格式为【AVI 文件】，单击【保存】按钮，弹出【AVI 文件压缩设置】窗口，选择【未压缩】，单击【确定】按钮退出对话框，如图 9-6-20 所示。

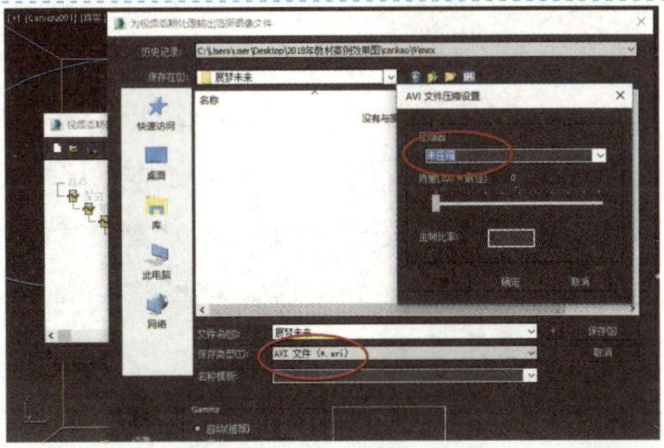

图 9-6-20 压缩格式

21 单击窗口中的【执行队列】按钮，弹出【执行视频后期处理】窗口，保持参数默认，单击【渲染】按钮输出文件，如图 9-6-21 所示。

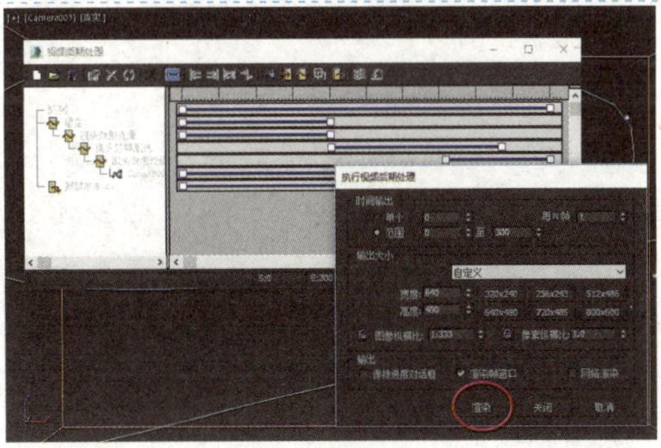

图 9-6-21 渲染设置

9.7 相关知识

1. Max 常用的动画制作方式

1 使用物体自身参数制作动画

对于创建物体栏中的大部分物体，包括几何体、图形、灯光、摄像机、辅助对象等，这些物体都可以通过修改自身的参数制作动画。如图 9-7-1 所示，通过修改高度参数制作圆柱体长高的动画。

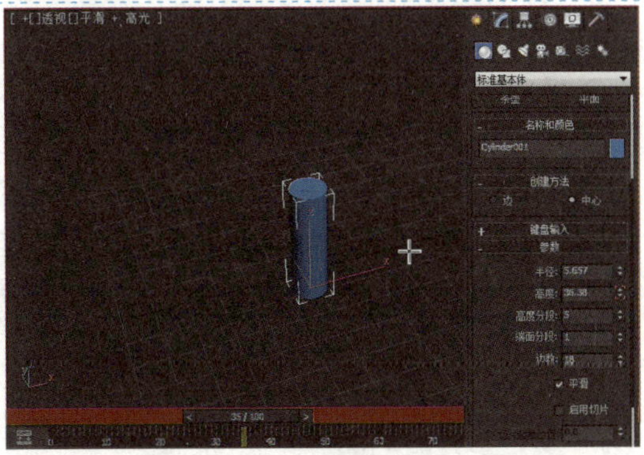

图 9-7-1 自身参数动画

2 使用变换工具制作动画

Max 最常用的变换工具包括移动、旋转、压缩三种工具，通过这三种工具可以很方便地制作物体的位置、旋转、缩放等动画效果。如图 9-7-2 所示为茶壶的位置和旋转动画。

注意：在制作位移动画时可以显示物体的移动轨迹，然后通过运动面板的轨迹栏可以修改物体的移动轨迹。

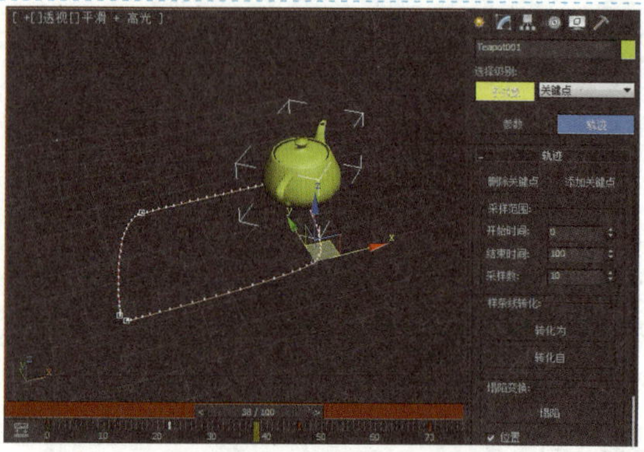

图 9-7-2　变换工具动画

3 使用修改器制作动画

Max 修改器是功能非常强大的造型工具，有几十个修改器，每个修改器都有相应的调节参数，而这些参数大部分都能制作动画。如图 9-7-3 所示，通过弯曲修改器制作圆柱体的弯曲动画。

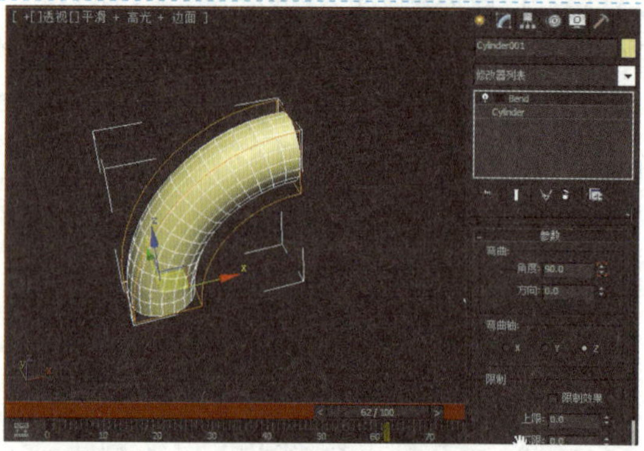

图 9-7-3　修改器动画

4 使用控制器制作动画

这是为 Max 制作动画专门准备的，在菜单动画下有很多动画控制器，使用控制器可以达到事半功倍的效果。如图 9-7-4 所示，小球沿圆形路径运动，茶壶嘴始终“盯”着茶壶，分别使用了路径约束和注视约束控制器。

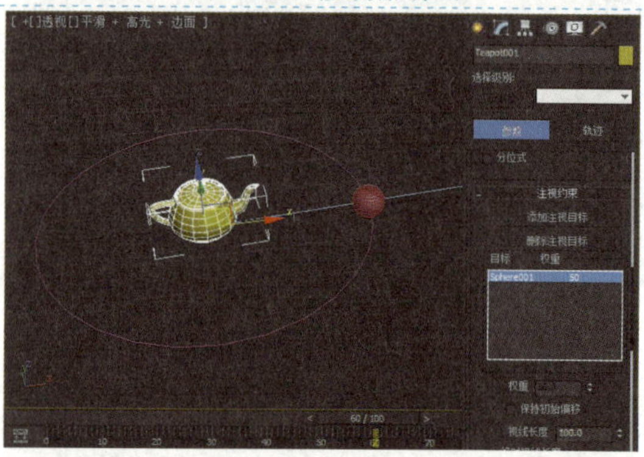

图 9-7-4　控制器动画

5 使用空间扭曲制作动画

空间扭曲物体可以制作各种不同的动画效果，比如波浪、涟漪、爆炸等，而且空间扭曲物体本身是不被渲染的，通过【绑定到空间扭曲】按钮完成动画传递给被绑定的物体。如图 9-7-5 所示为给平面物体制作的波浪动画。

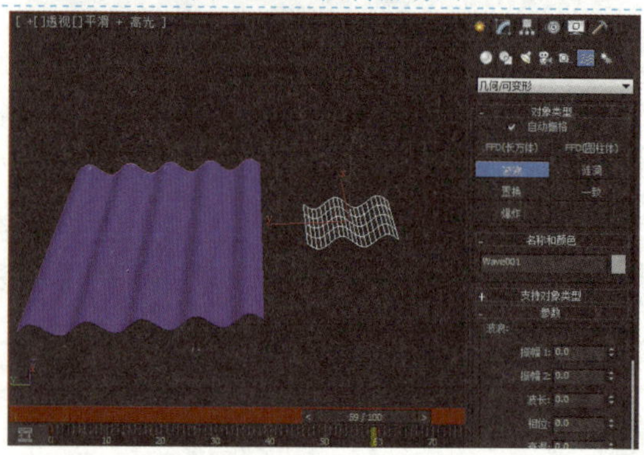

图 9-7-5　空间扭曲控制

6 使用材质编辑器制作动画

物体的外观和质感需要材质来表现，大部分的材质也能记录动画，如图 9-7-6 所示为文字颜色变化的动画。

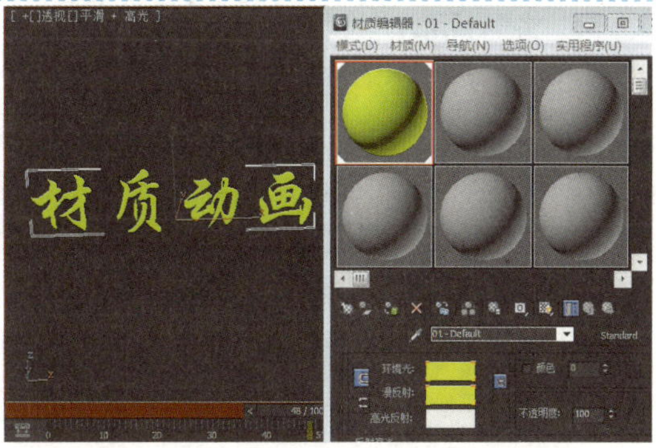

图 9-7-6　材质动画

2. 自动关键帧与设置关键帧的使用

1 自动关键帧动画是通过单击动画栏的按钮制作的动画，在【自动】开启的情况下，物体在每个时间点的变化都会自动记录成关键帧，而且会在动画开始位置 0 帧处生成一个关键帧。

而设置关键帧是在开启的状态下制作动画，这种状态下的每个关键帧的生成都需要单击面板中的按钮完成。

下面通过制作一个小动画来区分这两种制作关键帧动画的方式。

第 0～40 帧：茶壶从 A 点移动至 B 点；第 41～70 帧：茶壶旋转 2 圈；第 71～100 帧：茶壶变高。

2 使用自动关键帧制作，单击【自动】按钮，将时间滑块移至第 40 帧，将茶壶从 A 移至 B，如图 9-7-7 所示。

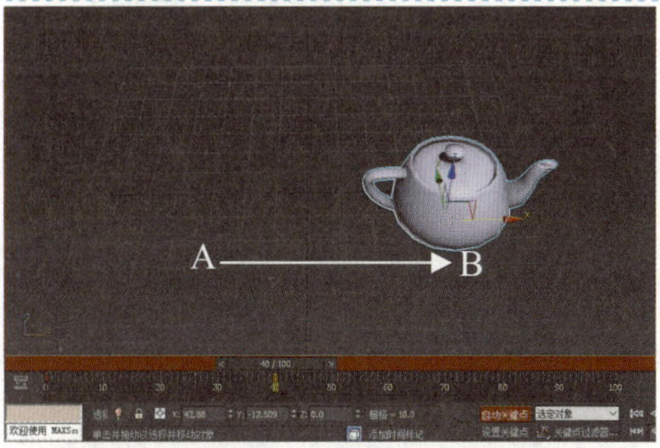

图 9-7-7　位置移动（1）

3 将时间滑块移至第 70 帧，开启【角度捕捉】功能，将时间滑块移至第 70 帧，使用【选择并旋转】工具将茶壶沿 Z 轴旋转 360°，如图 9-7-8 所示。

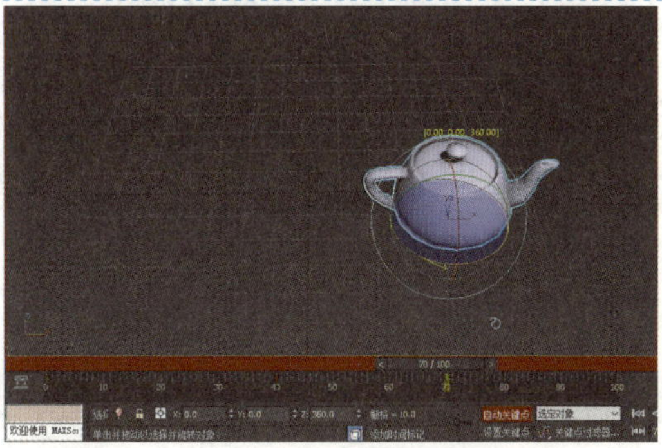

图 9-7-8　旋转物体（1）

4 将时间滑块移至第 100 帧，使用工具栏中的【选择并均匀压缩】工具沿 Z 轴压缩物体，如图 9-7-9 所示。

发现旋转动画是 0～70 帧，压缩动画是 0～100 帧，而不是原先设计的区间。也就是说，自动关键帧动画会记录当前时间物体的变化状态，同时把变化之前的状态在 0 帧处记录下来。

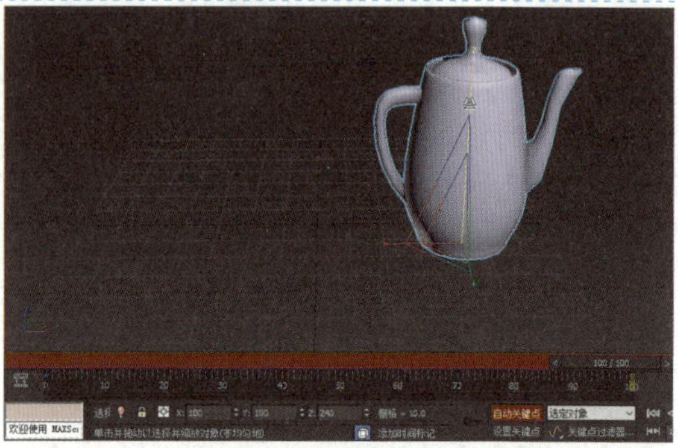

图 9-7-9　缩放物体

5 使用设置关键帧制作。单击按钮，将时间滑块移至第 0 帧，单击【设置关键点】按钮，在第 0 帧创建物体的关键帧，如图 9-7-10 所示。

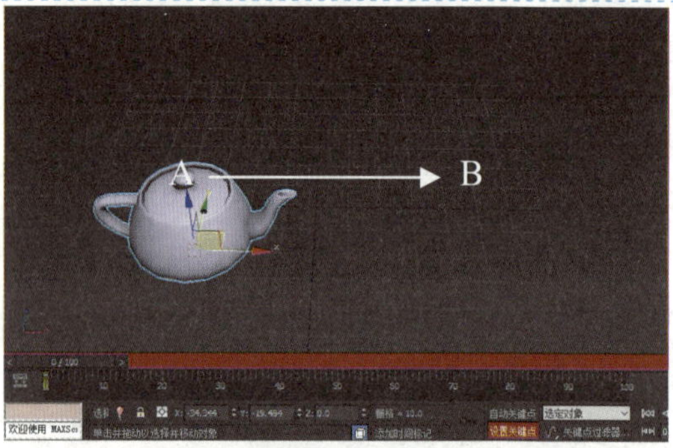

图 9-7-10　创建起始关键帧

6 将时间滑块移至第 40 帧，使用工具栏中的【选择并移动】工具将茶壶移动至屏幕右方，单击【设置关键点】按钮记录物体当前的状态，如图 9-7-11 所示。

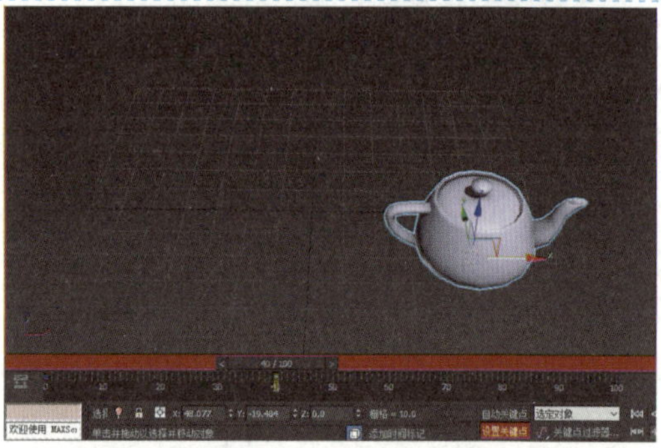

图 9-7-11　移动物体

7 将时间滑块移至第 70 帧，右击工具栏中的【选择并旋转】工具，弹出【旋转变换输入】对话框，在【偏移：世界】栏的 Z 轴输入 720，按 Enter 键确认。单击【设置关键点】按钮记录物体当前的状态，图 9-7-12 所示。

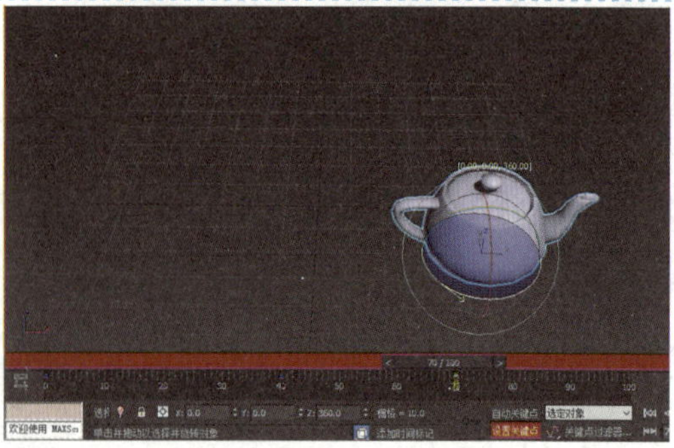

图 9-7-12　旋转物体（2）

8 将时间滑块移至第 100 帧，使用工具栏中的【选择并均匀压缩】工具沿 Z 轴压缩物体，单击【设置关键点】按钮记录物体当前状态，如图 9-7-13 所示。

这样完成的动画如先前所设计的，每个过程都清楚地交待出来了。

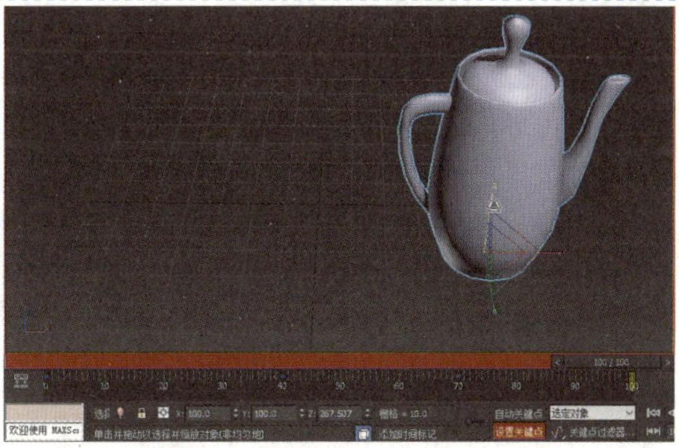

图 9-7-13 位置移动（2）

9.8 实战演练

一幅卷轴旋转进入屏幕中间，缓缓向两边打开，带发光效果的粒子从上往下降落……运用所学的动画知识完成制作。

图 9-8-1 所示为动画的截图。

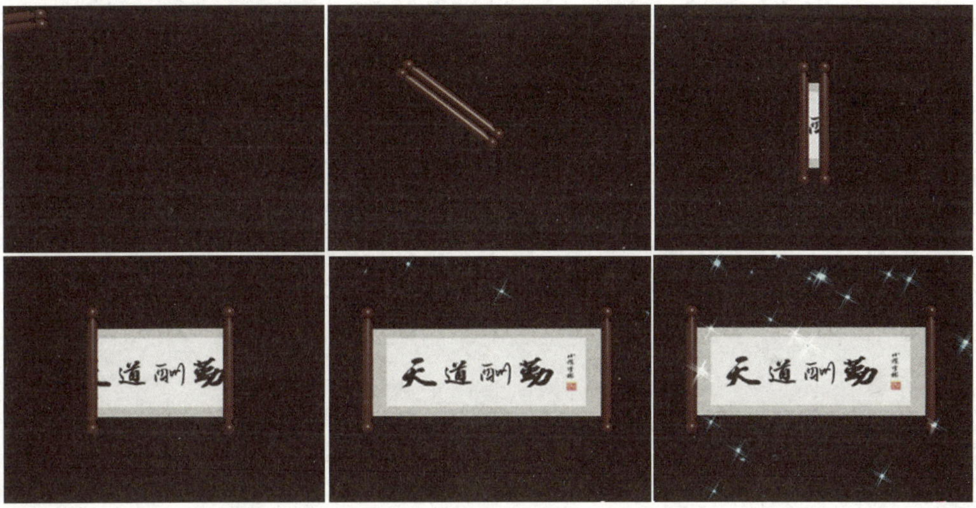

图 9-8-1 卷轴动画

制作要求

（1）制作卷轴的位移和旋转动画。

（2）制作书法的展开动画。

（3）制作粒子的发光特效。

制作提示

（1）将卷轴柱子绑定到虚拟体上，制作虚拟体的旋转进入动画。

（2）给材质的不透明度添加渐变坡度贴图，制作书法的展开动画。

（3）使用后期处理的高光特效制作粒子的发光效果。

项目评价

项目实训评价表						
项　目	内　容		评　价			
	学 习 目 标	评 价 项 目	4	3	2	1
职业能力	能使用各种手段制作动画	能使用修改器制作动画				
		能使用空间扭曲制作动画				
		能使用控制器制作动画				
		能使用材质制作动画				
	能设置粒子和后期特效	能使用各种粒子系统				
		能设置各种镜头特效				
	能制作关键帧动画	能制作自动关键帧动画				
		能制作手动关键帧动画				
通用能力	交流表达能力					
	与人合作能力					
	沟通能力					
	组织能力					
	活动能力					
	解决问题的能力					
	自我提高的能力					
	革新、创新的能力					
综合评价						

评定等级说明表	
等　级	说　明
4	能高质、高效地完成此学习目标的全部内容，并能解决遇到的特殊问题
3	能高质、高效地完成此学习目标的全部内容
2	能圆满完成此学习目标的全部内容，不需要任何帮助和指导
1	能圆满完成此学习目标的全部内容，但偶尔需要帮助和指导

最终等级说明表	
等　级	说　明
优秀	80%项目达到 3 级水平
良好	60%项目达到 2 级水平
合格	全部项目都达到 1 级水平
不合格	不能达到 1 级水平